全国高等教育"十四五"部委级规划教材

控制
工程基础

主　编　徐　洋

副主编　李　艳　李培波　盛晓伟

东华大学出版社

·上海·

图书在版编目（ＣＩＰ）数据

控制工程基础 / 徐洋主编; 李艳，李培波，盛晓伟
副主编. — 上海：东华大学出版社，2024. 9. -- ISBN
978-7-5669-2361-5

Ⅰ. TP13
中国国家版本馆CIP数据核字第20242Q16L4号

责任编辑：高路路
版式设计：上海碧悦制版有限公司
封面设计：程远文化

控制工程基础

KONGZHI GONGCHENG JICHU

主　　编：徐　洋

副 主 编：李　艳　李培波　盛晓伟

出　　版：东华大学出版社（上海市延安西路1882号，邮政编码：200051）

本社网址：dhupress.dhu.edu.cn

天猫旗舰店：http://dhdx.tmall.com

营销中心：021-62193056　62373056　62379558

印　　刷：上海盛通时代印刷有限公司

开　　本：787mm×1092mm　1/16

印　　张：16

字　　数：410千字

版　　次：2024年9月第1版

印　　次：2024年9月第1次印刷

书　　号：ISBN 978-7-5669-2361-5

定　　价：69.00元

前　言

本书是理工类高等院校机械类等非控制专业所用教材,是东华大学机械工程学院控制工程基础教学团队多年教学经验和成果的总结。

全书主要探讨经典控制理论,介绍自动控制基本理论及工程分析和设计方法,共分为八章。内容包括自动控制概论、控制系统的动态数学模型、时域瞬态响应分析、控制系统的误差分析和计算、控制系统的频率特性、控制系统的稳定性分析、控制系统的校正设计、根轨迹法。本书是理工类高等院校非控制专业的适用教材,也可供从事控制工程及工业自动化的科技人员自学与参考。

本书广泛参考了国内外同类教材和其他相关文献,具备以下特点:

(1) 在讲述方法上注重简明扼要、通俗易懂,加强概念性;

(2) 在内容安排上注重各专业的通用性;

(3) 以机械运动作为主要控制对象,着重基本概念的建立和解决机电控制问题的基本方法的阐明;

(4) 简化或略去与机电工程距离较远、较艰深的严格数学推导内容;

(5) 每章引入和编写了足够的例题和相当数量的习题,便于读者自学。

本书第一、二、五章由徐洋教授编写,第三、六章由李艳副教授编写,第四、七章由盛晓伟副教授编写,第八章由李培波副教授编写。全书由徐洋教授整理统编。

本书编写得到东华大学机械工程学院许多领导和同志的大力支持,在此深表感谢。

由于时间仓促和编者水平有限,书中定有不当之处,敬请读者批评指正。

编者
2024 年 6 月

目 录

第一章

自动控制概论　001

1.1 自动控制思想的萌芽　002

1.2 自动控制发展简史　005

1.3 自动控制系统的基本概念　007

1.4 开环控制与闭环控制　010

1.5 反馈控制系统的基本组成　011

1.6 反馈控制系统的基本要求　013

1.7 课程主要内容及学时安排　014

本章重点　015

本章习题　015

第二章

控制系统的动态数学模型　016

2.1 基本环节的数学模型　017

2.2 拉氏变换及反变换　024

2.3 传递函数　037

2.4 系统的函数方块图及其简化　045

2.5 绘制实际系统的函数方块图　059

本章重点　061

本章习题　061

第三章

时域瞬态响应分析　067

3.1 时域响应以及典型输入信号　068

3.2 一阶系统的瞬态响应　070

3.3 二阶系统的瞬态响应　074

3.4 时域分析性能指标　084

3.5 高阶系统的瞬态响应   089

本章重点   090

本章习题   091

第四章
控制系统的误差分析和计算   094

4.1 稳态误差的基本概念   095

4.2 输入引起的稳态误差计算   096

4.3 稳态误差系数   098

4.4 干扰引起的稳态误差和系统总误差   104

4.5 减少稳态误差的途径   107

本章重点   108

本章习题   108

第五章
控制系统的频率特性   111

5.1 频率特性   112

5.2 频率响应的极坐标图   118

5.3 频率响应的对数坐标图   131

5.4 由频率特性曲线求系统传递函数   149

5.5 控制系统的闭环频响   153

本章重点   154

本章习题   154

第六章
控制系统的稳定性分析   159

6.1 系统稳定性的基本概念   160

6.2 系统稳定的充要条件   161

6.3 劳斯稳定性判据   162

6.4 乃奎斯特稳定性判据   169

6.5 由伯德图判断系统的稳定性   180

6.6 控制系统的稳定性裕度   184

本章重点   188

本章习题   188

第七章

控制系统的校正设计   190

7.1 控制系统的性能指标   191

7.2 控制系统的校正概述   192

7.3 系统的串联校正   193

本章重点   209

本章习题   209

第八章

根轨迹法   210

8.1 根轨迹法的基本概念   211

8.2 根轨迹绘制的基本法则   214

8.3 根轨迹绘制举例   227

本章重点   233

本章习题   233

参考文献   235

习题参考答案   236

CHAPTER 1

第一章

自动控制概论

"控制"这个词我们在日常生活中经常听到或见到,如:机器人控制、飞机自动导航仪控制等,这些都离不开自动控制技术。随着生产和科学技术的发展,自动控制技术在国民经济和国防建设中所起的作用越来越大。在工业生产过程中,诸如对压力、温度、湿度、流量、频率等方面的控制都要应用自动控制技术。自动控制技术的应用,不仅使生产过程实现了自动化,极大地提高了劳动生产率和生产品质,改善了劳动条件,并且在人类征服自然、探索新能源、发展空间技术和改善人民物质生活等方面都起着极为重要的作用。因此,自动控制技术已经成为实现工业、农业、科学技术和国防现代化必不可少的一门技术。

本章引导读者走进自动控制领域,主要介绍控制理论思想的萌芽、控制理论发展的历程、自动控制系统的基本概念、组成及控制系统的基本要求。同时,也介绍本书的主要内容以及作为教材的讲授学时安排建议。

1.1 自动控制思想的萌芽

早在古代,劳动人民就凭借生产实践中积累的丰富经验和对反馈的直观认识,发明了许多闪烁着控制理论智慧火花的杰作。如果要追溯自动控制技术的发展史,其实早在两千年前,自动控制技术就已萌芽。

(1)水钟计时器

公元前 1400 至公元前 1100 年,中国、埃及和巴比伦相继出现了可自动计时的"漏壶"。它是一种利用水流的重力和容积来测量时间的古老计时器,不受日光的限制,能够提供持续的时间计量。在中国,"漏壶"又叫作"刻漏""水钟"。它有两种类型:一种是泄水型,即利用底部开口的特殊容器记录把水漏完的时间。另一种是受水型,即采用底部不开口的容器,记录把水装满的时间。水钟的原理非常简单,主要是通过等时性原理对水位的下降或者上升的液面高度进行测量,可以方便地读取时间。公元 85 年左右,浮子上装有漏箭的受水型漏壶逐渐流行起来,后来泄水型与受水型同时并用或两者合一。图 1-1(a)所示为保存在上海松江佘山天文台的铜壶滴漏(即水钟),其原理如图 1-1(b)所示。这类时钟对祭祀特别有用,可以帮助人们了解夜里的时间,不至于错过在神庙内举行宗教仪式和献祭活动的既定时刻。

(2)都江堰筑坝分水思想

公元前 300 年左右,蜀郡守李冰总结了前人治水的经验,组织岷江两岸人民,修建都江堰。都江堰工程从规划、施工到最终的效果都是十分科学和正确的,成功地控制内、外江水量,解决西涝东旱的弊病,把原来的灾害地区变成"天府"粮仓。都江堰工程充分体现了自动控制系统的概念,是自动控制原理的典型实践。图 1-2 所示为都江堰鱼嘴自动分水示意图,其原理简单来说就是"筑坝分水,修渠引水"。鱼嘴将岷江水流分成两条,其中一条引入成都平原,可以分洪减灾,又可以引水灌田、变害为利。都江堰是当今世界年代久远、唯一留存、以无坝引水为特征的宏大水利工程。2250 多年来,经久不衰,而且发挥着愈来愈大的作用。

（a）佘山天文台的铜壶滴漏

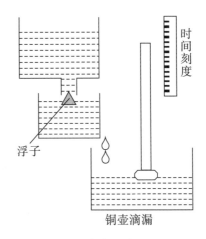

（b）铜壶滴漏的原理

图1-1 用于计时的铜壶滴漏

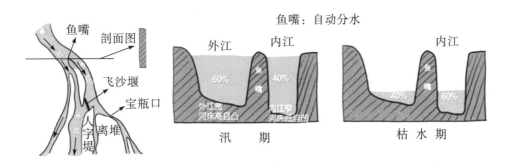

图1-2 都江堰鱼嘴自动分水示意图

（3）自动庙门与分发圣水装置

公元1世纪时期,希腊人希罗利用气压和重力驱动原理,建造了如图1-3所示的自动打开庙门的装置以及如图1-4所示分发圣水的自动装置,这也是世界上最早的自动门和自动售货机。

图1-3 自动门装置

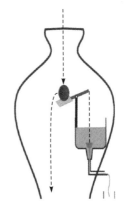

图1-4 自动售水机

庙门自动开启与闭合的具体的过程是这样的:通过祭坛点火使 1 中的空气膨胀,致使 1 中的水面向下使水流入 2 中,随着水的重力变大,下压使轴 3 转动,进而将庙门打开。如果要关闭庙门时,只需祭坛熄火,利用重锤作用使其自动关闭。而自动售水机则是利用了杠杆的原理,任何人只要投入一枚 5 德拉克玛的硬币,壶嘴中便会吐出一定量的圣水。杠杆的一头连接着出水口的塞子,另一头正好对准钱币投入孔。当人们将硬币投入陶罐时,硬币从孔中落下来,打在杠杆这一头,杠杆失去平衡,这头朝下降,那头朝上翘,就拔出出水口的塞子,圣水便向外流。等硬币从杠杆上滑落时,杠杆又可以复原,塞子又把出水口塞住,使得出水口被堵上。

（4）地动仪、指南车、提花织机

公元 132 年,东汉杰出天文学家张衡发明了水运浑象仪,研制出了如图 1-5 所示的自动测量地震的候风地动仪。候风地动仪内部有八个方位,每个方位上都有一个龙首,口含小铜珠,下方有一只张口向上的蟾蜍。当某个方位发生地震时,都柱会向该方位摆动,触发该方位的机关,使得龙口张开,小铜珠落入下方的蟾蜍口中。通过观察哪个方位的龙口吐出了铜珠,就可以确定地震发生的方向。此外,候风地动仪还设计了一套精巧的机械反馈装置,称为"巧制"。这套装置能够利用反馈的原理,阻止都柱的连续摆动,确保地动仪在地震后能够及时恢复到初始状态,以便下一次地震的监测。

另外,235 年,汉朝时期最负盛名的机械发明家马钧研制出了用齿轮传动的自动指示方向的指南车,如图 1-6 所示。1637 年,明末科学家宋应星所著的《天工开物》记载了有程序控制思想的提花织机结构,如图 1-7 所示。

图 1-5　候风地动仪　　　　图 1-6　指南车　　　　图 1-7　提花织机结构

（5）飞球调速器

1788 年,第一次工业革命的重要人物、英国科学家瓦特发明离心式调速器(又称飞球调速器),这也是公认的世界上首个自动控制装置,其原理如图 1-8 所示。它利用了负反馈原理控制蒸汽机的运行速度,将调速器与蒸汽机的阀门连接,通过齿轮传动使金属球转动,金属球转动带动其下方套筒上下运动,带动杠杆然后对蒸汽阀门的开合实行自动控制,进而控制进入蒸汽机的蒸汽流量,构成蒸汽机转速的闭环自动控制系统。

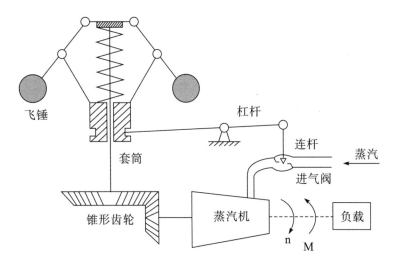

图 1-8 蒸汽机转速控制系统原理图

调速器使用后,初期速度不高的情况下运行很正常,但蒸汽机速度提高后,调速器运转就不稳定了,会出现调节时快时慢的现象。1868 年,麦克斯韦发表了《论调节器》。这是有关反馈控制理论第一篇正式的发表论文,是最早用微分方程来描述调速器运动状态的文章,导出了调速器的微分方程,并在平衡点附近进行了线性化处理,指出稳定性取决于特征方程的根是否具有负实部。

目前,以反馈控制为主要研究内容的自动控制理论的历史,公认的是从英国人麦克斯韦 1868 年发表的第一篇理论论文《论调节器》算起。因此,自动控制思想与技术的存在至少已有数千年的历史了。

1.2 自动控制发展简史

控制理论是在产业革命的背景下,在生产和军事需求的刺激下,自动控制、电子技术、计算机科学等多种学科相互交叉发展的产物。另外,在军事装备上,自动控制技术大大地提高了武器的威力和精度。近十几年来,由于计算机的广泛应用和控制理论的发展,使得自动控制技术所能完成的任务更加复杂、应用的领域也越来越广泛。

1.2.1 自动控制理论发展阶段

根据自动控制理论的内容和发展的不同阶段,可分为经典控制理论、现代控制理论和智能控制理论三个部分。

(1) **经典控制理论**:以传递函数为基础,研究单输入—单输出这类控制系统的分析和设计问题。

自 20 世纪初开始,经典控制理论使科技水平出现了巨大的飞跃,工业、农业、交通及国防的各个领域都广泛采用了自动化技术。第二次世界大战期间,反馈控制被广泛应用于飞机自动驾驶仪、火炮定位系统、雷达天线控制系统及其他军用系统。这些系统的复杂性和对快速跟踪、精确控制的高性能要求,迫切需要拓展已有的控制技术,同时还促进了对非线性系统、采样系统及随机控制系统的研究。

可以说,工业革命和战争促进了经典控制理论的发展。

（2）**现代控制理论**:以状态空间法为基础,研究多输入—多输出、时变参数、分布参数、随机参数、非线性等控制系统的分析和设计问题。

20世纪50年代中期,科学技术的发展尤其是空间技术的发展,迫切要求解决更复杂的多变量系统、非线性系统的最优控制问题,例如:火箭和宇航器的导航、跟踪和着陆过程中的高精度、低消耗控制,到达目标的控制时间最小等。时间的需求推动了控制理论的进步,计算机技术的发展也从计算手段上为控制理论的发展提供了条件。适合描述航天器的运动规律,又便于计算机求解的状态空间模型成为主要的模型形式。因此,20世纪60年代以后发展起来的现代控制理论,以状态变量概念为基础,利用现代数学方法和计算机来分析、综合复杂控制系统的新理论,适用于多输入、多输出、时变的、非线性系统,最优控制、最优滤波、系统辨识、自适应控制等理论都是这一领域重要的分支。

（3）**智能控制理论**:是近年来新发展起来的一种控制技术,是人工智能(*AI*)在控制上的应用。智能控制体系形成的历史不长,理论还未完全成熟,正成为自动控制的前沿学科之一。

智能控制的概念和原理主要是针对被控对象、环境、控制目标或任务的复杂性提出来的。它的指导思想是依据人的思维方式和处理问题的技巧,解决目前那些需要人的智能才能解决的控制问题。被控对象的复杂性体现为模型的不确定性、高度非线性、分布式传感器和执行器、动态突变、多时间标度、复杂的信息模式、庞大的数据量以及严格的特性指标等。而环境的复杂性则表现为变化的不确定性和难以辨识。智能控制理论就是在这样的背景下提出来的,它是人工智能和自动控制交叉的产物,是当今自动控制科学的出路之一,内容包括学习控制、神经网络控制、模糊控制、专家控制等。至此,自动控制技术已经从简单的设备控制发展成为复杂的系统控制。

1.2.2 自动控制理论发展简史

数百年来,在各国科学家和科学技术人员的努力下,控制理论已经渗透到各个领域,并伴随着其他技术的发展,极大地改变了整个世界。

自动控制理论的发展简史大事件,具体可表示如下:

◎ 1788年:*James Watt* 发明飞球调节器,用来控制蒸汽机的转速。

◎ 1868年:*J. C. Maxwell* 发表《论调节器》,通过对调速系统线性常微分方程的建立和分析,解释了瓦特蒸汽机速度控制系统中出现的剧烈振荡的不稳定问题,提出了二阶、三阶系统的稳定性代数判据,开辟了用数学方法研究控制系统的途径。

◎ 1877年:英国数学家 *E. J. Routh* 的思想扩展到高阶微分方程描述的更复杂的系统中,提出了直接根据代数方程的系数判别系统的稳定性准则,即著名的 *Routh* 稳定性判据。

◎ 1892年:俄国数学家 *A. M. Lyapunov* 完成了博士论文《论运动稳定性的一般问题》,提出了常微分方程运动稳定性理论,即李雅普诺夫稳定性理论。

◎ 1895年:德国数学家 *A. Hurwitz* 提出赫尔维茨稳定性判据。

◎ 1922年:俄裔美国科学家 *Nicholas* 研制出了用于美军船舶驾驶的伺服结构,首次提出了经典 *PID* 控制方法。

◎ 1927年:美国 *Bell* 实验室的工程师 *Harold Stephen Black* 提出了高性能负反馈放大器,首次提出了负反馈控制这一重要思想。

◎ 1932 年:美籍瑞典物理学家 *Harry Nyquist* 提出了在频域内研究系统特性的频率响应法,建立了以频率特性为基础的乃奎斯特稳定性判据,为具有高质量的动态品质和静态准确度的军用控制系统提供了所需的分析工具。

◎ 1938 年:美国科学家 *H. W. Bode* 将频率响应法进行了系统研究,形成了经典控制理论的频域分析法。

◎ 1942 年:美国工程师 *John G. Ziegler*、*Nathaniel B. Nichols* 提出了著名的 *Ziegler-Nichols* 方法,是一种启发式的 *PID* 参数最佳调整法,迄今为止依然是工业界调整 *PID* 参数的主流方法。

◎ 1942 年:控制论奠基人、美国应用数学家 *N. Wiener* 提出滤波理论。

◎ 1947 年:*Wiener* 发表划时代著作《控制论》,标志着控制论学科的诞生。

◎ 1948 年:美国科学家 *W. R. Evans* 创立了根轨迹分析法,为分析系统性能随系统参数变化的规律性提供了有力工具。

◎ 1954 年:我国著名科学家钱学森院士将控制理论应用于工程实践,发表《工程控制论》,首次把控制论推广到工程技术领域。

◎ 1956 年:著名的苏联数学家蓬特里亚金(*Pontryagin*)发表了"最优过程数学理论",并于 1961 年证明并发表了著名的极大值原理,为解决最优控制问题提供了理论工具。

◎ 1957 年:美国数学家 *R. I. Bellman* 提出离散多阶段决策的最优性原理,创立了动态规划方法,建立了最优控制的理论基础。

◎ 1960 年:美籍匈牙利数学家 *R. E. Kalman* 引出了状态空间法分析系统,提出能控性、能观测性、最佳调节器和卡尔曼滤波等概念,奠定了现代控制理论的基础。

◎ 1960-1980 年:确定性系统的最优控制、随机系统的最优控制、复杂系统的自适应和自学习控制得到了发展。

◎ 1980 迄今:鲁棒控制、*H*∞ 控制、非线性控制、智能控制等。

1.3 自动控制系统的基本概念

随着科学技术的发展,人们已经设计和制造出很多精密、灵巧、具有高性能的仪器,代替人工去完成工作,从而实现自动控制。**所谓自动控制就是在没有人直接参与的情况下,使被控对象的某些物理量准确地按照预期规律变化。系统就是用以完成一定任务的一些部件(或元件)的组合。**

首先,先通过实例说明自动控制与自动控制系统的基本概念。

例1 调压器控制的恒温箱

图 1-9 所示是人工控制的恒温控制箱,通过调压器改变电阻丝的电流,可以达到控制温度的目的。箱内温度 t 由温度计测量,温度控制由人工来完成。

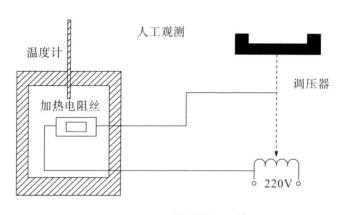

图 1-9 人工控制的恒温箱

具体温度的人工调节过程是这样的：

首先,由测量元件(温度计)测出的恒温箱的温度 t(被控制量)。

其次,将被测温度 t 与要求的温度值 t_0(给定值)进行比较,得出偏差 $t - t_0$ 的大小和方向。

最后,根据偏差的大小和方向进行控制。当恒温箱温度 t 高于所要求的给定温度 t_0 时,移动调压器滑动端使电流减小,温度降低;当恒温箱温度低于所要求的给定温度时,则移动调压器滑动端使电流增大,温度升高。

可见,在人工控制过程中,必须有一个测量元件和一个受人工操作的原件。人在控制过程中,起了测量、比较、判断、操作的作用。因此,人工控制的过程就是测量、求偏差、再控制以纠正偏差的过程。简单地讲,就是检测偏差并用以纠正偏差的过程。

人固然能完成上述控制温度的任务,但随着生产的发展,需要控制的任务越来越多。样样都由人亲自完成,实在是不胜应付。况且人用眼睛去观测,存在误差,用手去执行也不够准确。因此,有些控制任务单凭人的感觉器官是不能很好完成的。

因此,对于以上简单的控制形式,如果能找到控制器代替人的职能,那么就可以变成自动控制系统。图 1-10 就是一个恒温箱自动控制系统。这里,我们称恒温箱为**被控对象**。恒温箱系统期望温度 t_0 由电位计给出,转换为输入电压 u_1 称为系统的**控制量或输入量**,它是作用在系统的激励信号。系统的输出温度 t 也称为被**控制量或输出量**,它表征控制对象或过程的状态和性能。控制量代表了系统所要执行的命令,即它控制被控量按一定的规律变化。

当外界因素引起箱内温度变化时,热电偶作为测量元件把测量温度 t 转换成对应的电压信号 u_2。电压信号 u_2 在自动控制系统中称为反馈量(或叫反馈信号)。电压信号 u_2 反馈回去与给定信号进行比较,所得结果 $\Delta u = u_1 - u_2$ 即为温度偏差对应的电压信号,我们称为**偏差量**(或者偏差信号)。经电压放大、功率放大后,用以改变电机的转速和方向,并通过传动装置移动调压器动触头。当温度偏高时,动触头向着减小电流的方向运动;反之,加大电流,直到温度达到给定值为止;只有偏差信号为零时,电动机才停转。这样便完成了控制要求,这里所有妨碍控制量对被控制量按要求进行正常控制的因素(如:负载力矩的变化、激磁电流的变化即系统内部参数的变化等)被定义为系统的**干扰量**(或干扰信号)。

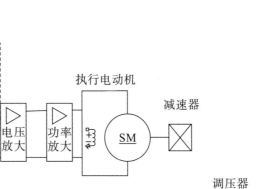

图 1-10 恒温箱自动控制系统

为便于研究,可以把实际物理系统按信号的传递过程绘制成恒温箱温度自动控制系统职能方块图(图1-11)。图中,"$\otimes$"代表比较元件,"-"表示两信号相减。一般来说,**比较元件的输出信号等于各个输入信号的代数和。箭头代表作用方向。**

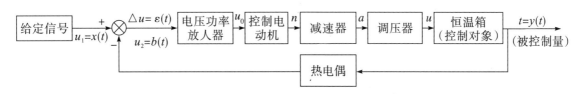

图 1-11 恒温箱温度自动控制系统职能方块图

从图中可以看到,各职能环节的作用是单向的,每个环节的输出是受输入控制的,恒温箱温度的控制是完全没有人参与的情况下自动进行的。实际上,图1-9中的人工控制系统和图1-10中的自动控制系统是极为相似的。比如:执行机构类似于人手,测量装置相当于人眼,控制器类似于人脑。另外,它们还有一个共同的特点:都是先检测偏差,然后再用检测到的偏差去纠正偏差。可见,没有偏差便没有调节过程。在自动控制系统中,偏差是通过反馈建立起来的。

反馈就是指输出量通过适当的测量装置将信号全部或一部分返回输入端,使之与输入量进行比较。**这种利用负反馈得到偏差信号(或偏差信号增量),进而产生控制作用,又去消除偏差(或偏差增量)的控制原理叫作反馈控制原理。利用反馈控制原理组成的系统称为反馈控制系统。**

在本书中,**控制量用 $x(t)$ 表示;被控制量用 $y(t)$ 表示;反馈量用 $b(t)$ 表示;偏差量 $\varepsilon(t)$ 用表示;干扰量 $n(t)$ 用表示。**

在反馈控制系统中,各物理量都反映出传递过程,方块图可以形象地表示出信号的传递过程。图1-11所示方块图中,**从偏差量 $\varepsilon(t)$ 到被控制量 $y(t)$ 的通道称为前向通道。由被控制量 $y(t)$ 到反馈量 $b(t)$ 的通道称为反馈通道。**

1.4 开环控制与闭环控制

上一节中,主要结合闭环控制系统说明了自动控制的基本概念并引出常用名词术语,但在生产实践环节中还常常碰到开环控制系统。这节主要介绍开环控制与闭环控制的特点及主要优缺点。

按照有无反馈测量装置分类,控制系统分为两种基本形式:开环系统和闭环系统。

(1) **开环控制**:若系统的被控制量对系统的控制指令没有影响,即没有输出反馈,则此系统叫开环控制系统,其方块图如图 1-12 所示。开环控制系统中,既不需要对控制量进行测量,也不需要将被控制量反馈到系统的输入端与控制量比较。

图 1-12　开环控制系统

例1　电子门铃的开环控制系统

图 1-13 所示的电子门铃控制系统是开环控制的。当用手按动按钮开关,输入一个触发信号。音乐集成电路经过触发后开始工作,产生一组载有"音乐"的电信号。扬声器将电信号转变为音乐声。

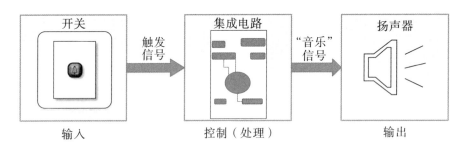

图 1-13　电子门铃控制系统是开环控制系统

这个系统输入直接供给控制器,并通过控制器对受控对象产生控制作用,输出的音乐声的变化对系统的控制状态不产生影响,即不存在反馈。

开环系统的主要优点是结构简单、价格便宜、容易维修、工作稳定;缺点是精度低、容易受环境变化(例如电源波动、温度变化等)的干扰。

一般来说,当系统控制量的变化规律能预先知晓,并且对系统中可能出现的干扰,可以有办法抑制时,采用开环控制系统是有优越性的,特别是被控制量很难进行测量时更是如此。目前,用于国民经济各部门的一些自动化装置,如:自动 ATM 取款机、自动洗衣机、自动电饭煲、自动车床、加工磨具的线切割机等,一般都是开环控制系统。

(2) **闭环控制**:凡是系统的被控制信号对控制指令有直接影响的系统,即采用反馈原理,其输出的全部或部分被反馈到输入端,输入与反馈信号比较后的差值(即偏差信号)加给控制器,然后再调节受控对象的输出,从而形成闭环控制回路。这样的系统都叫闭环控制系统,如图 1-14 所示。因此,闭环系统又称为反馈控制系统,这种反馈称为负反馈。与开环系统相比,闭环系统具有突出的优点,包括精度高、动态性能好、抗干扰能力强等。缺点是结构比较复杂、价格比较贵、对维修人员要求较高。

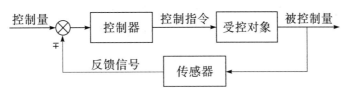

图 1-14　闭环控制系统

例 2　电压力锅压力控制系统

图 1-15 所示的电压力锅的压力控制系统属于闭环控制系统。控制对象为锅内压力,控制器为重力阀,干扰因素为气压。当锅内压力达到预定值时,压力阀会浮起并放气,使锅内压力维持在预定值水平。

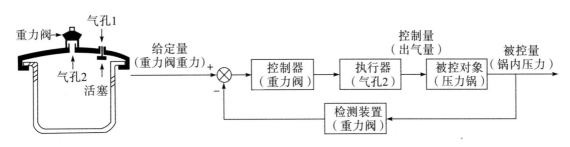

图 1-15　压力锅压力闭环控制系统

因此,闭环控制系统中,需要对被控信号不断地进行测量、变换并反馈到系统的控制端与控制信号进行比较,产生偏差信号,实现按偏差控制。由于闭环系统采用了负反馈,使系统的被控信号对外界干扰和系统内部参数的变化都不敏感,即抗干扰性强。这样就有可能采用低成本的元部件,构成精确的控制系统,而开环控制系统则做不到这点。

从系统的稳定性来讲,闭环控制控制系统可能引起超调,从而造成系统振荡,甚至使得系统不稳定。系统的控制量和干扰量均无法事先预知的情况下,采用闭环控制有明显的优越性。

如果要求实现复杂而准确度较高的控制任务,则可将开环控制与闭环控制结合起来,组成一个比较经济且性能较好的控制系统。

1.5 反馈控制系统的基本组成

1.5.1 控制系统的基本组成

从以上各节分析可知,为组成一个如图 1-16 所示为典型的反馈控制系统,必须包含以下几个基本单元:给定元件、比较元件(或比较环节)、放大元件、执行元件、测量元件(或反馈元件)及校正元件等。

(1) **给定元件**:主要用于产生给定信号或输入信号,如调速系统的给定电位计。

(2) **比较元件**:对被控制量与控制量进行比较,并产生偏差信号。比较元件在多数控制系统中是和测量元件或线路结合在一起的,如运算放大器、自整角机、机械式差动装置等,都可作为物理的比较元件。

(3) **放大元件**:对比较微弱的偏差信号进行信号变换放大和功率放大的元件,使其具有足够的幅值和功率,如伺服功率放大器等。

(4) **执行元件**:接受偏差信号的控制并产生动作,去改变被控制量,使被控制量按照控制信号的变化规律而变化,如执行电动机、液压马达等。

(5) **被控对象**:控制系统所要操纵的对象,它的输出量为系统的被控制量,如机床、工作台、机器人等。

(6) **测量元件**:用于检测被控制量。测量元件的精度直接影响控制系统的精度,因此应尽可能采用精度高的测量元件和合理的测量线路,如调速系统的测速电机、位移和加速度传感器等。

(7) **校正元件**:用以稳定控制系统,提高系统性能的这类元件称为校正元件,也称校正装置。校正元件可以加在由偏差信号至被控信号间的前向通道内,也可以加在由被控制信号至反馈信号间的局部反馈通道。前者称为串联校正,后者称为反馈校正。有些情况下,为了更有效地提高系统的控制性能,可以同时应用串联校正和反馈校正。

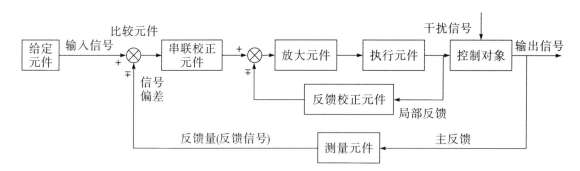

图 1-16　典型的反馈控制系统方块图

1.5.2 自动控制系统的基本类型

(1) 按照给定量的变化规律划分

依据信号的特点不同,按照给定量的变化规律,控制系统可以分为恒值调节系统、程序控制系统和随动系统。

恒值调节系统:如果反馈控制系统的控制信号为恒定的常量,即 $x(t)$ = 常量,则称这类反馈控制系统为恒值调节系统,如液面控制系统、稳压电源、恒温控制箱等。

程序控制系统:如果控制信号 $x(t)$ 的变化规律为已知的时间函数,即是事先确定的程序,这类称为程序控制系统,如数控机床等。

随动系统:如果控制信号 $x(t)$ 为一任意时间函数,其变化规律无法预先予以确定,则承受这类控制信号的闭环控制系统称为随动系统,例如火炮自动瞄准敌机的系统、机床随动系统、函数记录仪等。

（2）按照信号处理技术的不同划分

根据采用的信号处理技术的不同,控制系统可以分为模拟控制系统和数字控制系统。

模拟控制系统:凡是采用模拟技术处理信号的控制系统称为模拟控制系统。

数字控制系统:采用数字技术处理信号的控制系统则称为数字控制系统。

对于给定的系统,采用何种信号处理技术取决于许多因素,如可靠性、精度、复杂程度以及经济性等。随着微处理机技术的成熟,数字控制系统应用越来越广泛,形成了计算机控制系统。微处理机在控制系统中的作用是采集信号,处理控制规律以及产生控制指令。

（3）按照信号随时间变化的不同划分

连续控制系统:系统中所有元件的信号都是随时间连续变化的,信号的大小均是可任意取值的模拟量,则称为连续系统。

离散控制系统:系统中有一处或数处的信号是脉冲序列或数码的系统,称为离散控制系统。离散系统用差分方程描述。

（4）按照系统是否满足叠加原理划分

线性系统:组成系统元器件的特性均为线性的,可用一个或一组线性微分方程来描述系统输入和输出之间的关系。线性系统的主要特征是具有齐次性和叠加性。

非线性系统:在系统中只要有一个元器件的特性不能用线性微分方程描述其输入和输出关系,则称为非线性系统。非线性系统还没有一种完整、成熟、统一的分析法。通常在非线性程度不是很严重或作近似分析时,均可用线性系统理论和方法来处理。

严格地说,实际物理系统中都含有程度不同的非线性元部件,由饱和特性、死区、间隙和摩擦等产生。

（5）按照输入输出端口关系划分

单输入单输出系统:系统的输入量和输出量各为一个,称为单输入单输出系统（SISO）。

多输入多输出系统:系统的输入量和输出量多于一个,称为多输入多输出系统（MIMO）。对于线性多输入多输出系统,系统的任何一个输出等于数个输入单独作用下输出的叠加。

1.6 反馈控制系统的基本要求

自动控制系统用于不同的目的,要求也往往不同。但自动控制技术是研究各类控制系统共同规律的技术,对控制系统有共同的要求,一般可归结为稳定、准确、快速。

（1）**稳定性**:是指动态过程的振荡倾向和系统能够恢复平衡状态的能力。稳定性是系统工作的首要条件。

（2）**快速性**:这是在系统稳定的前提下提出的,是指当系统输出量与给定的输入量之间产生偏差时,消除这种偏差过程的快慢程度。

（3）**准确性**:是指在调整过程结束后输出量与给定的输入量之间的偏差,或称为精度,这也是衡量系统工作性能的重要指标。例如,数控机床精度越高,加工精度也越高。

由于受控对象的具体情况不同,各种系统对稳、准、快的要求各有侧重。例如,随动系统对快速性要求较高,而调速系统对稳定性提出了较严格的要求。在同一系统中,稳、准、快有时是相互制约的。

反应速度快,可能会有强烈振荡;改善稳定性,控制过程又可能过于迟缓,精度也可能变差。

例1 过渡过程是指反馈控制系统的被控制量 $y(t)$,在受到控制量或者干扰量作用时,由原来的平衡状态(或叫稳态)变化到新的平衡状态时的过程。图1-17为系统在单位阶跃信号作用下的控制系统过渡曲线。试分析图中4条曲线哪些为稳定曲线?哪些为不稳定曲线?

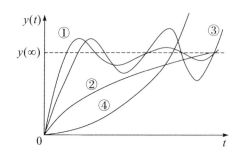

图1-17 控制系统的过渡过程曲线

分析图中4条曲线可知:

(1)曲线①随着时间的推移振荡收敛,并最终回到平衡状态;

(2)曲线②随着时间的推移单调收敛,并最终趋于被控制信号的稳态值 $y(\infty)$;

(3)曲线③随着时间的推移振荡发散,系统无法回到平衡状态;

(4)曲线④随着时间的推移单调发散,系统无法回到平衡状态;

因此,曲线①和曲线②代表的系统是稳定系统,曲线③和曲线④代表的系统是不稳定系统。

1.7 课程主要内容及学时安排

《控制工程基础》作为机械类专业一门必修的专业基础课,在整个专业培养和课程体系中处于主干核心地位。本课程涉及经典控制理论的主要内容及应用,更加突出了机电控制的特点。其目的是要求学生了解和掌握机械控制系统稳定、准确、快速概念,并学会围绕这三个问题展开分析机械控制系统的能力。

本课程在高等数学、理论力学、电工电子学等先修课基础上,使学生掌握机电控制系统的基本原理及必要的实用知识。

本课程的基本要求包括:

(1)掌握专业基础知识:机电控制系统的基本概念、传递函数的基本概念、对系统传递函数及方块图进行化简、建立复杂机电系统的动态数学模型等;

(2)识别和判断复杂机械工程问题的关键环节和参数:绘制乃氏图、伯德图和根轨迹图关键参数对系统快速性、稳定性的影响;

(3)建立机电系统的数学模型并分析系统性能:系统瞬态性能、稳态性能及稳定性等基本概念、在典型输入信号下系统输出的时域性能指标和稳态误差、伯德图分析控制系统系统稳定性、分析系统动态和稳态性能;

（4）设计机电控制单元,并在设计过程中体现创新意识:校正元件或校正控制器的设计等。

本课程讲授48学时,实际授课时可根据对象、要求及实验条的不同适当增减学时。本教材主要涉及经典控制理论部分,现代控制理论的主要内容将在后续课程及研究生课程中讲授。

本章重点

掌握自动控制系统的基本概念,学会对控制系统进行分类(开环系统和闭环系统);掌握开环系统和闭环系统的优缺点;熟悉反馈系统的组成部件。

本章习题

1-1 比较开环系统和闭环系统优缺点。

1-2 画出如题图1-1所示离心调速器的职能方块图。

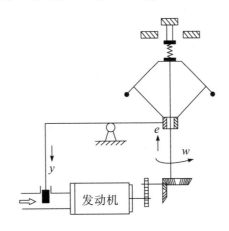

题图1-1　离心调速器

1-3 题图1-2所示为一液面自动控制系统,请说明水位自动控制过程的原理。

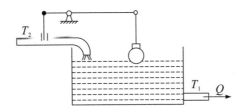

题图1-2　水位自动控制系统

CHAPTER 2

第二章

控制系统的动态数学模型

分析控制系统的特性首先任务就是要建立系统的数学模型。**数学模型是用数学的方法和形式表示和描述系统中各变量间的关系**。根据系统类别的不同,通常数学模型也相应地呈现出多种多样的形式,不同的场合可以采用不同的模型进行描述,如微分方程、传递函数、方块图、频率特性等。对于机电控制系统来说,我们不仅希望了解其在输入作用下输出的稳态情况,更重要的是了解其动态的过程,因此我们需要建立控制系统的动态数学模型。

按照系统中变量对时间的变化率(导数)是否忽略来说,可分为静态数学模型与动态数学模型。

静态系统的数学模型:系统中各变量随时间变化缓慢,以至于它们对时间的变化率(导数)可以忽略不计时,这些变量之间的关系称为静态关系或静态特性,这样的数学模型为静态系统的数学模型。

动态系统的数学模型:动态系统中的变量对时间的变化率不为零,变量之间具有动态关系或者动态特性,这样的数学模型称为动态系统的数学模型。

建立数学模型通常采用解析法(又称理论建模)或实验法(又称辨识)。所谓解析法就是根据系统或元件各变量之间所遵循的物理、电工等各种科学规律,用数学形式表示和推导变量间的关系,从而建立数学模型。而实验法是人为地给系统施加某种测试信号,记录其输出响应,并用适当的数学模型去逼近。本章仅讨论用解析法建立系统数学模型。系统的数学模型既是分析系统的基础,又是综合设计系统的依据。

2.1 基本环节的数学模型

机电控制系统基本环节包括三个部分:机械系统、电路网络及机电耦合系统。建立机电控制系统的数学模型并在此基础上对系统进行分析与综合,是机电控制工程的基本方法。

2.1.1 机械系统

机械系统指的是存在机械运动的装置,它们遵循物理学的力学定律。一般来说,无论是多么复杂的机械系统,都可以简化为质量-弹簧-阻尼系统或者其组合。因此,机械系统在很多书中也将其称为质量-弹簧-阻尼系统。

机械系统的运动包括直线运动(相应的位移称为线位移)和转动(相应的位移称为角位移)两种。

做直线运动的物体要遵循的基本力学定律是牛顿第二定律:

$$\sum F = m \frac{d^2 x}{dt^2} \tag{2.1-1}$$

式中,F 为物体所受到的合力,m 为物体质量,x 是线位移,t 是时间。

转动的物体要遵循牛顿转动定律:

$$\sum T = J \frac{d^2 \theta}{dt^2} \tag{2.1-2}$$

式中,T 为物体所受到的力矩,J 为物体转动惯量,θ 是角位移,t 是时间。

此外,运动着的物体,一般都要受到摩擦力的作用。**粘性摩擦力 f_c 与运动速度成正比**,可表示为:

$$f_c = c \frac{dx}{dt} \tag{2.1-3}$$

式中, x 为线位移, c 称为粘性阻尼系数。

对于转动的物体,粘性摩擦力矩 T_c 与旋转速度成正比。摩擦力的作用体现为粘性摩擦力矩 T_c ,可表示为:

$$T_c = k_c \frac{d\theta}{dt} \tag{2.1-4}$$

式中, θ 是角位移, k_c 称为粘性阻尼系数。

实际中的系统往往很复杂。这里我们将举一个简单的例子,学习用解析法建立系统动态数学模型的方法。

例1 一个由弹簧-质量-阻尼器组成的机械平移系统如图 2-1 所示。 m 为物体质量, k 为弹簧系数, c 为粘性阻尼系数。列写此系统的运动微分方程。

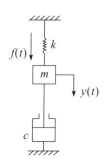

图 2-1 机械平移系统

解: 为了分析这个系统,首先要确定系统的输入量和输出量。该机械系统的输入量和输出量分别为外力 $f(t)$ 、位移 $y(t)$ 。

接下来要对系统进行受力分析,如图 2-2 所示。取向下为力和位移的正方向。当 $f(t) = 0$ 时,物体的平衡位置为位移 y 的零点。这时,该物体 m 受到外力 $f(t)$ 、弹簧的弹力 f_k 、粘性摩擦力 f_c 的作用及重力 mg 。这里,外力 $f(t)$ 为主动力,方向向下。 f_k 、 f_c 为从动反力,方向与主动力相反,方向向上。

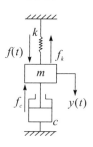

图 2-2 系统的受力分析图

因为物体的重力与静平衡位置时弹簧的伸长量相等,所以物体的重力不出现在运动方程中,即重力对物体的运动没有影响。当取平衡点为位移的零点,并且忽略重力的作用时,根据牛顿第二定律列写方程,可列出如下的系统方程:

$$f(t) - f_k - f_c = m \frac{d^2 y(t)}{dt^2} \tag{2.1-5}$$

$$f_c = c\frac{dy(t)}{dt} \tag{2.1-6}$$

$$f_k = ky(t) \tag{2.1-7}$$

将式(2.1-6)、(2.1-7)代入(2.1-5)中,可得到该机械系统的运动方程式:

$$f(t) - ky(t) - c\frac{dy(t)}{dt} = m\frac{d^2y(t)}{dt^2} \tag{2.1-8}$$

最后,进行方程整理,将输出量写在等式左端,输入量写在等式右端,分别按导数的降幂排列,可获得如(2.1-9)的等式:

$$m\frac{d^2y(t)}{dt^2} + c\frac{dy(t)}{dt} + ky(t) = f(t) \tag{2.1-9}$$

这时,我们就已经列写好此系统的运动微分方程了。

例2 一个由转子-阻尼器组成的机械转动系统如图 2-3 所示,J 为转动惯量,k_c 为粘性摩擦系数,ω、θ 为角速度和角位移,T_z 为作用在该轴上的负载阻转矩,T 为作用在该轴上的主动外力矩。列写此系统的运动微分方程。

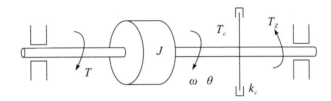

图 2-3 机械转动系统

解: 首先,要确定系统的输入量和输出量。该系统的输入量为主动外力矩 T,输出量分别角速度 ω 和角位移 θ。

根据牛顿转动定律,可列写出如下方程:

$$J\frac{d\omega}{dt} = T - T_c - T_Z \tag{2.1-10}$$

上式中,T_c 为粘性摩擦力矩,表示如下:

$$T_c = k_c\omega \tag{2.1-11}$$

将上式(2.1-11)代入式(2.1-10)得到:

$$J\frac{d\omega}{dt} + k_c\omega + T_Z = T \tag{2.1-12}$$

将 $\omega = d\theta/dt$ 代入上式可得:

$$J\frac{d^2\theta}{dt^2} + k_c\frac{d\theta}{dt} + T_Z = T \tag{2.1-13}$$

这时,式(2.1-12)和(2.1-13)分别是以为输出量 ω 和以为输出量 θ 的运动方程式。

机械系统除了上述例子中的单轴转动系统外,常常会碰到多轴传动系统,各轴之间以齿轮、皮带、丝杠-螺母等形式联接在一起,以实现转速和力矩的改变,这种多轴传动装置一般称为机械传动系统。

接下来我们就以齿轮传动系统为例,说明如何建立机械传动系的运动方程式。

例3 图 2-4 表示一个简单的齿轮传动系统,它有 2 个轴和 2 个齿轮。T 为作用在轴 1(输入轴)的机械力矩,T_z 是作用在轴 2(输出轴)的负载转矩。(J_1, k_{c1})、(J_2, k_{c2}) 分别代表相应轴的转动惯量与粘性摩擦系数,θ_1、θ_2 分别表示相应轴的转角。i 为齿轮的传动比,即 $i = \theta_1 / \theta_2$。试列写此系统的运动方程式。

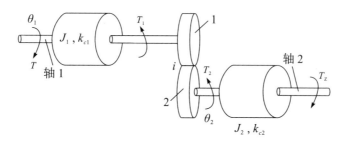

图 2-4   齿轮传动系统

解:首先,确定系统的输入量和输出量。该系统的输入量和输出量分别为转矩 T、转角 θ_1。设 T_1 为齿轮 2 作用于齿轮 1 的力矩。T_2 分别为齿轮 2 所受到的力矩。

对于轴 1,根据牛顿转动定律可列写如下方程:

$$J_1 \frac{d^2\theta_1}{dt^2} = T - T_1 - k_{c1}\frac{d\theta_1}{dt} \tag{2.1-14}$$

对于轴 2 有:

$$J_2 \frac{d^2\theta_2}{dt^2} = T_2 - T_z - k_{c2}\frac{d\theta_2}{dt} \tag{2.1-15}$$

根据传动比定义,可知它等于输入转角与输出转角之比,也等于输入角速度与输出角速度之比,还等于输入角加速度与输出角加速度之比,具体如下式:

$$i = \frac{\theta_1}{\theta_2} = \frac{\dot{\theta}_1}{\dot{\theta}_2} = \frac{\ddot{\theta}_1}{\ddot{\theta}_2} \tag{2.1-16}$$

忽略齿轮啮合中的功率损耗,可得:

$$T_1\theta_1 = T_2\theta_2 \tag{2.1-17}$$

联立式(2.1-14)~(2.1-17),可获得到仅由系统的输入量转矩 T 和输出量转角 θ_1 表示的系统的运动方程式:

$$\left(J_1 + \frac{J_2}{i^2}\right)\frac{d^2\theta_1}{dt^2} + \left(k_{c1} + \frac{k_{c2}}{i^2}\right)\frac{d\theta_1}{dt} = T - \frac{T_z}{i} \tag{2.1-18}$$

分析上式,可知当系统负载折合到输入轴 *I* 时,输出轴 *II* 上的转动惯量、阻尼比、刚度都要除以传动比的平方,输入转矩除以传动比。

同理,也可以将负载折合到输出轴 *II*,这时系统输入轴 *I* 上的转动惯量、阻尼比、刚度都要乘以传动比的平方,输入转矩乘以传动比,如下式所示:

$$(J_2+J_1i^2)\frac{d^2\theta_2}{dt^2}+(k_{c2}+k_{c1}i^2)\frac{d\theta_2}{dt}=Ti-T_Z \tag{2.1-19}$$

依据上述的负载折算原则,利用单轴传动系统的运动方程式,很容易写出复杂系统的机械传动系统的运动方程式。

2.1.2 电路网络

电路网络是机电控制的重要组成部分,可分为有源电路网络和无源电路网络。电路网络系统中最常见的装置是由电阻、电感、电容、运算放大器等元件组成的电路,又称为电气网络。**像这种仅由电阻、电感,电容这类本身不含电源的器件组成的网络称为无源电路网络。而包含运算放大器这种内置电源的器件或者包含电源的网络称为有源电路网络。**

在列写电源网络的微分方程式时,常常需要使用基尔霍夫电流和电压定律,它们可由以下两式表示:

$$\sum i=0 \tag{2.1-20}$$

$$\sum u=0 \tag{2.1-21}$$

此外,常用的还有理想电阻、电感、电容两端电压、电流与元件参数的关系,可以由以下各式表达:

$$u=Ri \tag{2.1-22}$$

$$i=C\frac{du}{dt} \tag{2.1-23}$$

$$u=L\frac{di}{dt} \tag{2.1-24}$$

接下来通过两个例子学习如何建立电路网络的数学模型。

例4　一个无源电路网络如图 2-5 所示,其中 L 为电感,R 为电阻,C 为电容,$u_i(t)$ 为输入电压,$u_o(t)$ 为输出电压,列写出该系统的微分方程。

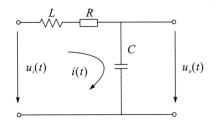

图 2-5　LRC 无源电路网络

解:首先第一步,确定系统的输入量和输出量。该系统的输入量和输出量分别为 $u_i(t)$、$u_o(t)$。设回路电流 $i(t)$,见图 2-5 所示。根据基尔霍夫电压定律,可以得到下式:

$$L\frac{di(t)}{dt}+Ri(t)+u_o(t)=u_i(t) \tag{2.1-25}$$

式中,$i(t)$ 是中间变量。$i(t)$ 和 $u_o(t)$ 的关系为:

$$i(t) = C \frac{du_o(t)}{dt} \qquad (2.1-26)$$

将式(2.1-26)代入式(2.1-25)消去中间变量$i(t)$后,可得:

$$LC \frac{d^2 u_o(t)}{dt^2} + RC \frac{du_o(t)}{dt} + u_o(t) = u_i(t) \qquad (2.1-27)$$

上式又可以改写为:

$$T_1 T_2 \frac{d^2 u_o(t)}{dt^2} + T_2 \frac{du_o(t)}{dt} + u_o(t) = u_i(t) \qquad (2.1-28)$$

式中,$T_1 = L/R$,$T_2 = RC$,T_1、T_2称为系统时间常数。式(2.1-27)或(2.1-28)即为该电路网络的微分方程式,这是一个典型的二阶线性常系数微分方程,对应的系统也称为二阶线性定常系统。

例5 如图2-6所示是一个有源的电路网络,其中包含一个理想放大器。R为电阻,C为电容,$u_i(t)$为输入电压,$u_o(t)$为输出电压。列写出该系统的微分方程。

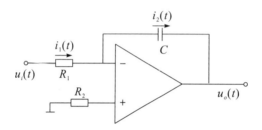

图2-6 电容负反馈有源网络

解:首先第一步,确定系统的输入量和输出量。该系统的输入量和输出量分别为$u_i(t)$、$u_o(t)$。理想运算放大器正、反相输入端的电位相同,且输入电流为零,即$i_1 = i_2$。

根据基尔霍夫电流定律有:

$$i_1(t) = \frac{u_i(t)}{R_1} \qquad (2.1-29)$$

$$i_2(t) = -C \frac{du_o(t)}{dt} \qquad (2.1-30)$$

将上述两式合并整理,可得下式:

$$\frac{u_i(t)}{R} + C \frac{du_o(t)}{dt} = 0 \qquad (2.1-31)$$

整理得到:

$$RC \frac{du_o(t)}{dt} = -u_i(t) \qquad (2.1-32)$$

或者

$$T \frac{du_o(t)}{dt} = -u_i(t) \qquad (2.1-33)$$

式中,$T=RC$称为时间常数。式(2.1-32)或式(2.1-33)就是该电路网络的微分方程式,是一阶系统。

2.1.3 机电耦合系统

电动机是机电耦合系统中最常用、最重要的执行部件。机电耦合系统从电路网络获得电能,经过电动机将电能转化为机械系统中的机械能。下面将举例说明电动机微分方程的建立。

例 6 一个电枢控制式直流电机如图 2-7 所示。$e_i(t)$ 为电动机电枢输入电压,$\theta_o(t)$ 为电动机输出转角,R_a 为电枢绕组电阻,L_a 为电枢绕组电感,$i_a(t)$ 为流过电枢绕组的电流,$e_m(t)$ 为电动机感应反电势,$T(t)$ 为电动机转矩,J 为电动机及负载折合到电动机轴上的转动惯量,D 为电动机及负载折合到电动机轴上的黏性摩擦系数。列写出其微分方程。

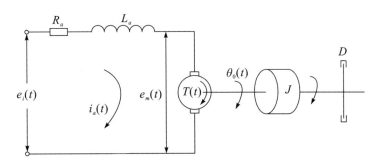

图 2-7 电枢控制式直流电机

解:第一步,仍然是确定系统的输入量和输出量。该系统的输入量和输出量分别为 $e_i(t)$ 和 $\theta_o(t)$。首先,以 $e_i(t)$ 为输入量,按从左至右的顺序依次列写方程。

由基尔霍夫定律,可得:

$$R_a i_a(t) + L_a \frac{di_a(t)}{dt} + e_m(t) = e_i(t) \tag{2.1-34}$$

式(2.1-34)以 $e_i(t)$ 为输入量,以 $i_a(t)$ 为输出量,$e_m(t)$ 为反电势。

根据磁场对载流线圈的作用定律,可列写如下方程:

$$T(t) = K_T i_a(t) \tag{2.1-35}$$

式(2.1-35)以 $i_a(t)$ 为输入量,以 $T(t)$ 为输出量。其中,K_T 为电动机力矩系数。

接下来,根据转动体的牛顿第二定律,有:

$$T(t) - D \frac{d\theta_o(t)}{dt} = J \frac{d^2\theta_o(t)}{dt^2} \tag{2.1-36}$$

式(2.1-36)以 $T(t)$ 为输入量,以 $\theta_o(t)$ 为输出量。

另外,根据电磁感应定律,可得 $e_m(t)$ 表达式如下:

$$e_m(t) = K_e \frac{d\theta_o(t)}{dt} \tag{2.1-37}$$

式中,K_e 为电动机反电势系数。

联立以上式子即可得到以 $e_i(t)$ 为输入量,以 $\theta_o(t)$ 为输出量的表达式。整理方程,将输入量写到等式的右端,输出量写到等式的左端,并且按降幂排列,可得到下式:

$$L_a J \dddot{\theta}_o(t) + (L_a D + R_a J) \ddot{\theta}_o(t) + (R_a D + K_T K_e) \dot{\theta}_o(t) = K_T e_i(t) \tag{2.1-38}$$

上式即为电动机的数学模型。当电枢电感较小时,通常可忽略不计,系统微分方程可简化为:

$$R_a J \ddot{\theta}_o(t) + (R_a D + K_T K_e) \dot{\theta}_o(t) = K_T e_i(t) \tag{2.1-39}$$

式(2.1-38)或式(2.1-39)就是机电耦合系统—电动机的微分方程式。

2.1.4 列写微分方程的一般步骤

对于单输入、单输出系统,微分方程表示的数学模型有如下的一般形式:

$$a_o y^{(n)}(t) + a_1 y^{(n-1)}(t) + \cdots + a_{n-1} \dot{y}(t) + a_n y(t)$$
$$= b_o x^{(m)}(t) + b_1 x^{(m-1)}(t) + \cdots + b_{m-1} \dot{x}(t) + b_m x(t) \tag{2.1-40}$$

式中,$x(t)$、$y(t)$ 为系统的输入量、输出量,$a_i(i = 0,1,2,\cdots,n)$ 和 $b_j(j = 0,1,2,\cdots,m,n > m)$ 都是由系统结构参数决定的系数。

对于较复杂的系统,用解析法列写微分方程的一般步骤可总结如下:

(1) 首先根据要求,确定系统最终输入量和输出量。

(2) 划分系统环节(机械与电气部分),分别确定各环节的输入及输出信号。

(3) 根据系统中元件的具体情况,按照它们所遵循的科学规律,列写原始方程式,它们一般构成微分方程组。对于复杂的系统,不能直接写出输出量和输入量之间的关系式时,可以增设中间变量。方程的个数一般要比中间变量的个数多 1。为了下一步整理方便起见,列写方程时可以从输入量开始,也可以从输出量开始,按照顺序列写。

(4) 消去中间变量,整理出只含有输入量和输出量及其导数的方程。

(5) 整理方程,标准化。一般将输出量及其导数放在方程式左边,将输入量及其导数放在方程式右边,各导数项按阶次由高到低的顺序排列。可以将各项系数归化成具有一定物理意义的形式。

2.2 拉氏变换及反变换

对于利用微分方程表达的数学模型形式,利用拉氏变换,可将微分方程转换为代数方程,使求解大为简化。因此,拉氏变换成为分析机电控制系统的基本数学方法之一。在此基础上,可以进一步得到系统传递函数。

2.2.1 拉氏变换的定义

对于函数 $x(t)$ 如果满足下列条件:

(1) 当 $t<0$ 时,$x(t)=0$;当 $t>0$ 时,$x(t)$ 在每个有限区间上是分段连续的。

(2) $\int_0^\infty x(t) e^{-\sigma t} dt < \infty$,其中 σ 为正实数,即 $x(t)$ 为指数级的,待变换函数随时间的增长比不上负

指数函数随时间的衰减,使其从 0 到 $+\infty$ 积分是有界的。那么,可定义 $x(t)$ 的拉氏变换 $X(s)$ 为:

$$X(s) = L[x(t)] \triangleq \int_0^\infty x(t)e^{-st}dt \qquad (2.2-1)$$

式中,s 为复变函数;$x(t)$ 为原函数;$X(s)$ 为象函数。

在拉氏变换中,s 的量纲是时间的倒数,即 $[t]^{-1}$,$X(s)$ 的量纲则是 $x(t)$ 的量纲与时间 t 的量纲的乘积。

2.2.2 简单函数拉氏变换

(1) 单位阶跃函数 $1(t)$

单位阶跃函数数学表达式为

$$1(t) = \begin{cases} 0, t<0 \\ 1, t>0 \end{cases}$$

图像如图 2-8 所示。

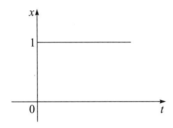

图 2-8　单位阶跃函数

其对应拉氏变换为

$$L[1(t)] = \int_0^\infty 1(t)e^{-st}dt = -\frac{1}{s}e^{-st}\Big|_0^\infty = \frac{1}{s} \ [\text{Res}>0]$$

(2) 指数函数 $e^{at} \cdot 1(t)$

指数函数 $e^{at} \cdot 1(t)$ 图像如图 2-9 所示。

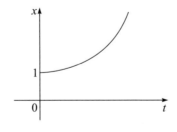

图 2-9　指数函数

其对应拉氏变换为

$$L[\,e^{at} \cdot 1(t)\,] = \int_0^\infty e^{at} \cdot 1(t)e^{-st}dt = \int_0^\infty e^{-(s-a)t}dt = -\frac{1}{s-a}e^{-(s-a)t}\,\Big|_0^\infty = \frac{1}{s-a}\ \ [\,\mathrm{Res} > \mathrm{Re}a\,]$$

（3）正弦函数$\sin\omega = t \cdot 1(t)$和余弦函数$\cos\omega t \cdot 1(t)$

正弦函数 $\sin\omega t \cdot 1(t)$ 和余弦函数 $\cos\omega t \cdot 1(t)$ 图像如图 2-10 所示。

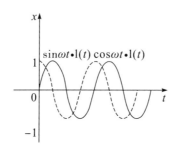

图 2-10　正弦、余弦函数

根据欧拉公式，有：

$$e^{j\theta} = \cos\theta + j\sin\theta,\ e^{-j\theta} = \cos\theta - j\sin\theta$$

$$\sin\theta = \frac{e^{j\theta} - e^{-j\theta}}{2j},\ \cos\theta = \frac{e^{j\theta} + e^{-j\theta}}{2}$$

利用上面指数函数拉氏变换的结果，得出正弦函数和余弦函数的拉氏变换：

$$L[\,\sin\omega t \cdot 1(t)\,] = L\left[\frac{e^{j\omega t} - e^{-j\omega t}}{2j} \cdot 1(t)\right] = \frac{1}{2j}\left(\frac{1}{s-j\omega} - \frac{1}{s+j\omega}\right) = \frac{\omega}{s^2 + \omega^2}$$

$$L[\,\cos\omega t \cdot 1(t)\,] = L\left[\frac{e^{j\omega t} + e^{-j\omega t}}{2} \cdot 1(t)\right] = \frac{1}{2}\left(\frac{1}{s-j\omega} + \frac{1}{s+j\omega}\right) = \frac{s}{s^2 + \omega^2}$$

（4）幂函数$t^n \cdot 1(t)$

可以利用 $\varGamma$ 函数的性质得出如下结果：

$$\varGamma(a) \triangleq \int_0^\infty x^{\alpha-1}e^{-x}dx$$

$$\varGamma(n+1) = \int_0^\infty x^n e^{-x}dx\,(\text{分部积分})$$

$$= \int_0^\infty -x^n de^{-x} = -\left(x^n e^{-x}\,\Big|_0^\infty - \int_0^\infty e^{-x}dx^n\right)$$

$$= \int_0^\infty e^{-x}dx^n = \int_0^\infty e^{-x} \cdot nx^{n-1}dx$$

$$= n\int_0^\infty x^{n-1}e^{-x}dx = n\varGamma(n) = \cdots = n!$$

令 $x = st$，则

$$t = \frac{x}{s},\ dt = \frac{1}{s}dx$$

$$L[t^n \cdot 1(t)] = \int_0^\infty t^n e^{-st} dt = \int_0^\infty \frac{x^n}{s^n} e^{-x} d\left(\frac{x}{s}\right)$$

$$= \int_0^\infty \frac{x^n}{s^{n+1}} e^{-x} dx = \frac{1}{s^{n+1}} \int_0^\infty x^n e^{-x} dx$$

$$= \frac{1}{s^{n+1}} \Gamma(n+1) = \frac{n!}{s^{n+1}}$$

（5）脉冲函数$\delta(t) \cdot 1(t)$

单位脉冲函数的数学表达式为

$$\delta(t) = \begin{cases} \lim\limits_{t_0 \to 0} \dfrac{1}{t_0}, & 0 < t < t_0 \\ 0, & t < 0 \text{ 或 } t > t_0 \end{cases}$$

图像如图 2-11 所示。

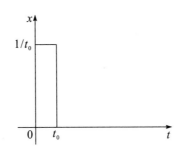

图 2-11　单位脉冲函数

其拉氏变换为

$$\delta(t) = \lim_{t_0 \to 0}\left[\frac{1(t)}{t_0} - \frac{1(t-t_0)}{t_0}\right] = \lim_{t_0 \to 0}\frac{1}{t_0}[1(t) - 1(t-t_0)]$$

$$L[\delta(t)] = \lim_{t_0 \to 0}\frac{1}{t_0}\left[\frac{1}{s} - \frac{1}{s}e^{-t_0 s}\right] = \lim_{t_0 \to 0}\frac{1}{t_0 s}\left[1 - \left(1 - t_0 s + \frac{1}{2!}t_0^2 s^2 - \cdots\right)\right] = 1$$

例1　求下列简单函数的拉式变换。

1）$5 \cdot 1(t)$　2）$e^{-20t} \cdot 1(t)$　3）$\sin 5t$　4）$\cos 3t$　5）$t \cdot 1(t)$　6）$t^2 \cdot 1(t)$

解： 1）$L[5 \cdot 1(t)] = \int_0^\infty 5 \cdot 1(t) e^{-st} dt = -\frac{5}{s}e^{-st}\Big|_0^\infty = \frac{5}{s}$

2）$L[e^{-20t} \cdot 1(t)] = \int_0^\infty e^{-20t} \cdot 1(t) e^{-st} dt = \int_0^\infty e^{-(s+20)t} dt = -\frac{1}{s+20}e^{-(s+20)t}\Big|_0^\infty = \frac{1}{s+20}$

3）$L(\sin 5t) = L\left[\frac{e^{5jt} - e^{-5jt}}{2j} \cdot 1(t)\right] = \frac{1}{2j}\left(\frac{1}{s-5j} - \frac{1}{s+5j}\right) = \frac{5}{s^2+25}$

4）$L(\cos 3t) = L\left[\frac{e^{3jt} + e^{-3jt}}{2} \cdot 1(t)\right] = \frac{1}{2}\left(\frac{1}{s-3j} + \frac{1}{s+3j}\right) = \frac{s}{s^2+9}$

5) $L[t \cdot 1(t)] = \dfrac{n!}{s^{n+1}} = \dfrac{1}{s^2}$

6) $L[t^2 \cdot 1(t)] = \dfrac{n!}{s^{n+1}} = \dfrac{2}{s^3}$

2.2.3 拉氏变换的重要性质定理

（1）叠加原理

若 $$L[x_1(t)] = X_1(s), L[x_2(t)] = X_2(s)$$

则 $$L[ax_1(t) + bx_2(t)] = aX_1(s) + bX_2(s) \qquad (2.2\text{-}2)$$

证明：

$$
\begin{aligned}
L[ax_1(t) + bx_2(t)] &= \int_0^\infty [ax_1(t) + bx_2(t)] e^{-st} dt \\
&= \int_0^\infty [ax_1(t)] e^{-st} dt + \int_0^\infty [bx_2(t)] e^{-st} dt \\
&= aX_1(s) + bX_2(s)
\end{aligned}
$$

例2 求下列简单函数的拉式变换。

1) $f(t) = 5\delta(t) + (t+2) \cdot 1(t)$

2) $f(t) = \sin\left(5t + \dfrac{\pi}{3}\right) \cdot 1(t)$

解：1) $f(t) = 5\delta(t) + t \cdot 1(t) + 2 \cdot 1(t)$

分别求拉式变换：

$$L[5\delta(t)] = 5; L[t \cdot 1(t)] = \int_0^\infty t \cdot e^{-st} dt = \dfrac{1}{s^2}$$

$$L[2 \cdot 1(t)] = \int_0^\infty 2 \cdot e^{-st} dt = 2\int_0^\infty e^{-st} dt = \dfrac{2}{s}$$

综上可得

$$L[f(t)] = 5 + \dfrac{1}{s^2} + \dfrac{2}{s} = \dfrac{1}{s^2} + \dfrac{2}{s} + 5$$

2) $f(t) = \sin\left(5t + \dfrac{\pi}{3}\right) \cdot 1(t)$

分析：$\sin\left(5t + \dfrac{\pi}{3}\right)$ 的形式不太适合用延时定理，因此可以考虑应用三角函数展开式来计算。

$$\sin\left(5t + \dfrac{\pi}{3}\right) = \sin(5t)\cos\dfrac{\pi}{3} + \cos(5t)\sin\dfrac{\pi}{3} = \dfrac{1}{2}\sin(5t) + \dfrac{\sqrt{3}}{2}\cos(5t) \text{综上可得}$$

$$L[f(t)] = \frac{1}{2} \cdot \frac{5}{s^2+5^2} + \frac{\sqrt{3}}{2} \cdot \frac{s}{s^2+5^2}$$

（2）微分定理

$$L\left[\frac{d}{dt}(x(t))\right] = sX(s) - x(0^+) \tag{2.2-3}$$

证明：

$$L[x(t)] = \int_0^\infty [x(t)]e^{-st}dt = \int_0^\infty [x(t)]\frac{1}{-s}de^{-st}$$

$$= x(t)\frac{e^{-st}}{-s}\Big|_0^\infty - \int_0^\infty \frac{e^{-st}}{-s}dx(t) = \frac{x(0^+)}{s} + \frac{1}{s}\int_0^\infty \frac{dx(t)}{dt}e^{-st}dt$$

$$= \frac{x(0^+)}{s} + \frac{1}{s}L\left[\frac{d}{dt}x(t)\right]$$

因此

$$L\left[\frac{d}{dt}(x(t))\right] = sX(s) - x(0^+)$$

由此，还可以得出两个重要的推论：

（1）
$$L\left[\frac{d^n}{dt^n}x(t)\right] = s^nX(s) - s^{n-1}x(0^+) - s^{n-2}\dot{x}(0^+) - \cdots - sx^{(n-2)}(0^+) - x^{(n-1)}(0^+) \tag{2.2-4}$$

（2）在零初始条件下，有

$$\frac{d^n}{dt^n}x(t) \Leftrightarrow s^nX(s) \tag{2.2-5}$$

据此可将微分方程变换为代数方程。

（3）积分定理

$$L\left[\int x(t)dt\right] = \frac{X(s)}{s} + \frac{x^{-1}(0^+)}{s} \tag{2.2-6}$$

式中，符号 $x^{-1}(t) \triangleq \int x(t)dt$。

证明：

$$L\left[\int x(t)dt\right] = \int_0^\infty \left[\int x(t)dt\right]e^{-st}dt = \int_0^\infty \left[\int x(t)dt\right]\frac{1}{-s}de^{-st}$$

$$= \left[\int x(t)dt\right]\frac{e^{-st}}{-s}\Big|_0^\infty - \int_0^\infty \frac{e^{-st}}{-s}x(t)dt$$

$$= \frac{x^-(0^+)}{s} + \frac{X(s)}{s}$$

由此，也可以得出两个重要结论：

①
$$L\left[\int \cdots \int x(t)(dt)^n\right] = \frac{X(s)}{s^n} + \frac{x^{-1}(0^+)}{s^n} + \frac{x^{-2}(0^+)}{s^{n-1}} + \cdots + \frac{x^{-n}(0^+)}{s} \tag{2.2-7}$$

式中，符号 $x^{-n}(t) \triangleq \int \cdots \int x(t)(dt)^n$。

② 在零初始条件下,有

$$\int \cdots \int x(t)(dt)^n \Leftrightarrow \frac{X(s)}{s^n} \tag{2.2-8}$$

积分定理与微分定理对偶存在。

(4) 衰减定理

$$L[e^{-at}x(t)] = X(s+a) \tag{2.2-9}$$

证明:

$$L[e^{-at}x(t)] = \int_0^\infty e^{-at} \cdot x(t)e^{-st}dt = \int_0^\infty x(t)e^{-(s+a)t}dt = X(s+a)$$

例3 求下列简单函数的拉式变换

1) $L[e^{-at} \cdot \sin\omega t]$

2) $L[e^{-at} \cdot t]$

解:分析:1)、2)中 $e^{-at} \cdot \sin(\omega t)$ 和 $e^{-at} \cdot t$ 均属于 $e^{-at} \cdot x(t)$ 的形式,可以利用衰减定理来计算。

1) $X(s) = L[\sin(\omega t)] = \dfrac{\omega}{s^2+\omega^2}$,于是

$$L[e^{-at} \cdot \sin(\omega t)] = X(s+a) = \frac{\omega}{(s+a)^2+\omega^2}$$

2) $X(s) = L[t] = \dfrac{1}{s^2}$,于是

$$L[e^{-at} \cdot t] = X(s+a) = \frac{1}{(s+a)^2}$$

(5) 延时定理

$$L[x(t-a) \cdot 1(t-a)] = e^{-as}X(s) \tag{2.2-10}$$

证明:

$$L[x(t-a) \cdot 1(t-a)] = \int_0^\infty x(t-a) \cdot 1(t-a)e^{-st}dt$$

$$= \int_0^\infty x(t-a)e^{-st}dt$$

$$= \int_0^\infty x(\tau)e^{-s(\tau+a)}d(\tau+a)$$

$$= e^{-as}\int_0^\infty x(\tau)e^{-s\tau}d\tau = e^{-as}X(s)$$

延时定理与衰减定理对偶存在。

例4 试求 $L\left[3\sin\left(3t-\dfrac{\pi}{2}\right)\cdot 1\left(t-\dfrac{\pi}{6}\right)\right]$

解： 利用延时定理 $L[x(t-a)\cdot 1(t-a)]=e^{-as}X(s)$

$$f(t)=3\sin\left(3t-\frac{\pi}{2}\right)\cdot 1\left(t-\frac{\pi}{6}\right)$$

即

$$f(t)=3\sin\left[3\left(t-\frac{\pi}{6}\right)\right]\cdot 1\left(t-\frac{\pi}{6}\right)$$

令

$$t'=t-\frac{\pi}{6}$$

则

$$f(t')=3\sin(3t')\cdot 1(t')$$

可得

$$X(s')=3\frac{3}{s'^2+3^2}$$

因此拉氏变换为

$$X(s)=3e^{-\frac{\pi}{6}s}\frac{3}{s^2+3^2}$$

（6）初值定理

$$\lim_{t\to 0^+}x(t)=\lim_{s\to\infty}sX(s) \tag{2.2-11}$$

证明：

$$L\left[\frac{dx(t)}{dt}\right]=\int_0^\infty \frac{dx(t)}{dt}e^{-st}dt$$

$$L\left[\frac{dx(t)}{dt}\right]=sX(s)-x(0^+)$$

$$\int_0^\infty \frac{dx(t)}{dt}e^{-st}dt=sX(s)-x(0^+)$$

$$\lim_{s\to\infty}\left[\int_0^\infty \frac{dx(t)}{dt}e^{-st}dt\right]=\lim_{s\to\infty}\left[sX(s)-x(0^+)\right]$$

即

$$0=\lim_{s\to\infty}sX(s)-\lim_{s\to\infty}x(0^+)$$

故

$$\lim_{t\to 0^+}x(t)=\lim_{s\to\infty}sX(s)$$

（7）终值定理

$$\lim_{t\to\infty}x(t)=\lim_{s\to 0}sX(s) \tag{2.2-12}$$

证明：

$$L\left[\frac{dx(t)}{dt}\right]=\int_0^\infty \frac{dx(t)}{dt}e^{-st}dt$$

$$L\left[\frac{dx(t)}{dt}\right]=sX(s)-x(0^+)$$

$$\int_0^\infty \frac{dx(t)}{dt}e^{-st}dt=sX(s)-x(0^+)$$

$$\lim_{s\to 0}\left[\int_0^\infty \frac{dx(t)}{dt}e^{-st}dt\right]=\lim_{s\to 0}\left[sX(s)-x(0^+)\right]$$

即
$$\int_0^\infty \frac{dx(t)}{dt}dt=\lim_{s\to 0}\left[sX(s)-x(0^+)\right]$$

故
$$\lim_{t\to\infty}x(t)-x(0^+)=\lim_{s\to 0}\left[sX(s)-x(0^+)\right]$$

因此
$$\lim_{t\to\infty}x(t)=\lim_{s\to 0}sX(s)$$

终值定理与初值定理对偶存在。

表 2-1   须记住的简单函数的拉氏变换

原函数	象函数
$1(t)$	$\dfrac{1}{s}$
$e^{-at}\cdot 1(t)$	$\dfrac{1}{s+a}$
$e^{at}\cdot 1(t)$	$\dfrac{1}{s-a}$
$\sin\omega t\cdot 1(t)$	$\dfrac{\omega}{s^2+\omega^2}$
$\cos\omega t\cdot 1(t)$	$\dfrac{s}{s^2+\omega^2}$
$t^n\cdot 1(t)$	$\dfrac{n!}{s^{n+1}}$
$\delta(t)$	1
$\dfrac{t^2}{2}$	$\dfrac{1}{s^3}$
$\dfrac{t^n}{n!}$	$\dfrac{1}{s^{n+1}}$
te^{at}	$\dfrac{1}{(s-a)^2}$
$e^{-at}\sin\omega t$	$\dfrac{\omega}{(s+a)^2+\omega^2}$
$e^{-at}\cos\omega t$	$\dfrac{s+a}{(s+a)^2+\omega^2}$

2.2.4 拉氏反变换

拉式反变换公式为

$$x(t)=\frac{1}{2\pi j}\int_{a-j\infty}^{a+j\infty}X(s)e^{st}ds \tag{2.2-13}$$

简写为：
$$x(t)=L^{-1}\left[X(s)\right]$$

求解拉氏反变换方法主要有两种：

① 查表法

式(2.2-13)是通过复变函数积分求拉式反变换的方法,通常较为繁琐,对于有理分式这样形式的象函数,可将其化为典型象函数叠加的形式,根据拉式变换反查表,即可写出相应的原函数。

例5 试通过查表法求下列函数的拉式反变换。

1) $X(s) = \dfrac{1}{s^2+4}$

2) $X(s) = \dfrac{s}{s^2+9}$

解:1) 由表 2-1 得

$$L[\sin\omega t \cdot 1(t)] = \frac{\omega}{s^2+\omega^2}$$

$$X(s) = \frac{1}{s^2+4} = \frac{1}{2} \cdot \frac{2}{s^2+2^2}$$

$$f(t) = L^{-1}[X(s)] = \frac{1}{2}\sin 2t$$

2) 由表 2-1 得

$$L[\cos\omega t \cdot 1(t)] = \frac{s}{s^2+\omega^2}$$

$$X(s) = \frac{s}{s^2+9} = \frac{s}{s^2+3^2}$$

$$f(t) = L^{-1}[X(s)] = \cos 3t$$

② 部分分式展开法

部分分式展开法适用于拉氏变换的结果是有理数的情况,首先需要将有理数函数表示为若干简单分式的和,然后根据每个简单分式的拉氏变换公式,求得每个分式的拉氏反变换,最后这些分式的拉氏变换相加。

以下通过三个例子理解拉式反变换的求解：

（1）只含不同单极点的情况

$$X(s) = \frac{b_0 s^m + b_1 s^{m-1} + \cdots + b_{m-1}s + b_m}{s^n + a_1 s^{n-1} + \cdots + a_{m-1}s + a_n} = \frac{b_0 s^m + b_1 s^{m-1} + \cdots + b_{m-1}s + b_m}{(s+p_1)(s+p_2)\cdots(s+p_n)}$$

$$= \frac{a_1}{s+p_1} + \frac{a_2}{s+p_2} + \cdots + \frac{a_{n-1}}{s+p_{n-1}} + \frac{a_n}{s+p_n} \qquad (2.2\text{-}14)$$

式中,a_k是常值,为 $s=-p_k$ 极点处的留数,可由下式求得：

$$a_k = [X(s) \cdot (s+p_k)]_{s=-p_k} \qquad (2.2\text{-}15)$$

将上式利用拉式反变换,可利用拉式反变换表得:

$$x(t) = L^{-1}[X(s)] = (a_1 e^{-p_1 t} + a_2 e^{-p_2 t} + \cdots + a_n e^{-p_n t}) \cdot 1(t) \qquad (2.2-16)$$

例6 试求 $X(s) = \dfrac{s+1}{s^2+5s+6}$ 的拉式反变换。

解:

$$X(s) = \frac{s+1}{s^2+5s+6} = \frac{s+1}{(s+2)(s+3)} = \frac{a_1}{s+2} + \frac{a_2}{s+3}$$

$$a_1 = [X(s) \cdot (s+2)]_{s=-2} = \left[\frac{s+1}{(s+2)(s+3)}(s+2)\right]_{s=-2} = -1$$

$$a_2 = [X(s) \cdot (s+3)]_{s=-3} = \left[\frac{s+1}{(s+2)(s+3)}(s+3)\right]_{s=-3} = 2$$

则

$$X(s) = \frac{-1}{s+2} + \frac{2}{s+3}$$

$$x(t) = (-e^{-2t} + 2e^{-3t}) \cdot 1(t)$$

(2) 含共轭复数极点的情况

$$
\begin{aligned}
X(s) &= \frac{b_0 s^m + b_1 s^{m-1} + \cdots + b_{m-1} s + b_m}{s^n + a_1 s^{n-1} + \cdots + a_{m-1} s + a_n} \\
&= \frac{b_0 s^m + b_1 s^{m-1} + \cdots + b_{m-1} s + b_m}{(s+\sigma+j\beta)(s+\sigma-j\beta)(s+p_3)(s+p_4)\cdots(s+p_n)} \qquad (2.2-17) \\
&= \frac{a_1 s + a_2}{(s+\sigma+j\beta)(s+\sigma-j\beta)} + \frac{a_3}{s+p_3} + \cdots + \frac{a_{n-1}}{s+p_{n-1}} + \frac{a_n}{s+p_n}
\end{aligned}
$$

式中,a_1,a_2是常值,可由以下步骤求得:

(1) 将式(2.2-17)两边乘$(s+\sigma+j\beta)(s+\sigma-j\beta)$,两边同时令 $s=-\sigma-j\beta$(或同时令 $s=-\sigma+j\beta$),得

$$(a_1 s + a_2)_{s=-\sigma-j\beta} = [X(s)(s+\sigma+j\beta)(s+\sigma-j\beta)]_{s=-\sigma-j\beta} \qquad (2.2-18)$$

(2) 分别令式(2.2-17)两边实部、虚部对应相等,便可求出 a_1,a_2。$\dfrac{a_1 s + a_2}{s^2+cs+d}$ 可以通过配方来化为

正弦或余弦的象函数形式,然后求其反变换。

例7 试求 $X(s) = \dfrac{s+1}{s^3+s^2+s}$ 的拉式反变换。

解:

$$X(s) = \frac{s+1}{s^3+s^2+s} = \frac{s+1}{s(s^2+s+1)} = \frac{a_1 s + a_2}{s^2+s+1} + \frac{a_3}{s}$$

通分

$$\frac{s+1}{s(s^2+s+1)} = \frac{(a_1+a_2)s^2 + (a_1+a_3)s + a_1}{s(s^2+s+1)}$$

则
$$\begin{cases} a_1+a_2=0 \\ a_1+a_3=1 \\ a_1=1 \end{cases}$$

得
$$a_1=1,a_2=-1,a_3=0$$

则
$$X(s)=\frac{-s}{s^2+s+1}+\frac{1}{s}=\frac{-\left(s+\dfrac{1}{2}\right)+\dfrac{\sqrt{3}}{3}\times\dfrac{\sqrt{3}}{2}}{\left(s+\dfrac{1}{2}\right)^2+\dfrac{\sqrt{3}}{2}^2}+\frac{1}{s}$$

$$=\frac{-\left(s+\dfrac{1}{2}\right)}{\left(s+\dfrac{1}{2}\right)^2+\left(\dfrac{\sqrt{3}}{2}\right)^2}+\frac{\sqrt{3}}{3}\times\frac{\dfrac{\sqrt{3}}{2}}{\left(s+\dfrac{1}{2}\right)^2+\left(\dfrac{\sqrt{3}}{2}\right)^2}+\frac{1}{s}$$

$$x(t)=\left[e^{-\frac{1}{2}t}\left(\frac{\sqrt{3}}{3}\sin\frac{\sqrt{3}}{2}t-\cos\frac{\sqrt{3}}{2}t\right)+1\right]\cdot 1(t)$$

例8　试求 $X(s)=\dfrac{4}{s^2+s+4}$ 的拉式反变换。

解：$X(s)=\dfrac{4}{s^2+s+4}$ 可化为

$$X(s)=\frac{4}{s^2+s+4}=\frac{4}{s^2+2\cdot\dfrac{1}{2}s+\dfrac{1}{4}+\dfrac{15}{4}}=\frac{4}{\left(s+\dfrac{1}{2}\right)^2+\dfrac{15}{4}}=\frac{\dfrac{\sqrt{15}}{2}\times\dfrac{2}{\sqrt{15}}\times4}{\left(s+\dfrac{1}{2}\right)^2+\left(\dfrac{\sqrt{15}}{2}\right)^2}$$

则由拉氏反变化可得

$$x(t)=\frac{8}{\sqrt{15}}e^{-\frac{1}{2}t}\sin(\frac{\sqrt{15}}{2}t)$$

（3）含多重极点的情况

$$X(s)=\frac{b_0s^m+b_1s^{m-1}+\cdots+b_{m-1}s+b_m}{s^n+a_1s^{n-1}+\cdots+a_{m-1}s+a_n}$$

$$=\frac{b_0s^m+b_1s^{m-1}+\cdots+b_{m-1}s+b_m}{(s+p_1)^r(s+p_{r+1})\cdots(s+p_n)} \qquad (2.2-19)$$

$$=\frac{a_r}{(s+p_1)^r}+\frac{a_{r-1}}{(s+p_1)^{r-1}}+\cdots+\frac{a_{r-j}}{(s+p_1)^{r-j}}+\cdots\frac{a_1}{s+p_1}$$

$$+\frac{a_{r+1}}{s+p_{r+1}}+\cdots+\frac{a_{n-1}}{s+p_{n-1}}+\frac{a_n}{s+p_n}$$

其中，a_{r-j} 由以下式子求得：

$$a_r = \left[X(s)(s+p_1)^r \right]_{s=-p_1}$$

$$a_{r-j} = \frac{1}{j!} \left\{ \frac{d^j}{ds^j} \left[X(s)(s+p_1)^r \right] \right\}_{s=-p_1}$$

$$\vdots$$

$$a_1 = \frac{1}{(r-1)!} \left\{ \frac{d^{r-1}}{ds^{r-1}} \left[X(s)(s+p_1)^r \right] \right\}_{s=-p_1}$$

根据拉式变换,可得:

$$L^{-1} \left[\frac{1}{(s+p_1)^k} \right] = \frac{t^{k-1}}{(k-1)!} e^{-p_1 t} \cdot 1(t) \qquad (2.2-20)$$

因此,便可以求出多重极点情况的拉氏变换式。

例9 试求 $X(s) = \dfrac{s^2+2s+3}{(s+1)^3}$ 的拉式反变换。

解:

$$X(s) = \frac{s^2+2s+3}{(s+1)^3} = \frac{a_1}{(s+1)^3} + \frac{a_2}{(s+1)^2} + \frac{a_3}{s+1}$$

$$a_1 = \left[\frac{s^2+2s+3}{(s+1)^3}(s+1)^3 \right]_{s=-1} = 2$$

$$a_2 = \frac{1}{1!} \left\{ \frac{d}{ds} \left[\frac{s^2+2s+3}{(s+1)^3}(s+1)^3 \right] \right\}_{s=-1} = \left\{ \frac{d}{ds} \left[s^2+2s+3 \right] \right\}_{s=-1} = 2s+2 \big|_{s=-1} = 0$$

$$a_3 = \frac{1}{2!} \left\{ \frac{d^2}{ds^2} \left[\frac{s^2+2s+3}{(s+1)^3}(s+1)^3 \right] \right\}_{s=-1} = \frac{1}{2!} \left\{ \frac{d^2}{ds^2} \left[s^2+2s+3 \right] \right\}_{s=-1} = \frac{1}{2} \left\{ \frac{d}{ds} \left[2s+2 \right] \right\}_{s=-1} = 1$$

则

$$X(s) = \frac{2}{(s+1)^3} + \frac{1}{s+1}$$

$$x(t) = (t^2 e^{-t} + e^{-t}) \cdot 1(t)$$

例10 试求 $X(s) = \dfrac{s}{(s+2)(s+1)^2}$ 的拉式反变换。

解: 对 $X(s) = \dfrac{s}{(s+2)(s+1)^2}$ 展开可得

$$X(s) = \frac{s}{(s+2)(s+1)^2} = \frac{a_1}{s+2} + \frac{a_2}{(s+1)^2} + \frac{a_3}{(s+1)}$$

计算 a_1, a_2, a_3 可得

$$a_1 = \left[X(s)(s+2) \right]_{s=-2} = -2$$

$$a_2 = \left[X(s)(s+1)^2 \right]_{s=-1} = -1$$

$$a_3 = \frac{1}{1!} \left\{ \frac{d}{ds} \left[F(s)(s+1)^2 \right] \right\}_{s=-1} = \left\{ \frac{d}{ds} \left[\frac{s}{s+2} \right] \right\}_{s=-1} = \left\{ \frac{d}{ds} \left[\frac{-2}{s+2} \right] \right\}_{s=-1} = \left[\frac{2}{(s+2)^2} \right] \bigg|_{s=-1} = 2$$

则由拉氏反变化可得

$$x(t) = -2e^{-2t} - te^{-t} + 2e^{-t}$$

2.2.5 应用拉氏变换求解线性常系数微分方程

例 11 解方程 $\ddot{y}(t) + 5\dot{y}(t) + 6y(t) = 6$，其中，$\dot{y}(0) = 2, y(0) = 2$。

解：将方程两边取拉氏变换，得

$$s^2 Y(s) - sy(0) - \dot{y}(0) + 5[sY(s) - y(0)] + 6Y(s) = \frac{6}{s}$$

将 $\dot{y}(0) = 2, y(0) = 2$ 代入，并整理，得

$$Y(s) = \frac{2s^2 + 12s = 6}{s(s+2)(s+3)} = \frac{1}{s} + \frac{5}{s+2} + \frac{4}{s+3}$$

因此

$$y(t) = 1 + 5e^{-2t} - 4e^{-3t}$$

由上述采用拉氏变换求解线性常系数微分方程的例子，可知用拉式变换解微分方程的步骤如下：

（1）将微分方程通过拉氏变换变为 s 的代数方程；

（2）解 s 的代数方程，得到待解变量的拉式变换表达式；

（3）作待解变量的拉式反变换，即求出微分方程的时间解。

此外，应用拉氏变换法求解微分方程时，由于初始条件已自动地包含在微分方程的拉式变换式中，因此不需要根据初始条件求积分常数的值就可以得到微分方程的全解；如果所有的初始条件为零，微分方程的拉氏变换可以简单地用 s^n 代替 d^n/dt^n 得到。

2.3 传递函数

经典控制理论研究的主要内容之一，就是由已知的输入量求输出量。微分方程虽然可以表示输入和输出量之间的关系，但是因为微分方程的求解比较困难，所以微分方程所表示的变量间的关系总是显得很复杂。以拉普拉斯变换为基础所得出的传递函数的概念，可以将控制系统输入和输出的关系变得简单明了。

2.3.1 传递函数的定义

传递函数是以系统本身的参数描述的线性定常系统输入量与输出量的关系式，它表达了系统内在的固有特性，只与系统的结构、参数有关，而与输入量或输入函数的形式无关。

传递函数的具体定义为：在零初始条件下，线性定常系统输出量的拉普拉斯变换 $Y(s)$ 与输入的拉普拉斯变换 $X(s)$ 之比，通常用 $G(s)$ 表示。即

$$G(s) = \frac{Y(s)}{X(s)} \tag{2.3-1}$$

线性定常系统的微分方程一般表示为：

$$a_0 y^{(n)}(t) + a_1 y^{(n-1)}(t) + \cdots + a_{n-1} \dot{y}(t) + a_n y(t) \tag{2.3-2}$$

$$= b_0 x^{(m)}(t) + b_1 x^{(m-1)}(t) + \cdots + b_{m-1} \dot{x}(t) + b_m x(t)$$

则在零初始条件下，对等式两边进行拉普拉斯变换，并整理可得传递函数 $G(s)$ 为：

$$G(s) = \frac{b_0 s^m + b_1 s^{m-1} + \cdots + b_{m-1} s + b_m}{a_0 s^n + a_1 s^{n-1} + \cdots + a_{n-1} s + a_n} \tag{2.3-3}$$

传递函数的分母多项式称为特征多项式；令特征多项式为 $D(s)$，则 $D(s) = 0$ 称为系统的特征方程，其根称为系统的特征根。特征方程决定着系统的动态特性。$D(s)$ 中的 s 的最高阶次等于系统的阶次。

作为一种数学模型，传递函数只适用于线性定常系统，这是由于传递函数是经拉普拉斯变换导出的，而拉普拉斯变换是一种线性积分运算。

传递函数 $G(s)$ 除了 (2.3-2) 式，也可以写成如下形式：

$$G(s) = \frac{X_o(s)}{X_i(s)} = \frac{b_0(s - z_1)(s - z_2) \cdots (s - z_m)}{a_0(s - p_1)(s - p_2) \cdots (s - p_n)} \tag{2.3-4}$$

式中，$b_0(s - z_1)(s - z_2) \cdots (s - z_m) = 0$ 的根 $s = z_i (i = 1, 2, \cdots m)$，称为**传递函数的零点**；$a_0(s - p_1)(s - p_2) \cdots (s - p_n) = 0$ 的根 $s = p_j (j = 1, 2, \cdots n)$，称为**传递函数的极点**。

系统传递函数的极点就是系统的特征根。零点和极点的数值完全取决于系统的结构参数。将传递函数的零、极点表示在复平面上的图形称为传递函数的零、极点分布图。如图 2-12 中，零点用"○"表示，极点用"×"表示，反映系统 $G(s) = \dfrac{K(s+2)}{(s+3)(s^2 + 2s + 2)}$ 的零极点图。

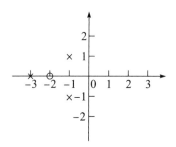

图 2-12　系统 $G(s)$ 的零极点图

2.3.2 传递函数几点说明

1. 系统或元件的传递函数也是描述系统特性的一种数学模型，它和系统（或元件）的状态方程是一一对应的。传递函数是一种以系统参数表示的线性定常系统输入量与输出量之间的关系式，传递函数的概念通常只适用于线性定常系统。

2. 传递函数是 s 的复变函数，传递函数中的各项系数和相应微分方程中的各项系数对应相等，完全取决于系统结构参数。

3. 传递函数是在零初始条件下定义的，即在零时刻之前，系统对所给定的平衡工作点处于相对静止状态。因此,传递函数不反映系统在非零初始条件下的全部运动规律。

4. 传递函数只能表示系统输入与输出的关系,无法描述系统内部中间变量的变化情况。因此物理性质截然不同的系统也可能存在相似的传递函数。例如:下图2-13(a)(b)所示的两种不同的系统拥有相似的传递函数。

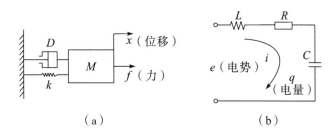

图2-13 不同系统拥有相似的传递函数

$$G_a(s) = \frac{X(s)}{F(s)} = \frac{1}{(Ms^2 + Ds + k)}$$

$$G_b(s) = \frac{Q(s)}{E(s)} = \frac{1}{\left(Ls^2 + Rs + \dfrac{1}{C}\right)}$$

5. 一个传递函数只能表示一个输入对一个输出的关系,适合于单输入单输出系统的描述,对于多输入多输出将采用传递函数阵。

6. 对于物理可实现系统,分子的次数 m 低于分母的次数 n,且所有的系数都为实数。因为实际的物理系统总是存在惯性的,输出不会超过输入。

2.3.3 等效弹性刚度和等效复阻抗说明

对于机械系统和电气网络系统来说,利用等效弹性刚度和等效复阻抗的概念,可以避免从微分方程开始列写,而直接列写 s 域内的代数方程,使绘制系统方块图和求取系统的传递函数变得简便。等效刚度说明见表2-2。等效复阻抗说明见表2-3。

表2-2 等效弹性刚度说明

名称	力学模型	时域方程	拉氏变换式	等效弹性刚度
弹簧	$k \lessgtr x(t)$	$f(t) = kx(t)$	$F(s) = kX(s)$	k
阻尼器	$D \, x(t)$	$f(t) = D\dot{x}(t)$	$F(s) = DsX(s)$	Ds

续表

名称	力学模型	时域方程	拉氏变换式	等效弹性刚度
质量	$\boxed{M}\ ^{x(t)}$	$f(t) = M\ddot{x}(t)$	$F(s) = Ms^2 X(s)$	Ms^2

表 2-3 等效复阻抗说明

负载类型	典型电路	时域方程	拉氏变换式	复阻抗
电阻负载	$u(t)$ $i(t)$ R	$u(t) = i(t)R$	$U(s) = I(s)R$	R
电容负载	$u(t)$ $i(t)$ C	$u(t) = \dfrac{1}{C}\int i(t)\,dt$	$U(s) = I(s)\dfrac{1}{Cs}$	$\dfrac{1}{Cs}$
质量	$u(t)$ $i(t)$ L	$u(t) = L\dfrac{di(t)}{dt}$	$U(s) = I(s)Ls$	Ls

2.3.4 基本环节的传递函数

实际的系统往往是很复杂的。为了分析方便,一般将一个复杂的控制系统分解成一个个小部分,我们称之为环节。从动态方程、传递函数和运动特性的角度来讲,通常不宜再分的最小环节称为基本环节。下面介绍最常见的经典基本环节。

(1)比例环节(放大环节)

比例环节又称为放大环节。它的输出量与输入量成正比,不失真也无时间滞后,也称无惯性环节。比例环节是最常见、最简单的一种环节。

比例环节的动态微分方程为:

$$y(t) = Kx(t) \tag{2.3-5}$$

对上式进行拉普拉斯变换,可得

$$Y(s) = K \cdot X(s) \tag{2.3-6}$$

则求得比例环节的传递函数为

$$G(s) = \frac{Y(s)}{X(s)} = K \tag{2.3-7}$$

其中,K 为常数,称为放大系数。

几乎每一个控制系统中都有比例环节。由电子线路组成的放大器是最常见的比例环节。机械系统中的齿轮减速器以及伺服系统中使用的绝大部分测量元件,如电位器、旋转变压器、感应同步器、光电码盘、光栅、直流测速发电机等,都可以看成是比例环节。

例1 图2-14为一运算放大器,求其传递函数。其中,$u_i(t)$为输入电压;$u_o(t)$为输出电压;R_1,R_2为电阻。

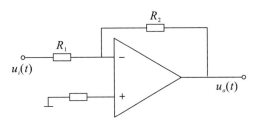

图2-14 运算放大器

解:已知运算放大器性质,可知

$$u_o(t) = -\frac{R_2}{R_1}u_i(t)$$

经拉氏变换后得:

$$U_o(s) = -\frac{R_2}{R_1}U_i(s)$$

则

$$G(s) = \frac{U_o(s)}{U_i(s)} = -\frac{R_2}{R_1} = k$$

即常数 $k = -\dfrac{R_2}{R_1}$。

（2）一阶惯性环节

惯性环节又称为非周期环节,一阶惯性环节的微分方程为:

$$T\frac{dy(t)}{dt} + y(t) = x(t) \tag{2.3-8}$$

对上式进行拉普拉斯变换,可得:

$$TsY(s) + Y(s) = X(s) \tag{2.3-9}$$

则一阶惯性系统的传递函数为:

$$G(s) = \frac{Y(s)}{X(s)} = \frac{1}{Ts+1} \tag{2.3-10}$$

其中,T称为惯性环节的时间常数。若$T=0$,该环节就变成放大环节。

例 2 图 2-15 为无源滤波电路，求其传递函数。其中，$u_i(t)$ 为输入电压；$u_o(t)$ 为输出电压；R 为电阻；C 为电容。

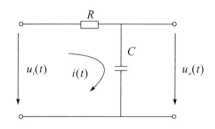

图 2-15　无源滤波电路

解：利用复阻抗说明可知，电容 C 可以等效为电阻，阻值为 $1/Cs$。利用基尔霍夫定律，可以列出：

$$\begin{cases} U_i(s) = I(s)R + \dfrac{1}{Cs}I(s) \\[2mm] U_o(s) = \dfrac{1}{Cs}I(s) \end{cases}$$

消去中间变量 $I(s)$，得 $U_i(s) = (RCs+1)U_o(s)$，则

$$G(s) = \frac{U_o(s)}{U_i(s)} = \frac{1}{RCs+1}$$

即常数 $T = RC$。

（3）纯微分环节

纯微分环节往往简称为微分环节，其微分方程为：

$$y(t) = \frac{dx(t)}{dt} \tag{2.3-11}$$

进行拉式变换后，得：

$$Y(s) = sX(s) \tag{2.3-12}$$

则传递函数为：

$$G(s) = \frac{Y(s)}{X(s)} = s \tag{2.3-13}$$

例 3 图 2-16 所示为永磁式直流测速机，求其传递函数。其中，$\theta_i(t)$ 为输入转角；$u_o(t)$ 为输出电压。

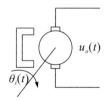

图 2-16　永磁式直流测速电机

解: 已知 $u_o(t) = k\dfrac{d\theta_i}{dt}(t)$，进行拉式变换后得

$$U_o(s) = ks\Theta_i(s)$$

则传递函数为

$$G(s) = \frac{U_o(s)}{\Theta_i(s)} = ks$$

（4）一阶微分环节

一阶微分环节的微分方程为

$$y(t) = \tau\frac{dx(t)}{dt} + x(t) \tag{2.3-14}$$

式中，τ 称为该环节的时间常数。一阶微分环节的传递函数为

$$G(s) = \frac{Y(s)}{X(s)} = \tau s + 1 \tag{2.3-15}$$

（5）积分环节

积分环节的输出量正比于输入量，其微分方程为：

$$y(t) = k\!\int x(t)\,dt\,, k \text{ 为常数} \tag{2.3-16}$$

进行拉式变换后，得：

$$Y(s) = k\frac{X(s)}{s} \tag{2.3-17}$$

则传递函数为：

$$G(s) = \frac{Y(s)}{X(s)} = \frac{k}{s} \tag{2.3-18}$$

例 4　图 2-17 为有源积分网络，求其传递函数。其中，$u_i(t)$ 为输入电压；$u_o(t)$ 为输出电压；R 为电阻；C 为电容。

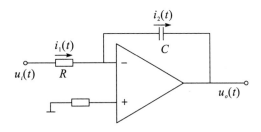

图 2-17　有源积分网络

解: 利用等效复阻抗说明，可直接列写系统的传递函数为

$$G(s) = \frac{U_o(s)}{U_i(s)} = -\frac{\dfrac{1}{Cs}}{R} = -\frac{1}{RCs}$$

即常数 $k = -\dfrac{1}{RC}$。

（6）二阶微分环节

二阶微分环节的微分方程为

$$y(t) = \tau^2 \frac{d^2 x(t)}{dt^2} + 2\xi\tau \frac{dx(t)}{dt} + x(t) \tag{2.3-19}$$

则二阶微分环节的传递函数为

$$G(s) = \frac{Y(s)}{X(s)} = \tau^2 s^2 + 2\xi\tau s + 1 \tag{2.3-20}$$

式中，τ 和 ξ 是常数，τ 称为该环节的时间常数。

（7）二阶振荡环节

二阶振荡环节特点为环节中有两个独立的储能元件，并可进行能量交换，其输出出现振荡。其微分方程为：

$$T^2 \frac{d^2 y(t)}{dt^2} + 2\xi T \frac{dy(t)}{dt} + y(t) = x(t)，0 < \xi < 1 \tag{2.3-21}$$

进行拉式变换后，得：

$$T^2 s^2 Y(s) + 2\xi Ts Y(s) + Y(s) = X(s) \tag{2.3-22}$$

则传递函数为：

$$G(s) = \frac{Y(s)}{X(s)} = \frac{1}{T^2 s^2 + 2\xi Ts + 1} \tag{2.3-23}$$

式中，T 为振荡周期，ξ 为阻尼比。

例5 图 2-18 为质量—弹簧—阻尼系统，求其传递函数。其中，$f(t)$ 为输入力；$y(t)$ 为输位移；M 为质量；k 为弹簧刚度；D 为黏性阻尼系数。

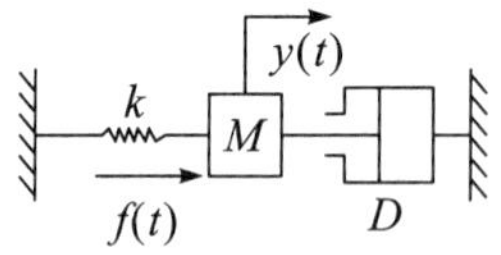

图 2-18 质量—弹簧—阻尼系统

解：列方程

$$f(t) - Dy(t) - k\frac{dy(t)}{dt} = M\frac{d^2 y(t)}{dt^2}$$

经过拉式变换得

$$F(s) - DsY(s) - kY(s) = Ms^2 Y(s)$$

则传递函数为

$$G(s) = \frac{Y(s)}{F(s)} = \frac{1}{Ms^2 + Ds + k}$$

$$= \frac{1/k}{T^2 s^2 + 2\xi Ts + 1}$$

即常数 $T = \sqrt{\dfrac{M}{k}}$，$\xi = \dfrac{D}{2\sqrt{Mk}}$。

（8）延迟环节

延迟环节的动态方程为

$$y(t) = x(t - \tau) \tag{2.3-24}$$

式中，τ 是常数，称为延迟时间。由上式可知，延迟环节任意时刻的输出值等于 τ 时刻以前的输入值。

延迟环节是线性环节，它的传递函数如下：

$$G(s) = \frac{Y(s)}{X(s)} = e^{-\tau s} \tag{2.3-25}$$

在延迟时间很小的情况下，延迟环节可用小惯性环节来代替。在实际生产中，有很多场合是存在迟延的，比如皮带或管道输送过程、管道反应和管道混合过程，多个设备串联以及测量装置系统等。迟延过大往往会使控制效果恶化，甚至使系统失去稳定。

2.4 系统的函数方块图及其简化

控制系统的传递函数方块图简称为方块图，又称为动态结构图或框图。它们是以图形表示的数学模型。方块图是系统中各个元件功能和信号流向的图解表示，能够非常清楚地表示出输入信号在系统各元件之间的传递过程。利用方块图可以方便地求出复杂系统的传递函数，便于对系统进行分析和研究。

2.4.1 方块图的概念及绘制

系统的方块图包括函数方块、信号流线、相加点（比较点）、分支点（引出点）等图形符号。方块图就是利用这些符号表示各个环节传递函数输出量、输入量的相互关系。

（1）方块图单元

把一个环节的传递函数写在一个方块里所组成的图形就叫函数方块。方块外部带箭头的线段即为信号流线，其中指向方块的箭头线段表示这个环节的输入信号，离开方块的箭头线段表示输出信号，函数方块和它的信号流线即代表系统中的一个环节。方块图单元如图 2-19 所示。

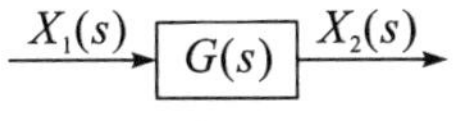

$$\xrightarrow{X_1(s)} \boxed{G(s)} \xrightarrow{X_2(s)}$$

图 2-19　方块图单元

（2）相加点（或称为比较点）

相加点（比较点）的符号为"$\otimes$"，它表示两个或两个以上的输入信号的代数和，$\otimes$里面或附近+、–号表示信号之间的运算关系是相加还是相减。其中，箭头指向$\otimes$的信号流线表示它的输入信号，箭头离开$\otimes$的信号流线表示它的输出信号，如图2-20所示，输出信号为$+X_1(s)-X_2(s)$，即图中$X_1(s)-X_2(s)$。

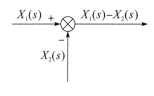

图2-20　相加点

（3）分支点（或称为引出点）

实际系统中，一个环节的同一个输出信号可以引向几个不同的地方。为表示这种情况，在方块图中，可以从一条信号流线引出另一条或另几条信号流线，信号引出的位置则称为分支点或引出点。分支点表示信号引出和测量的位置，同一位置引出的几个信号，其大小和性质完全一样。如图2-21所示。

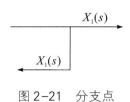

图2-21　分支点

（4）系统方块图

若将一个系统的各个环节全用函数方块表示，并且根据实际系统中各环节信号的相互关系，用信号流线和相加点将各个函数方块连接起来，则形成的完整图形即为系统的方块图。图2-22是一个负反馈系统的方块图。图中$X(s)$和$Y(s)$分别是整个系统的输入量和输出量。

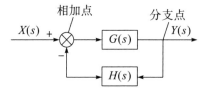

图2-22　负反馈系统

（5）绘制系统方块图的步骤

为了利用方块图，首先要绘制方块图。绘制系统方块图的根据就是系统各个环节的动态微分方程式，及其拉氏变化式。

为了便于绘制方块图,对于复杂系统,列写系统方程组时可按下述顺序整理方程组:

① 从输出量开始写,以系统输出量作为第一个方程左边的量。

② 每个方程左边只有一个量。从第二个方程开始,每个方程左边的量是前面方程右边的中间变量。

③ 列写方程时尽量使用已出现过的量。

④ 输入量至少要在一个方程的右边出现;除输入量外,在方程右边出现过的中间变量一定要在某个方程的左边出现。

一个系统可以具有不同的方块图,但由方块图所得的输出和输入信号的关系都是相同的。

例1 绘制图 2-23 所示电路网络系统的方块图。

解:设中间点 A,如图 2-23 所示。图中 $U_i(s)$ 和 $U_o(s)$ 分别为输入与输出量,中间变量为 $I_1(s)$、$I_2(s)$ 和 $U_A(s)$。

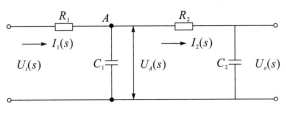

图 2-23 无源滤波网络

根据上述步骤,可列写系统的方程组:

$$U_o(s) = \frac{1}{C_2 s} I_2(s)$$

$$I_2(s) = \frac{1}{R_2}\left[U_A(s) - U_o(s) \right]$$

$$U_A(s) = \frac{1}{C_1 s}\left[I_1(s) - I_2(s) \right]$$

$$I_1(s) = \frac{1}{R_1}\left[U_i(s) - U_A(s) \right]$$

绘制各环节方块图如图 2-24(a)~(d)所示。

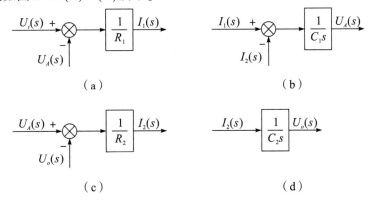

图 2-24 系统各环节方块图

将各个环节方块图结合成一体,得到系统方块图,如图 2-25 所示。

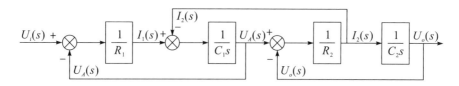

图 2-25　系统方块图

这里还需要指出环节方块图的串联与具体电路环节的串联有时是不对应的。例如,图 2-23 所示的电路图是图 2-26 所示电路环节串联而成的,但图 2-26 电路环节的方块图串联起来(图 2-27)与图 2-23 电路的方块图(图 2-25)并不相同,这是由于环节负载效应的缘故。如果负载效应可以忽略,例如在电路环节之间加上放大倍数为 1 的隔离放大器,则具体电路环节的串联与相应方块图的串联就可以对应起来。对于由运算放大器组成的有源电路,由于输入阻抗高,通常可认为与前面的电路之间存在隔离放大器。

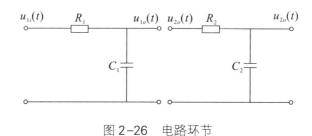

图 2-26　电路环节

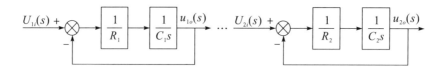

图 2-27　方块图串联

2.4.2 方块图变换规则

用方块图求系统的传递函数时,要对方块图进行简化,此过程称为方块图的变换或运算。对方块图进行变换所要遵循的基本原则是等效原则,即对方块图的任一部分进行变换时,变换前后该部分的输入量、输出量及其相互之间的数学关系应保持不变。

以下是根据等效原则推导的方块图变换规则:

(1) 串联环节的简化

如果几个函数方块首尾相连,前一个方块的输出是后一个方块的输入,称这种结构为串联环节。图 2-28(a)所示的是 n 个串联环节的结构示意。

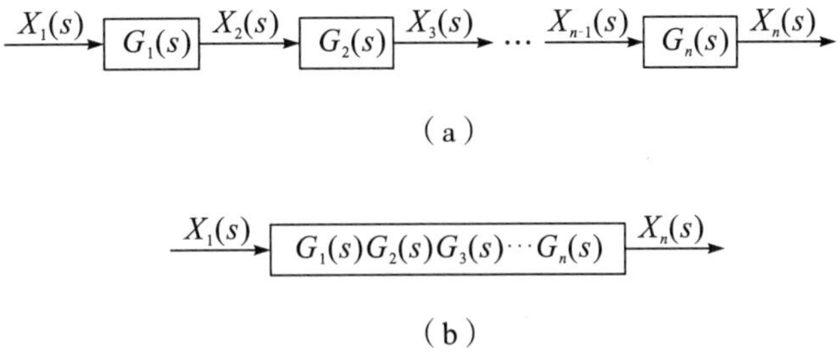

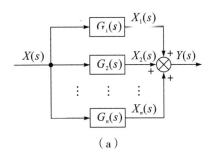

（a）

（b）

图 2-28　方块图串联

根据（a）中方块图可知：

$$X_2(s) = G_1(s)X_1(s)$$

$$X_3(s) = G_2(s)X_2(s)$$

$$\vdots$$

$$X_n(s) = G_n(s)X_{n-1}(s)$$

消去 $X_1(s)$ 和 $X_{n-1}(s)$ 后可得：

$$X_n(s) = G_n(s)G_{n-1}(s)\cdots G_1(s)X_1(s)$$

所以 n 个环节串联后可以等效简化成一个环节，如图 2-28（b）所示，其等效传递函数为：

$$G(s) = \frac{X_n(s)}{X_1(s)} = G_1(s)G_2(s)G_3(s)\cdots G_n(s)$$

结论：环节串联后，总的传递函数等于每个串联环节传递函数的乘积。

（2）并联环节的简化

两个或多个环节具有同一个输入量，而以各自环节输出量的代数和作为总的输出量，这种结构称为并联环节。图 2-29（a）所示的是并联环节的结构示意。

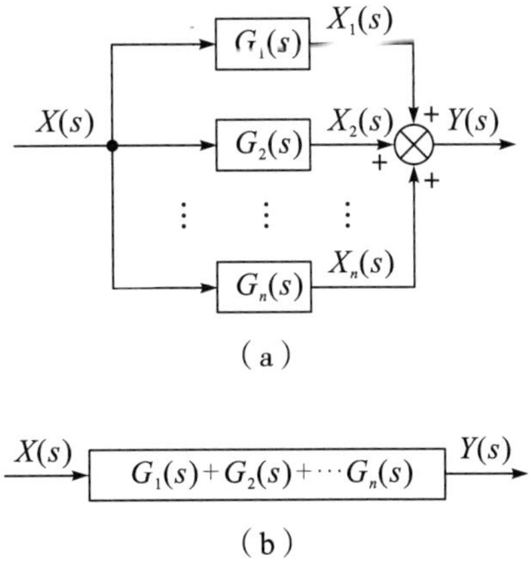

（a）

（b）

图 2-29　方块图并联

根据(a)中方块图可知

$$Y(s) = X_1(s) + X_2(s) + \cdots X_n(s)$$
$$= G_1(s)X(s) + G_2(s)X(s) + \cdots G_n(s)X(s)$$
$$= [G_1(s) + G_2(s) + \cdots G_n(s)]X(s)$$

因此,n 个环节并联后可以等效简化成一个环节,如图 2-29(b)所示,其等效传递函数为

$$G(s) = \frac{Y(s)}{X(s)} = G_1(s) + G_2(s) + \cdots + G_n(s)$$

结论:环节并联后,总的等效传递函数是各环节传递函数的代数和。

(3) 反馈回路的简化

图 2-30(a)所示结构表示一个基本反馈回路。图中 $X(s)$ 和 $Y(s)$ 分别为该环节的输入量和输出量,$B(s)$ 称为反馈信号,$\varepsilon(s)$ 称为偏差信号。**由偏差信号 $\varepsilon(s)$ 至输出信号 $Y(s)$,这条通道的传递函数称为前向通道传递函数。由输出信号 $Y(s)$ 至反馈信号 $B(s)$,这条通道的传递函数称为反馈通道传递函数。** 一般输入信号 $X(s)$ 在相加点前取"+"号。此时,若反馈信号 $B(s)$ 在相加点前取"+",称为正反馈;取"-"称为负反馈。负反馈在控制系统中是常见的基本结构形式。

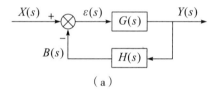

(a)

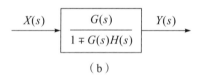

(b)

图 2-30　反馈回路简化

由图 2-30(a)可得

$$Y(s) = G(s)\varepsilon(s)$$
$$= G(s)[X(s) \mp B(s)]$$
$$= G(s)(X(s) \mp H(s)Y(s))$$
$$= G(s)X(s) \mp G(s)H(s)Y(s)$$

则可得反馈回路的等效传递函数为

$$\Phi(s) = \frac{Y(s)}{X(s)} = \frac{G(s)}{1 \mp G(s)H(s)}$$

上式分母中的"+"号适用于负反馈系统,"-"号适用于正反馈系统,根据这个公式可写出反馈回路简化后的方块图,如图 2-30(b)所示。

反馈环节中,称 $\Phi(s) = Y(s)/X(s)$ 为闭环传递函数,称前向通道与反馈通道传递函数乘积 $G(s)H(s)$ 为该环节的开环传递函数。**对于具有负反馈的环节,其传递函数等于前向通道的传递函数**

除以 1 加上开环传递函数(前向通道与反馈通道传递函数的乘积)；正反馈环节的传递函数则是前向通道的传递函数除以 1 减去对应开环传递函数。

（4）相加点和分支点的移动

在方块图的变换中,常常需要改变相加点和分支点的位置。

① 相加点前移

将一个相加点从一个函数方块的输出端移到输入端,称为**相加点前移**。下图 2-31(a)为变换前的方块图,图 2-31(b)为相加点前移后的方块图。

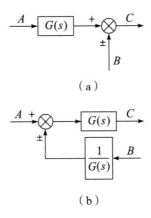

图 2-31 相加点前移

由图 2-31(a)可知:

$$C = AG \pm B = G\left(A \pm \frac{1}{G}B\right)$$

因此在图 2-31(b)中,B 信号和相加点之前应加一个传递函数 $1/G(s)$。

② 相加点后移

将一个相加点从一个函数方块的输入端移到输出端,称为**相加点后移**。下图 2-32(a)为变换前的方块图,图 2-32(b)为相加点后移后的方块图。

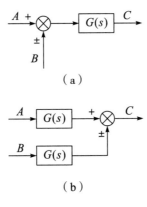

图 2-32 相加点后移

由图 2-32(a)可知：

$$C=(A\pm B)G=AG\pm BG$$

因此在图 2-32(b)中，B 信号和相加点之前应加一个传递函数 $G(s)$。

③ 相邻相加点之间的移动

如图 2-33(a)(b)所示，将相邻两个相加点的位置相互交换，可以得到 $D=A\pm B\pm C=A\pm C\pm B$。

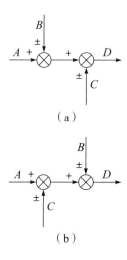

（a）

（b）

图 2-33　相加点之间的移动

可知，两个相邻的相加点之间可以互相交换位置而不改变输入和输出信号间的关系。这个结论对于多个相邻相加点也适用。

④ 分支点前移

将分支点由函数方块的输出端移到输入端，称为**分支点前移**。图 2-34(a)表示变换前的结构，图 2-34(b)表示分支点前移后的结构。

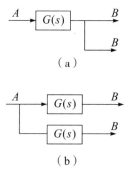

（a）

（b）

图 2-34　分支点前移

由于 $B=AG(s)$。因此分支点前移时，应该在移动的通路上加入 $G(s)$ 的函数方块，如图 2-34(b)所示。

⑤ 分支点后移

将分支点由函数方块的输入端移到输出端，称为**分支点后移**。图 2-35(a)表示变换前的结构，图 2-35(b)表示分支点后移后的结构。

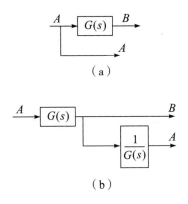

（a）

（b）

图 2-35　分支点后移

由于 $A=AG(s)\dfrac{1}{G(s)}$，$B=AG(s)$。因此分支点后移时，应该被移动的通路上加入 $1/G(s)$ 的函数方块，如图 2-35（b）所示。

⑥ 相邻分支点之间的移动

从一条信号流线上无论分出多少条信号线，它们都是代表同一个信号。因此在一条信号流线上的各分支点之间可以随便改变位置，不必作任何其他改动，如图 2-36（a）（b）所示。

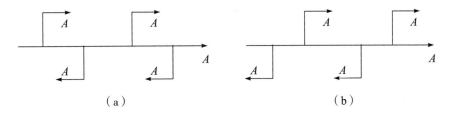

（a）　　　　　　　　　　　　　　　（b）

图 2-36　相邻分支点之间的移动

方块图变换时经常碰到的变换规则如表 2-4 所示。

表 2-4　方块图变换法则

变换		原方块图	等效方块图
1	分支点前移	$A \longrightarrow \boxed{G} \longrightarrow AG$，$AG$	$A \longrightarrow \boxed{G} \longrightarrow AG$，$\boxed{G} \longrightarrow AG$
2	分支点后移	$A \longrightarrow \boxed{G} \longrightarrow AG$，$A$	$A \longrightarrow \boxed{G} \longrightarrow AG$，$\boxed{1/G} \longrightarrow A$

续表

变换	原方块图	等效方块图
3 相加点前移	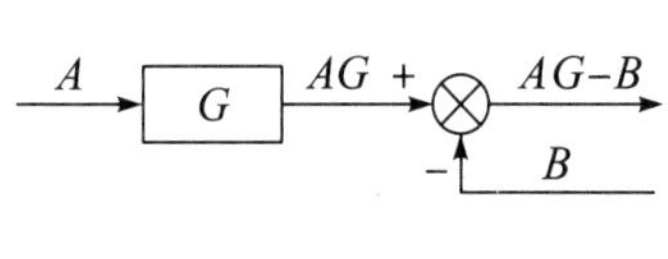 $A \to \boxed{G} \to AG \xrightarrow{+}\otimes \to AG-B$，下方输入 $-B$	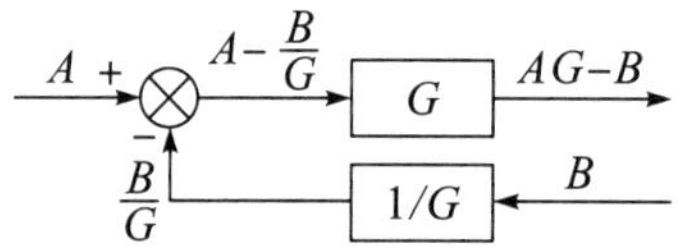 $A \xrightarrow{+}\otimes \to A-\dfrac{B}{G} \to \boxed{G} \to AG-B$；$-\dfrac{B}{G}$，$\boxed{1/G} \leftarrow B$
4 相加点后移	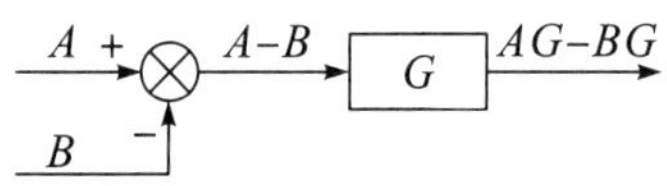 $A \xrightarrow{+}\otimes \to A-B \to \boxed{G} \to AG-BG$，下方 $B\ (-)$	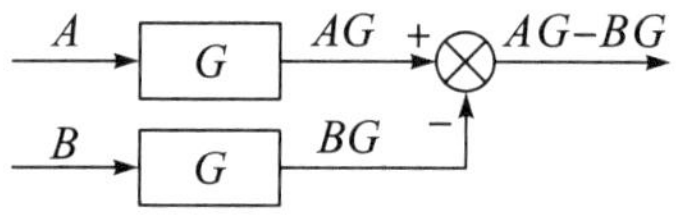 $A \to \boxed{G} \to AG \xrightarrow{+}\otimes \to AG-BG$；$B \to \boxed{G} \to BG\ (-)$
5 变单位反馈	$A \xrightarrow{+}\otimes \to \boxed{G} \to B$，反馈 $\boxed{H}\ (-)$	$A \to \boxed{1/H} \xrightarrow{+}\otimes \to \boxed{H} \to \boxed{G} \to B$，反馈 $(-)$ 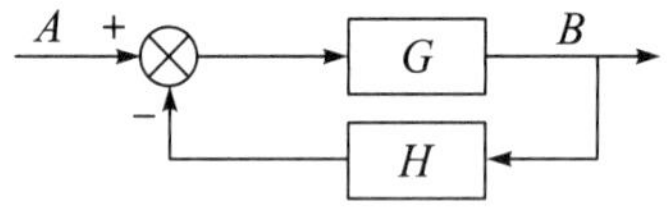 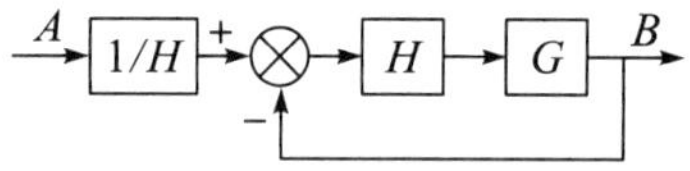
6 相加点变位	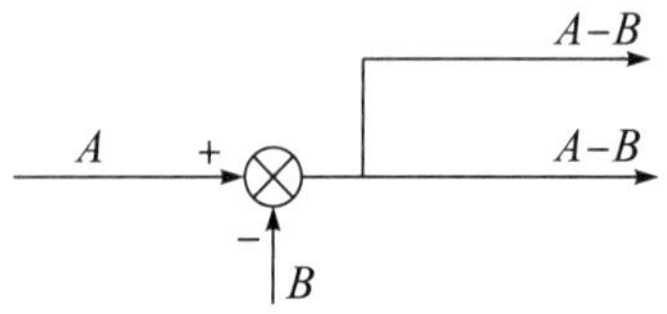 $A \xrightarrow{+}\otimes \to A-B$（上支路 $A-B$），下方 $-B$	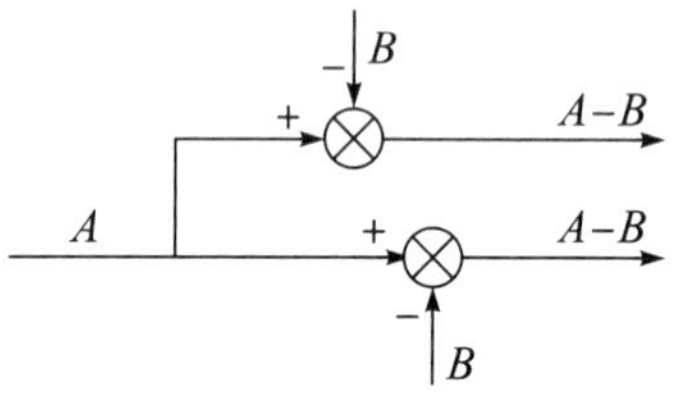 上支路 $\xrightarrow{-B}\otimes \to A-B$（$+$）；$A \to \otimes \to A-B$（$+$，$-B$）
	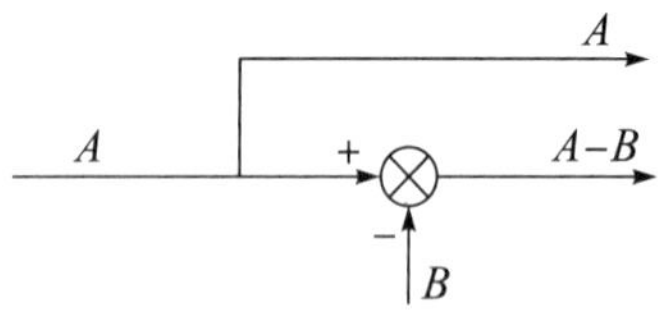 $A \to$ 上支路 A，$A \xrightarrow{+}\otimes \to A-B$，下方 $-B$	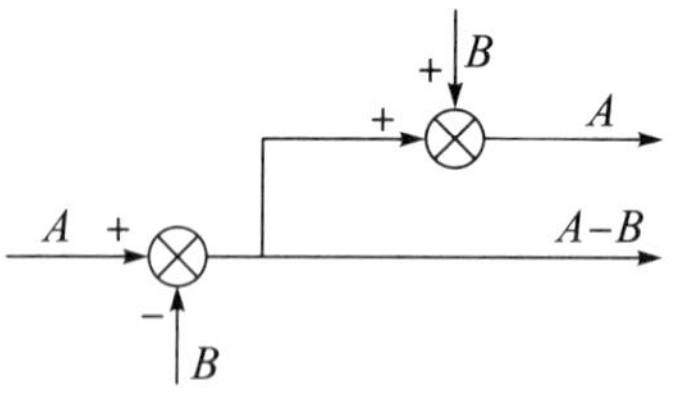 上支路 $\xrightarrow{+B}\otimes \to A$；$A \xrightarrow{+}\otimes \to A-B$，下方 $-B$
	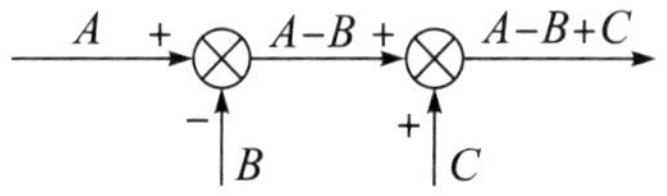 $A \xrightarrow{+}\otimes \to A-B \xrightarrow{+}\otimes \to A-B+C$，下方 $-B$、$+C$	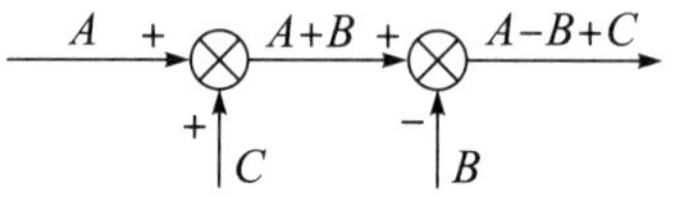 $A \xrightarrow{+}\otimes \to A+B \xrightarrow{+}\otimes \to A-B+C$，下方 $+C$、$-B$

2.4.3 典型控制系统的传递函数

图 2-37 为模拟实际情况的典型控制系统方块图。图中 $X(s)$ 为参考输入信号，$N(s)$ 为扰动输入信号，简称扰动信号，它代表实际系统中存在的干扰信号。$B(s)$ 为反馈信号，$\varepsilon(s)$ 为偏差信号。这个系统的前向通道中包括两个函数方块和一个相加点，前向通道的传递函数 $G(s)$ 为

$$G(s) = G_1(s) G_2(s) \tag{2.4-1}$$

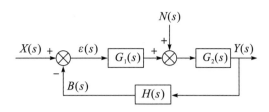

图 2-37　典型控制系统方块图

下面介绍几个系统传递函数的概念。

（1）系统开环传递函数

在反馈控制系统中,定义前向通道的传递函数与反馈通道的传递函数之积为开环传递函数。图 2-37 所示系统的开环传递函数等于 $G_1(s)G_2(s)H(s)$,即 $G(s)H(s)$。显然,在方块图中,反馈信号 $B(s)$ 在相加点前断开后,反馈信号与偏差信号之比 $\dfrac{B(s)}{\varepsilon(s)}$ 就是该系统的开环传递函数。

（2）输出对于参考输入的闭环传递函数

令 $N(s)=0$,这时称 $\Phi_X(s)=Y(s)/X(s)$ 为输出对于参考输入的闭环传递函数。这时图 2-37 可变成图 2-38。

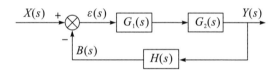

图 2-38　$N(s)$ 为 0 时的方块图

于是有

$$\Phi_X(s)=\frac{Y(s)}{X(s)}=\frac{G_1(s)G_2(s)}{1+G_1(s)G_2(s)H(s)}=\frac{G(s)}{1+G(s)H(s)} \tag{2.4-2}$$

$$Y(s)=\Phi_X(s)X(s)=\frac{G_1(s)G_2(s)}{1+G_1(s)G_2(s)H(s)}X(s)=\frac{G(s)}{1+G(s)H(s)}X(s) \tag{2.4-3}$$

当 $H(s)=1$ 时,称为单位反馈,这时有

$$\Phi_X(s)=\frac{G_1(s)G_2(s)}{1+G_1(s)G_2(s)}=\frac{G(s)}{1+G(s)} \tag{2.4-4}$$

（3）输出对于扰动输入的闭环传递函数

为了解干扰对系统的影响,需要求出输出信号 $Y(s)$ 与扰动信号 $N(s)$ 之间的关系。令 $X(s)=0$,**称为 $\Phi_N(s)=Y(s)/N(s)$ 为输出对扰动输入的闭环传递函数**。这时是把扰动输入信号 $N(s)$ 看成输入信号,由于 $X(s)=0$,故图 2-38 可变成图 2-39。

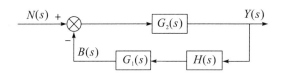

图 2-39 $X(s)$ 为 0 时的方块图

因此有

$$\Phi_N(s) = \frac{Y(s)}{N(s)} = \frac{G_2(s)}{1 + G_1(s)G_2(s)H(s)} = \frac{G_2(s)}{1 + G(s)H(s)} \qquad (2.4-5)$$

$$Y(s) = \Phi_N(s)N(s) = \frac{G_2(s)}{1 + G_1(s)G_2(s)H(s)}N(s) = \frac{G_2(s)}{1 + G(s)H(s)}N(s) \qquad (2.4-6)$$

（4）系统的总输入

根据线性系统的叠加原理，当 $X(s) \neq 0$、$N(s) \neq 0$ 时，系统输出 $Y(s)$ 应等于它们各自单独作用时输出之和。故有

$$Y(s) = \Phi_X(s)X(s) + \Phi_N(s)N(s) = \frac{G_1(s)G_2(s)}{1 + G_1(s)G_2(s)H(s)}X(s) + \frac{G_2(s)}{1 + G_1(s)G_2(s)H(s)}N(s)$$

（5）偏差信号对于参考输入的闭环传递函数

偏差信号 $\varepsilon(s)$ 的大小反应误差的大小，所以有必要了解偏差信号与输入和扰动信号的关系。令 $N(s) = 0$，则称 $\Phi_{\varepsilon X}(s) = \dfrac{\varepsilon(s)}{X(s)}$ 为偏差信号对于参考输入的闭环传递函数。

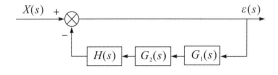

图 2-40 $\varepsilon(s)$ 与 $X(s)$ 的方块图

这时，图 2-37 可转换为图 2-40，$X(s)$ 是输入量，$\varepsilon(s)$ 是输出量，前向通道传递函数为 1。

$$\Phi_{\varepsilon X}(s) = \frac{\varepsilon(s)}{X(s)} = \frac{1}{1 + G_1(s)G_2(s)H(s)} = \frac{1}{1 + G(s)H(s)} \qquad (2.4-7)$$

（6）偏差信号对于扰动输入的闭环传递函数

令 $X(s) = 0$，称 $\Phi_{\varepsilon N}(s) = \dfrac{\varepsilon(s)}{N(s)}$ 为偏差信号对于扰动输入的闭环传递函数。这时，图 2-37 可以变换为图 2-41，$\varepsilon(s)$ 为输出，$N(s)$ 为输入。

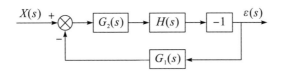

图 2-41　$\varepsilon(s)$ 与 $N(s)$ 的方块图

$$\Phi_{\varepsilon N}(s)=\frac{\varepsilon(s)}{N(s)}=\frac{-G_2(s)H(s)}{1+G_1(s)G_2(s)H(s)}=\frac{-G_2(s)H(s)}{1+G(s)H(s)} \qquad (2.4\text{-}8)$$

（7）系统的总偏差

根据叠加原理，当 $X(s)\neq0$、$N(s)\neq0$ 时，系统的总偏差为

$$\varepsilon(s)=\Phi_{\varepsilon X}(s)X(s)+\Phi_{\varepsilon N}(s)N(s) \qquad (2.4\text{-}9)$$

比较上面的几个闭环传递函数 $\Phi_X(s)$、$\Phi_N(s)$、$\Phi_{\varepsilon X}(s)$、$\Phi_{\varepsilon N}(s)$，可以看出它们的分母是相同的，均为 $1+G_1(s)G_2(s)H(s)=1+G(s)H(s)$，这是闭环传递函数的普遍规律。

2.4.4 方块图简化

任何复杂的方块图都可以看成由串联、并联以及反馈三种基本结构组合而成。简化方块图时，首先将方块图中相对明显的串联、并联环节和基础反馈回路用一个等效的函数方块图代替，简称串联简化、并联简化和反馈简化，最后再将方块图逐步变换成串联、并联和基础反馈回路，最后用等效环节代替。

简化时需要注意，将三种基本结构特别是基础反馈回路化简成一个函数方块图时，该结构内部不能存在分支点，因为一个反馈回路或串并联结构化简成一个函数方块图后，内部存在的分支点就不存在了，此时将无法向外引出信号线。如果一个反馈回路内部存在分支点（向回路外引出信号线），或存在一个相加点（输入信号来自回路外），就称这个回路与其他回路有交叉连接，这种结构又称交叉结构。化简方块图的关键就是解除交叉结构，形成无交叉的多回路结构，解除交叉的办法就是移动分支点或相加点。

例2　简化图 2-42（a）所示的多回路系统，求闭环传递函数 $Y(s)/X(s)$ 及 $\varepsilon(s)/X(s)$。

解：该方块图有三个反馈回路，存在由分支点和相加点形成的交叉点 A 和 B，首先要解除交叉。可以将分支点 A 移到 $G_4(s)$ 的输出端，或者将相加点 B 前移到 $G_2(s)$ 的输入端后再交换相邻相加点的位置或者移动 A、B。这里采用将 A 点后移的方法化简。由图 2-42（b）~（f）求得

$$\frac{Y(s)}{X(s)}=\frac{G_1(s)G_2(s)G_3(s)G_4(s)}{1+G_2(s)G_3(s)H_2(s)+G_3(s)G_4(s)H_3(s)+G_1(s)G_2(s)G_3(s)G_4(s)H_1(s)}$$

$$\frac{\varepsilon(s)}{X(s)}=\frac{1+G_2(s)G_3(s)H_2(s)+G_3(s)G_4(s)H_3(s)}{1+G_2(s)G_3(s)H_2(s)+G_3(s)G_4(s)H_3(s)+G_1(s)G_2(s)G_3(s)G_4(s)H_1(s)}$$

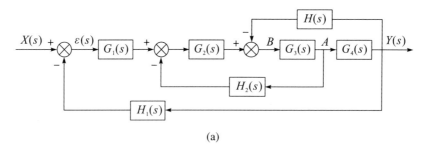

(a)

由图知

$$\frac{\varepsilon(s)}{X(s)} = \frac{X(s) - H_1(s)Y(s)}{X(s)} = 1 - H_1(s)\frac{Y(s)}{X(s)}$$

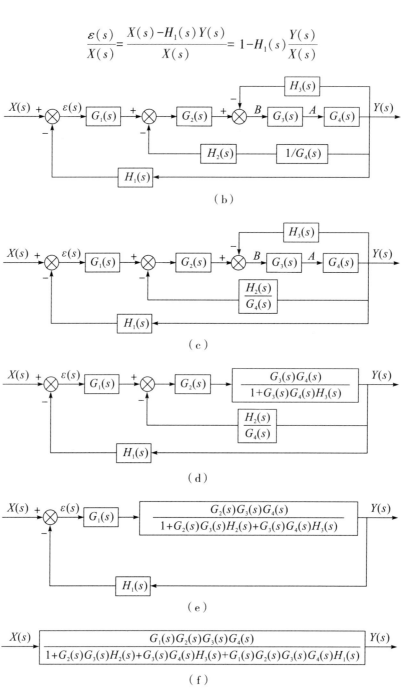

（b）

（c）

（d）

（e）

（f）

图 2-42　多回路系统化简

将公式代入后与此前的结果完全相同。

2.5 绘制实际系统的函数方块图

在绘制实际系统的函数方块图过程中,对于质量-弹簧-阻尼系统,利用上述表2-2中的等效弹性刚度的概念,可以直接列写复频域内的代数方程,使绘制系统方块图和求取系统传递函数变得简便。

下面举例说明典型系统的方块图绘制。

例1 汽车在凹凸不平路面上行驶时承载系统的简化力学模型如图2-43所示。汽车质量为M_1,车轮质量为M_2,k_1、k_2为弹簧系数,D为粘性阻尼系数。路面的高低变化形成激励源,由此造成汽车的振动和轮胎受力。请绘制出该系统的函数方块图。

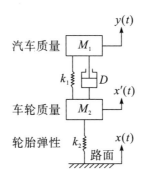

图2-43 汽车简化力学模型

解: 设$x(t)$为输入位移,$x'(t)$为车轮的位移,$y(t)$为汽车体垂直位移。对车轮进行受力分析,取向上为力和位移的正方向,如下图2-44所示,f_1、f_2及f_D分别为等效弹簧力和等效阻尼力。

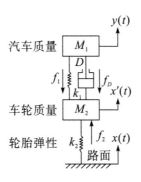

图2-44 汽车简化系统的受力分析

首先,$x(t)$作为输入,则轮胎的受力f_2的表达式为:

$$F_2(s) = k_2[X(s) - X'(s)]$$

则此部分方块图如下图(a)所示：

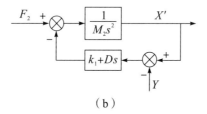

（a）

轮胎的受力 f_1 和 f_D 的表达式为：

$$F_1(s) = k_1 [X'(s) - Y(s)]$$

$$F_D(s) = Ds \cdot [X'(s) - Y(s)]$$

对于车轮质量块 M_2 而言，可以列出：

$$F_2(s) - F_1(s) - F_D(s) = M_2 s^2 X'(s)$$

根据等效弹性刚度概念，则有：

$$F_2(s) = M_2 s^2 X'(s) + (k_1 + Ds)[X'(s) - Y(s)]$$

则此部分方块图如下图(b)所示：

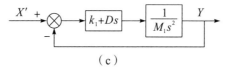

（b）

对于汽车质量块 M_1 来说，同样根据等效弹性刚度可以列出下式：

$$F_1(s) + F_D(s) = M_1 s^2 Y(s)$$

$$(k_1 + Ds)[X'(s) - Y(s)] = M_1 s^2 Y(s)$$

此部分的方块图如下图(c)所示：

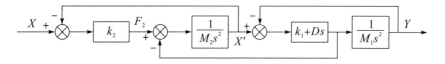

（c）

由以上图(a)~(c)可以绘制出如图 2-45 所示的整个汽车的函数方块图：

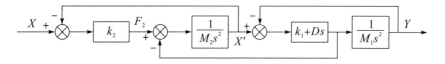

图 2-45　汽车的函数方块图

当 $x(t)$ 作为输入,汽车质量垂直位移 $y(t)$ 作为输出时的传递函数为：

$$\frac{Y(s)}{X(s)} = \frac{\dfrac{k_2}{M_2 s^2}(k_1 + Ds)\dfrac{1}{M_1 s^2}}{1 + \dfrac{k_2}{M_2 s^2} + \dfrac{(k_1 + Ds)}{M_1 s^2} + \dfrac{(k_1 + Ds)}{M_2 s^2} + \dfrac{k_2(k_1 + Ds)}{M_1 M_2 s^2}}$$

$$= \frac{k_2(Ds+k_1)}{M_1M_2s^4+(M_1+M_2)Ds^3+(M_1k_1+M_1k_2+M_2k_1)s^2+Dk_2s+k_1k_2}$$

当 $x(t)$ 作为输入,轮胎垂直受力 f_2 作为输出时的传递函数为:

$$\frac{F_2(s)}{X(s)}=\frac{k_2\left[M_1M_2s^2+(M_1+M_2)Ds+(M_1k_1+M_2k_1)\right]s^2}{M_1M_2s^4+(M_1+M_2)Ds^3+(M_1k_1+M_1k_2+M_2k_1)s^2+Dk_2s+k_1k_2}$$

由以上例题可以看出,一般绘制系统方块图的步骤如下:

(1) 列出描述系统各个环节的微分方程式;

(2) 假定初始条件为零,对方程式进行拉氏变换;

(3) 分别画出各环节的方块图;

(4) 将各环节方块图结合为一体,组成完整的系统方块图。

对于比较熟悉的物理对象,绘制方块图时可省去步骤(1)和步骤(2),甚至步骤(3)。类似于机械系统中引入等效弹性刚度的概念,对于电路网络系统,利用表 2-3 中复阻抗的概念,同样也可以避免从微分方程开始列写,而直接列写复频域内的代数方程,使绘制系统方块图和求取系统传递函数变得简便。

本章重点

(1) 掌握机械(质量-弹簧-阻尼系统)、电气网络系统等基本环节数学模型的变换,列出系统微分方程。

(2) 掌握拉氏变换及反变换的变换方法,对于单位阶跃函数、指数函数、正弦和余弦函数、幂指数函数的变换熟悉并掌握。

(3) 掌握拉氏变换的性质,如叠加原理、微分定理、积分定理、衰减定理、延时定理、初值定理、终值定理等。

(4) 学习用拉氏变换解常系数线性微分方程;学习掌握典型环节的传递函数,学习并掌握系统函数方块图及其化简。

本章习题

2-1 试求题图 2-1 所示机械系统的传递函数。

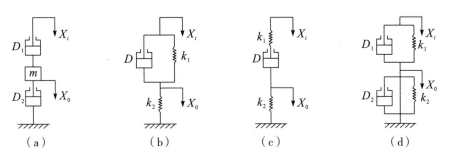

题图 2-1 机械系统

2-2 试求题图 2-2 所示有源电路网络的传递函数。

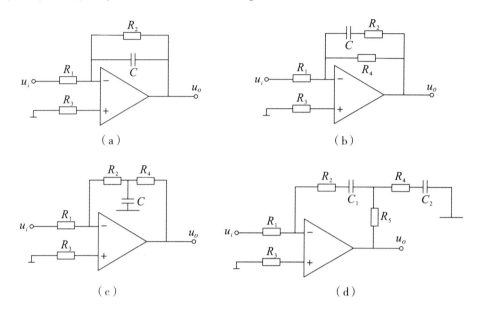

（a） （b）

（c） （d）

题图 2-2 有源电路网络

2-3 绘制出题图 2-3 所示无源电路网络的方块图，求出各自的传递函数。

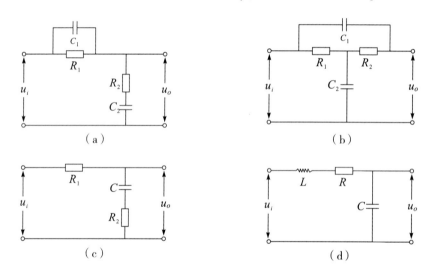

（a） （b）

（c） （d）

题图 2-3 无源电路网络

2-4 试求下列函数的拉氏变换。

（1） $x(t) = 5te^{-5t} \cdot 1(t)$

（2） $x(t) = 2e^{-2t}\sin2t \cdot 1(t)$

（3） $x(t) = \sin2t\cos2t \cdot 1(t)$

（4） $x(t) = e^{-6t}(\cos8t + 0.25\sin8t) \cdot 1(t)$

$(5)\ x(t) = \begin{cases} t+1 & 0 \leqslant t < 1 \\ 0 & 1 \leqslant t < 2 \\ 2-t & 2 \leqslant t < 3 \\ 0 & t \geqslant 3 \end{cases}$

$(6)\ x(t) = \begin{cases} \sin t, & 0 \leqslant t \leqslant \pi \\ 0, & t < 0, t > \pi \end{cases}$

$(7)\ x(t) = \left[4\cos\left(2t - \dfrac{\pi}{3}\right) \right] \cdot 1\left(t - \dfrac{\pi}{6}\right) + e^{-5t} \cdot 1(t)$

$(8)\ x(t) = (15t^2 + 4t + 6)\delta(t) + 1(t-2)$

$(9)\ x(t) = 6\sin\left(3t - \dfrac{\pi}{4}\right) \cdot 1\left(t - \dfrac{\pi}{4}\right)$

$(10)\ x(t) = e^{-20t}(2+5t) \cdot 1(t) + (7t+2)\delta(t) + \left[3\sin\left(3t - \dfrac{\pi}{2}\right) \right] \cdot 1\left(t - \dfrac{\pi}{6}\right)$

2-5 求出下图所示的函数的时域表达式和对应的象函数。

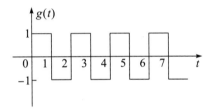

题图2-4　方波函数图像

2-6 试求下列像函数的拉氏反变换。

$(1)\ X(s) = \dfrac{s+1}{(s+2)(s+3)}$

$(2)\ X(s) = \dfrac{1}{s^2+4}$

$(3)\ X(s) = \dfrac{s}{s^2-2s+5}$

$(4)\ X(s) = \dfrac{e^{-s}}{s-1}$

$(5)\ X(s) = \dfrac{4}{s^2+s+4}$

$(6)\ X(s) = \dfrac{s+1}{s^2+9}$

$(7)\ X(s) = \dfrac{s+1}{(s^2-3s+2)}$

$(8)\ X(s) = \dfrac{1}{s(s+2)(s+3)}$

（9）$X(s) = \dfrac{1}{(s+1)^2(s+2)}$

（10）$X(s) = \dfrac{2(s+1)}{s(s^2+s+2)}$

2-7 试用拉氏变换法求解下列微分方程式。

（1）$\dfrac{d^2x(t)}{dt^2} + 6\dfrac{dx(t)}{dt} + 8x(t) = 1$，其中，$x(0) = 1$，$\dfrac{dx(t)}{dt}\Big|_{t=0} = 0$；

（2）$\dfrac{dx(t)}{dt} + 10x(t) = 2$，其中，$x(0) = 0$；

（3）$\dfrac{dx(t)}{dt} + 100x(t) = 300$，其中，$\dfrac{dx(t)}{dt}\Big|_{t=0} = 50$。

2-8 求题图 2-5 所示中波形所表示函数的拉氏变换。

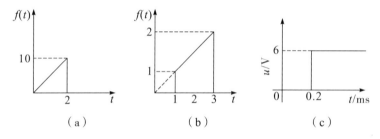

题图 2-5　波形图

2-9 某系统微分方程为 $3\dfrac{dy(t)}{dt} + 2y(t) = 2\dfrac{dx(t)}{dt} + 3x(t)$，已知 $y(0^-) = x(0^-) = 0$，当输入为 $1(t)$ 时，输出的终值和初值各为多少？

2-10 试简化题图 2-6 所示的系统方块图，求出系统传递函数。

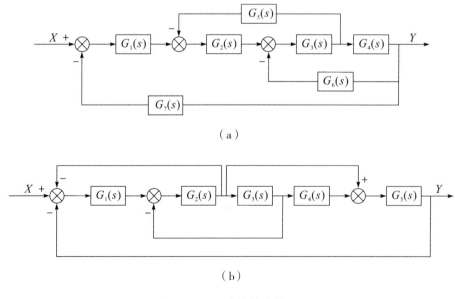

题图 2-6　系统的方块图

2-11 试简化题图 2-7 所示的系统方块图,求出输入输出信号传递函数。

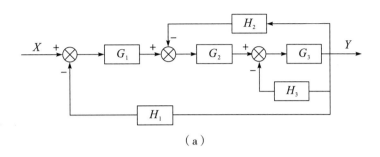

（a）

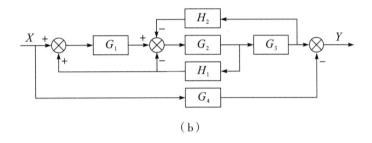

（b）

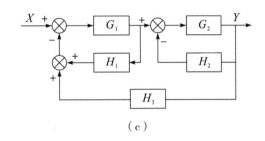

（c）

题图 2-7　系统方块图

2-12 对于如题图 2-8 所示系统:

(1) 求 $Y(s)$ 和 $X_1(s)$ 之间的闭环传递函数;

(2) 求 $Y(s)$ 和 $X_2(s)$ 之间的闭环传递函数。

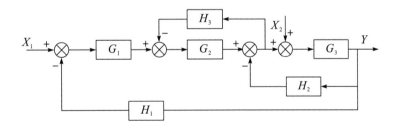

题图 2-8　系统方块图

2-13 系统动态结构图如题图 2-9 所示。试求传递函数 $\dfrac{Y_1(s)}{X_1(s)}$、$\dfrac{Y_2(s)}{X_2(s)}$、$\dfrac{Y_2(s)}{X_2(s)}$、$\dfrac{C_2(s)}{R_2(s)}$。

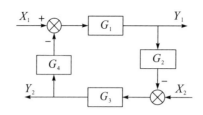

题图 2-9　系统结构图

2-14 如题图 2-10 所示系统,试求:

(1) 以 $X(s)$ 为输入,分别以 $Y_2(s)$,$Y_1(s)$,$B(s)$,$E(s)$ 为输出的传递函数;

(2) 以 $N(s)$ 为输入,分别以 $Y_2(s)$,$Y_1(s)$,$B(s)$,$E(s)$ 为输出的传递函数。

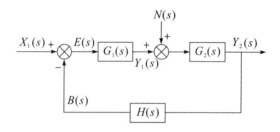

题图 2-10　系统方块图

2-15 试求如题图 2-11 所示机械系统的作用力 $f(t)$ 与位移 $x(t)$ 之间关系的传递函数。

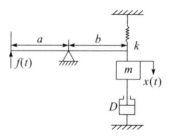

题图 2-11　某机械系统

CHAPTER 3

第三章

时域瞬态响应分析

控制系统的数学模型建立之后,便可以对控制系统的性能具体分析,自动控制系统的分析包括稳定性、快速性和准确性。在经典控制理论中,分析系统快速性的方法为时域分析法。时域法是对一个特定输入信号,根据控制系统数学模型,采用拉氏变换的方法求取系统输出响应的时间函数。时域法分析控制系统的优点包括:

（1）直接在时间域上对控制系统进行分析,系统响应直观、准确,物理概念清楚;

（2）能够提供系统时间响应的全部信息,尤其适用于二阶系统;

（3）时域法是最基本的控制系统分析方法,其引出的概念、方法、结论是后续学习频域法和根轨迹法的基础。

本章主要介绍利用时域法分析控制系统的动态性能。首先介绍时域分析基本概念和典型输入信号,然后分析一阶系统瞬态响应分析和二阶系统瞬态响应分析,重点分析了系统时域下瞬态性能指标,最后介绍了高阶系统瞬态响应。

3.1 时域响应以及典型输入信号

首先给出时域分析基本概念。

瞬态响应,也称为动态响应,是系统在某一输入信号作用下其输出量从初始状态到稳定状态的响应过程,瞬态响应刻画的是系统动态性能。

稳态响应是当某一信号输入时,系统在时间趋于无穷大时的输出状态。稳态响应刻画的是系统稳态性能,即稳态精度。

控制系统的动态性能可以通过在典型信号输入作用下控制系统的瞬态响应来评价。一般预先规定一些特殊的输入信号作为系统的输入,通过各种系统对这些输入信号的响应进行分析研究,这些特殊的输入信号即为**典型输入信号**。

经常采用的典型输入信号有以下几种类型。

3.1.1 阶跃函数

阶跃函数表示一个突然的定量变化的输入变量,例如输入量的突然加入或突然停止等,如图 3-1 所示,其数学表达式为

$$x(t)=\begin{cases}a\cdot1(t), & t>0\\0, & t<0\end{cases} \tag{3.1-1}$$

其中,a 为常数。当 $a=1$ 时,输入的复函数为 $X(s)=\dfrac{1}{s}$,该函数称为单位阶跃函数。

3.1.2 斜坡函数（或速度函数）

速度函数表示等速度变化的输入变量,如图 3-2 所示,其数学表达式为

$$x(t)=\begin{cases}at, & t>0\\0, & t<0\end{cases} \tag{3.1-2}$$

其中，a 为常数。当 $a=1$ 时，输入的复函数为 $X(s)=\dfrac{1}{s^2}$，该函数称为单位斜坡函数。

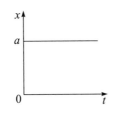 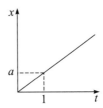

图 3-1　阶跃函数图　　　　　3-2　斜坡函数

3.1.3 加速度函数

加速度函数表示等加速度变化的输入变量，如图 3-3 所示，其数学表达式为

$$x(t)=\begin{cases} at^2, & t>0 \\ 0, & t<0 \end{cases} \tag{3.1-3}$$

其中，a 为常数。当 $a=\dfrac{1}{2}$ 时，输入的复函数为 $X(s)=\dfrac{1}{s^3}$，该函数称为单位加速度函数。

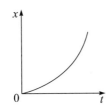 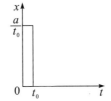

图 3-3　加速度函数　　　　　图 3-4　脉冲函数

3.1.4 脉冲函数

脉冲函数是指输入变量为瞬时的冲击和急速变化，如图 3-4 所示，其数学表达式一般为

$$x(t)=\begin{cases} \lim\limits_{t\to 0}\dfrac{a}{t_0}, & 0<t<t_0 \\ 0, & t<0 \text{ 或 } t>t_0 \end{cases} \tag{3.1-4}$$

其中，a 为常数。若对脉冲的宽度 t_0 取趋于零的极限，则有 $\int_{-\infty}^{+\infty}x(t)\,dt=a$，此时其脉冲高度为无穷大，持续时间为无穷小，脉冲面积 a 通常用来衡量脉冲的强度。当面积 $a=1$ 时，脉冲函数称为单位脉冲函数，又称 δ 函数。δ 函数有一个很重要的性质，其复函数为 $X(s)=1$，因此系统传递函数即为脉冲输出响应函数 $\Phi(s)=\dfrac{Y(s)}{X(s)}=Y(s)$。

3.1.5 正弦函数

正弦函数表示随时间往复变化的输入变量，如图 3-5 所示，其数学表达式为

$$x(t) = \begin{cases} a\sin\omega t, & t>0 \\ 0, & t<0 \end{cases} \qquad (3.1\text{-}5)$$

其中,a 为正弦函数的振幅,ω 为正弦函数的角频率,输入的复函数为 $X(s) = \dfrac{a\omega}{s^2+\omega^2}$。正弦信号作为输入信号,可以求得系统对不同频率正弦输入的稳态响应,进一步利用频率法分析系统性能,将在第五章频域分析中进一步说明。

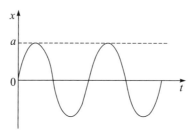

图 3-5　正弦函数

应用这些函数作为典型输入信号,可以很容易地对控制系统进行分析和试验研究。在分析设计控制系统时,究竟选用哪种函数作为典型输入信号,取决于系统在正常工作情况下最常见的输入信号形式。一般选择规则如下:

阶跃函数:系统工作状态突然变化,如突然合电、断电;

斜坡函数:系统输入是随时间逐渐变化的信号,如之前提到的火炮随动系统;

脉冲函数:控制系统的输入量是冲击量,如导弹发射;

正弦函数:系统的输入信号具有周期性的变化,如研究机床振动。

因此,最终选择哪种函数作为典型输入,应具体情况具体分析。但是,不管采用的是何种典型输入信号,对于同一系统来说,由过渡过程(瞬态响应)所表征的系统特性是统一的。

3.2　一阶系统的瞬态响应

若控制系统的输出信号与输入信号之间的关系能够用一阶微分方程表示,则该系统称为一阶系统,它的典型形式是一阶惯性环节,即

$$\frac{Y(s)}{X(s)} = \frac{1}{Ts+1}$$

RC 电路是常见的一阶系统,如图 3-6 所示。

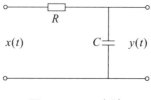

图 3-6　RC 电路

电路的输出信号 $y(t)$ 与输入信号 $x(t)$ 的关系可用下列微分方程表示

$$RC\frac{dy(t)}{dt}+y(t)=x(t)$$

或者

$$T\frac{dy(t)}{dt}+y(t)=x(t) \qquad (3.2-1)$$

式中，$T=RC$ 为电路的时间常数。式(3.2-1)即为描述一阶系统动态特性的微分方程的一般标准形式，对其进行拉氏变化，可得该一阶系统的闭环传递函数

$$\Phi(s)=\frac{Y(s)}{X(s)}=\frac{1}{Ts+1} \qquad (3.2-2)$$

下面分析一阶系统在一些典型输入型号作用下的瞬态响应，若无特殊说明，则系统初始条件一律假设为零。

3.2.1 一阶系统的单位阶跃响应

单位阶跃输入 $x(t)=1(t)$ 经拉氏变换得 $X(s)=\frac{1}{s}$，则由式(3.2-2)可得

$$Y(s)=\Phi(s)X(s)=\frac{Y(s)}{X(s)}X(s)=\frac{1}{Ts+1}\cdot\frac{1}{s}=\frac{1}{s}-\frac{T}{Ts+1}$$

进行拉氏反变换，得一阶系统的单位阶跃响应：

$$y(t)=y_{ss}+y_{tt}=(1-e^{-\frac{1}{T}t})\cdot 1(t),t\geqslant 0 \qquad (3.2-3)$$

式中，$y_{ss}=1$ 为稳态分量，它的变化规律由输入信号的形式决定。$y_{tt}=-e^{-\frac{1}{T}t}$ 为暂态分量，它的变化规律由闭环极点 $s=-\frac{1}{T}$ 决定。当 $t\to\infty$ 时，暂态分量按指数规律衰减到零，$y(t)$ 中只剩下稳态分量。

通过式(3.2-3)即可得出单位阶跃输入情况下系统任意时刻的输出值，典型时刻的输出数据如表3-1所示。

表3-1　单位阶跃典型时刻输出

时间 t	输出值 $y(t)$
$t=0$	$y(0)=1-e^0=0$
$t=T$	$y(T)=1-e^{-1}=0.632$
$t=2T$	$y(2T)=1-e^{-2}=0.865$
$t=3T$	$y(3T)=1-e^{-3}=0.95$
$t=4T$	$y(4T)=1-e^{-4}=0.982$
$t=5T$	$y(5T)=1-e^{-5}=0.993$
⋮	⋮
$t\to\infty$	$y(\infty)\to 1$

一阶惯性环节在单位阶跃输入下的响应曲线如图3-7所示。可以得出：

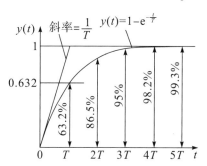

图3-7　一阶惯性环节的单位阶跃响应曲线

（1）一阶惯性系统总是稳定的，无振荡；

（2）一阶系统单位阶跃响应曲线中，时间常数 T 是表征系统响应特征的唯一参数。经过时间 T，响应曲线的数值等于稳态输出的63.2%，经过时间（3~4）T，响应曲线已达稳态值的95%~98%，一般认为此刻动态响应已经结束，故一般取调整时间为（3~4）T；

（3）时间常数 T 越小，一阶系统的响应越快；反之，则越慢；

（4）在 $t=0$ 处，响应曲线的切线斜率为 $\dfrac{dy(t)}{dt}\Big|_{t=0}=\dfrac{1}{T}e^{-\frac{t}{T}}\Big|_{t=0}=\dfrac{1}{T}$，则由 $t=0$ 处的切线斜率也能求出一阶系统的时间常数 T。

3.2.2 一阶系统的单位斜坡响应

单位斜坡输入 $x(t)=t\cdot 1(t)$，经拉氏变换得 $X(s)=\dfrac{1}{s^2}$，则由式（3.2-2）可得

$$Y(s)=\Phi(s)X(s)=\frac{Y(s)}{X(s)}X(s)=\frac{1}{Ts+1}\frac{1}{s^2}=\frac{1}{s^2}-\frac{T}{s}+\frac{T^2}{Ts+1}$$

进行拉氏反变换，得一阶系统的单位斜坡响应

$$y(t)=y_{ss}+y_{tt}=(t-T+Te^{-\frac{1}{T}t})\cdot 1(t),t\geqslant 0 \tag{3.2-4}$$

由式（3.2-4）可得，$y_{ss}=(t-T)$ 为稳态分量，是一个与单位斜坡输入信号斜率相同的斜坡函数，但在时间上滞后一个时间常数 T。$y_{tt}=Te^{-\frac{t}{T}}$ 为暂态分量，当 $t\to\infty$ 时，暂态分量按指数规律衰减到零，其衰减速度由闭环负实数极点 $s=-\dfrac{1}{T}$ 决定。

由式（3.2-4）可得一阶惯性环节的单位斜坡响应曲线如图3-8所示。

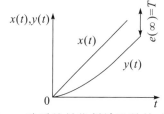

图3-8　一阶系统单位斜坡函数的响应曲线

其中，$e(t) = y(t) - x(t) = T(1 - e^{-\frac{t}{T}})$ 为系统的输出信号 $y(t)$ 与输入信号 $x(t)$ 的误差。当 $t \to \infty$ 时，$e(\infty) \to T$。说明输入为单位斜坡函数时，一阶惯性环节的稳态误差为 T，即一阶系统输出在跟踪单位速度函数时，当输出响应稳定后，输出与输入信号间仍存在常值稳态误差（或跟踪误差），其值等于时间常数 T。T 越小，稳态误差越小，反应越快，输出信号滞后于输入信号的时间也越短。

3.2.3 一阶系统的单位脉冲响应

单位脉冲输入 $x(t) = \delta(t)$，经拉氏变换得 $X(s) = 1$，则由式（3.2-2）可得

$$Y(s) = \Phi(s)X(s) = \frac{Y(s)}{X(s)}X(s) = \frac{1}{Ts+1}$$

进行拉氏反变换，得一阶系统的单位脉冲响应

$$y(t) = \left(\frac{1}{T}e^{-\frac{1}{T}t}\right) \cdot 1(t), t \geq 0 \tag{3.2-5}$$

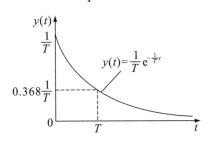

图 3-9　一阶惯性环节的单位脉冲响应曲线

单位脉冲响应曲线如图 3-9 所示。一阶系统的单位脉冲响应稳态分量为零，暂态分量为 $\frac{1}{T}e^{-\frac{t}{T}}$。

由于在实际工程中不可能得到理想的单位脉冲函数 $\delta(t)$，而是以具有一定脉宽和有限幅度的脉冲来进行代替。因此，为了得到近似精度较高的单位脉冲函数，要求实际脉冲函数的宽度 t_0（见图 3-4）与系统的时间常数相比应足够小，一般要求 $t_0 < 0.1T$。

3.2.4 线性定常系统的重要性

比较一阶系统对阶跃、速度和脉冲信号的响应，可得它们之间有如下关系：

$$\frac{d}{dt}[t \cdot 1(t)] = 1(t), \frac{d}{dt}[1(t)] = \delta(t)$$

$$\frac{d}{dt}y_{\text{速度}}(t) = y_{\text{阶跃}}(t), \frac{d}{dt}y_{\text{阶跃}}(t) = y_{\text{脉冲}}(t)$$

由上式可得，系统对输入信号导数的响应，等于系统对该输入信号的输出响应求导得出。而系统对输入信号积分的响应，等于系统对原输入信号的输出响应的积分，其积分常数由初始条件确定，不仅适用于一阶线性定常系统，而且也适用于任何阶线性定常系统，但不适用线性时变及非线性系统。

3.3 二阶系统的瞬态响应

若控制系统的输出信号与输入信号之间的关系能够用二阶微分方程表示,则该系统称为二阶系统。二阶系统在控制工程的应用极为广泛,许多高阶系统在一定条件下能够简化为二阶系统来研究。

3.3.1 二阶系统传递函数标准形式

设质量-弹簧-阻尼系统如图 3-10 所示。

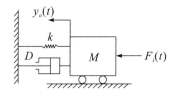

图 3-10　质量-弹簧-阻尼系统

该系统的运动方程为

$$F_i(t) - ky_o(t) - D\dot{y}_o(t) = M\ddot{y}_o(t)$$

经拉氏变换得

$$Ms^2 Y_o(s) + DsY_o(s) + kY(s) = F_i(s)$$

可得其闭环传递函数为

$$\frac{Y_o(s)}{F_i(s)} = \frac{1}{Ms^2 + Ds + k}$$

可见质量-弹簧-阻尼系统是一个二阶系统。

将上述质量-弹簧-阻尼系统的闭环传递函数写为标准形式,即

$$\frac{Y_o(s)}{F_i(s)} = \frac{1}{k} \cdot \frac{k/M}{s^2 + \dfrac{D}{M}s + \dfrac{k}{M}}$$

由以上分析,给出二阶系统标准形式的闭环传递函数为

$$\Phi(s) = \frac{Y(s)}{X(s)} = \frac{\omega_n^2}{s^2 + 2\xi\omega_n s + \omega_n^2} \tag{3.3-1}$$

其中,$\Phi(s)$ 称为**典型二阶系统的传递函数**,其中 ξ 称为**阻尼比**,ω_n 称为**无阻尼自振角频率**,这两个参数称为二阶系统特征参数。

典型二阶系统的方块图如图 3-11 所示。

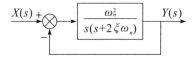

图 3-11　典型二阶系统方块图

从物理意义上讲,二阶系统起码包含两个储能元件,能量有可能在两个元件之间交换,引起系统具有往复振荡的趋势,当阻尼不够充分大时,系统呈现出振荡的特性。因此,典型的二阶系统也称为二阶振荡环节。

3.3.2 二阶系统的单位阶跃响应

由典型二阶系统的传递函数求得二阶系统的特征方程为

$$s^2+2\xi\omega_n s+\omega_n^2=0 \tag{3.3-2}$$

解特征方程可得二阶系统的两个特征根(即闭环极点)为

$$s_{1,2}=-\xi\omega_n\pm\omega_n\sqrt{\xi^2-1}$$

由上式可得,随着阻尼比 ξ 取值的不同,二阶系统的特征根(闭环极点)也不相同。下面根据阻尼比 ξ 取值对二阶系统进行分类和分析。

当 $0<\xi<1$ 时,称为**欠阻尼**,极点是一对共轭复根 $s_{1,2}=-\xi\omega_n\pm j\omega_n\sqrt{1-\xi^2}$;

当 $\xi=1$ 时,称为**临界阻尼**,极点是二重实根 $s_{1,2}=-\omega_n$;

当 $\xi>1$ 时,称为**过阻尼**,极点是两个负实根, $s_{1,2}=-\xi\omega_n\pm\omega_n\sqrt{\xi^2-1}$;

当 $\xi=0$ 时,称为**零阻尼**,极点是一对共轭虚根, $s_{1,2}=\pm j\omega_n$;

二阶系统极点与参数关系图可表示为图 3-12。

(1) 欠阻尼

当 $0<\xi<1$ 时,称为欠阻尼,二阶系统的极点是一对共轭复根,可表示为

$$s_{1,2}=-\xi\omega_n\pm j\omega_n\sqrt{1-\xi^2}$$

式中, $\omega_n\sqrt{1-\xi^2}$ 记为 ω_d ,称为**阻尼自振角频率**。欠阻尼二阶系统极点与参数关系图可表示为图 3.3-3(a),其中幅值和相角分别是

$$\omega_n=\sqrt{(\xi\omega_n)^2+(\omega_n\sqrt{1-\xi^2})^2}$$

$$\cos\varphi=\frac{\xi\omega_n}{\omega_n}=\xi,\ \sin\varphi=\sqrt{1-\xi^2}$$

$$\varphi=\arccos\xi=\arctan\frac{\sqrt{1-\xi^2}}{\xi}$$

(a) $0<\xi<1$　　　　　　　　　(b) $\xi=1$

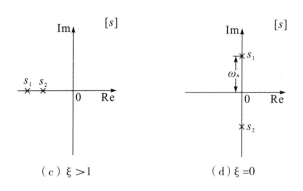

图 3-12 s 平面上二阶系统的闭环极点分布

单位阶跃输入 $x(t) = 1(t)$ 经拉氏变换得 $X(s) = \dfrac{1}{s}$，代入式（3.3-1）得欠阻尼下极点形式的输出有理分式并简化

$$Y(s) = \Phi(s)X(s) = \frac{Y(s)}{X(s)}X(s)$$

$$= \frac{\omega_n^2}{(s+\xi\omega_n+j\omega_d)(s+\xi\omega_n-j\omega_d)}\frac{1}{s}$$

$$= \frac{1}{s} - \frac{s+\xi\omega_n}{(s+\xi\omega_n)^2+\omega_d^2} - \frac{\xi\omega_n}{(s+\xi\omega_n)^2+\omega_d^2}$$

进行拉氏反变换，得

$$y(t) = \left(1 - e^{-\xi\omega_n t}\cos\omega_d - \frac{\xi}{\sqrt{1-\xi^2}}e^{-\xi\omega_n t}\sin\omega_d t\right) \cdot 1(t)$$

即

$$y(t) = \left[1 - \frac{e^{-\xi\omega_n t}}{\sqrt{1-\xi^2}}(\sqrt{1-\xi^2}\cos\omega_d t + \xi\sin\omega_d t)\right] \cdot 1(t) \tag{3.3-3}$$

上式也可写成

$$y(t) = \left[1 - \frac{e^{-\xi\omega_n t}}{\sqrt{1-\xi^2}}\sin\left(\omega_d t + \arctan\frac{\sqrt{1-\xi^2}}{\xi}\right)\right] \cdot 1(t)$$

$$= \left[1 - \frac{e^{-\xi\omega_n t}}{\sqrt{1-\xi^2}}\sin(\omega_d t + \varphi)\right] \cdot 1(t) \tag{3.3-4}$$

由式（3.3-4）可知，当 $0<\xi<1$ 时，二阶系统的单位阶跃响应是以 ω_d 为角频率的衰减振荡曲线，衰减速度取决于 $\xi\omega_n$，如图 3-13 所示。由图可见，随着 ξ 的减小，其振荡幅度加大。当 $t\to\infty$ 时，$y(t)\to 1$，输出能够跟踪输入，系统稳定。

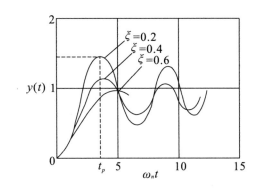

图 3-13　欠阻尼二阶系统单位阶跃响应曲线

（2）临界阻尼

当 $\xi=1$ 时，称为临界阻尼。由式（3.3-2），二阶系统的极点是二重实根，如图 3.3-3（b），可表示为

$$s_{1,2}=-\omega_n$$

将单位阶跃输入 $X(s)=\dfrac{1}{s}$，代入式（3.3-1）得临界阻尼下极点形式的输出有理分式并简化

$$Y(s)=\Phi(s)X(s)=\frac{Y(s)}{X(s)}X(s)=\frac{\omega_n^2}{(s+\omega_n)^2}\frac{1}{s}=\frac{1}{s}-\frac{\omega_n}{(s+\omega_n)^2}-\frac{1}{s+\omega_n}$$

进行拉氏反变换，得

$$y(t)=(1-\omega_n t e^{-\omega_n t}-e^{-\omega_n t})\cdot 1(t) \tag{3.3-5}$$

其响应曲线如图 3-14 所示。由图可得，系统没有超调。当 $t\to\infty$ 时，$y(t)\to1$，输出能够跟踪输入，系统稳定无振荡，且响应速度较慢。

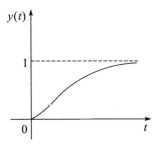

图 3-14　临界阻尼系统单位阶跃响应曲线

（3）过阻尼

当 $\xi>1$ 时，称为过阻尼。由式（3.3-2），二阶系统的极点是两个负实根，如图 3-12（c），可表示为

$$s_{1,2}=-\xi\omega_n\pm\omega_n\sqrt{\xi^2-1}$$

将单位阶跃输入 $X(s)=\dfrac{1}{s}$，代入式（3.3-1）得过阻尼下极点形式的输出有理分式并简化

$$Y(s)=\Phi(s)X(s)=\frac{Y(s)}{X(s)}X(s)=\frac{\omega_n^2}{(s+\xi\omega_n+\omega_n\sqrt{\xi^2-1})(s+\xi\omega_n-\omega_n\sqrt{\xi^2-1})}$$

$$= \frac{1}{s} - \frac{\cfrac{1}{2(-\xi^2-\xi\sqrt{\xi^2-1}+1)}}{s+\xi\omega_n+\omega_n\sqrt{\xi^2-1}} - \frac{\cfrac{1}{2(-\xi^2+\xi\sqrt{\xi^2-1}+1)}}{s+\xi\omega_n-\omega_n\sqrt{\xi^2-1}}$$

进行拉氏反变换,得

$$y(t) = \left[1 - \frac{1}{2(-\xi^2+\xi\sqrt{\xi^2-1}+1)}e^{-(\xi-\sqrt{\xi^2-1})\omega_n t} - \frac{1}{2(-\xi^2-\xi\sqrt{\xi^2-1}+1)}e^{-(\xi+\sqrt{\xi^2-1})\omega_n t}\right] \cdot 1(t) \quad (3.3-6)$$

其响应曲线如图 3-15 所示。由图可得,系统稳定无振荡、无超调,且过渡过程时间长。

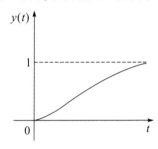

图 3-15 过阻尼系统单位阶跃响应曲线

（4）零阻尼

当 $\xi=0$ 时,称为零阻尼。由式(3.3-2),二阶系统的极点是一对共轭虚根,如图 3-12(d),可表示为

$$s_{1,2} = \pm j\omega_n$$

将单位阶跃输入 $X(s) = \dfrac{1}{s}$,代入式(3.3-1)得零阻尼下极点形式的输出有理分式并简化

$$Y(s) = \frac{Y(s)}{X(s)}X(s) = \frac{\omega_n^2}{s^2+\omega_n^2}\frac{1}{s} = \frac{1}{s} - \frac{s}{s^2+\omega_n^2}$$

进行拉氏反变换,得

$$y(t) = (1-\cos\omega_n t) \cdot 1(t) \quad (3.3-7)$$

其响应曲线如图 3-16 所示。由图可得,输出响应为无阻尼等幅振荡,系统不稳定。

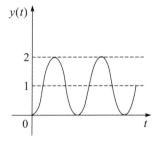

图 3-16 零阻尼系统单位阶跃响应曲线

（5）负阻尼

当 $\xi<0$ 时,称为负阻尼。其分析方法与正阻尼情况类似,只是其响应表达式的指数项变为正指

数,故随着时间 $t \to \infty$ 时,其输出 $y(t) \to \infty$,即负阻尼系统的阶跃响应是发散的,系统不稳定。如果系统为共轭复根,负阻尼二阶系统的单位阶跃响应是振荡发散的;如果系统为两个实根,负阻尼二阶系统的单位阶跃响应是单调发散的。

综上,不同典型输入下二阶系统时域响应如表3-2所示,可以得到以下结论:

（1）欠阻尼系统的闭环特征根为两个共轭负实部复根,阶跃响应为振荡衰减形式,振荡角频率为 $\omega_n \sqrt{1-\xi^2}$,随着 ξ 的减小,其振荡幅度加大。

（2）临界阻尼和过阻尼系统的闭环特征根均为负实部复根,阶跃响应均无超调,对于过阻尼系统,阻尼比越大,过渡过程时间越长。

（3）零阻尼系统的闭环特征根为共轭纯虚根,阶跃响应为等幅振荡。

（4）负阻尼系统的闭环特征根为正实部根,阶跃响应是发散的,系统不稳定。

（5）一般机电系统都有正阻尼,此时系统是稳定的。

表 3-2　不同典型输入下二阶系统的特征根与阶跃响应

阻尼比	特征方程根	根在复平面的位置	单位阶跃响应
$0 < \xi < 1$ （欠阻尼）	$s_{1,2} = -\xi\omega_n$ $\pm j\omega_n\sqrt{1-\xi^2}$		
$\xi = 1$ （临界阻尼）	$s_{1,2} = -\omega_n$		
$\xi > 1$ （过阻尼）	$s_{1,2} = -\xi\omega_n$ $\pm\omega_n\sqrt{\xi^2-1}$		

续表

阻尼比	特征方程根	根在复平面的位置	单位阶跃响应
$\xi=0$ （零阻尼）	$s_{1,2}=\pm j\omega_n$		

3.3.3 二阶系统的单位脉冲响应

单位脉冲输入 $x(t)=\delta(t)$，经拉氏变换得 $X(s)=1$。

（1）欠阻尼

当 $0<\xi<1$ 时，

$$Y(s)=\Phi(s)X(s)=\frac{Y(s)}{X(s)}X(s)=\frac{\omega_n^2}{(s+\xi\omega_n+j\omega_d)(s+\xi\omega_n-j\omega_d)}\times 1$$

$$=\frac{\frac{\omega_n}{\sqrt{1-\xi^2}}(\omega_n\sqrt{1-\xi^2})}{(s+\xi\omega_n)^2+(\omega_n\sqrt{1-\xi^2})^2}$$

进行拉氏反变换，得

$$y(t)=\left[\frac{\omega_n}{\sqrt{1-\xi^2}}e^{-\xi\omega_n t}\sin(\omega_d t)\right]\cdot 1(t) \qquad (3.3-8)$$

由式（3.3-8）可知，当 $0<\xi<1$ 时，二阶系统的单位脉冲响应是以为 ω_d 为角频率的振荡衰减形式，衰减速度取决于 $\xi\omega_n$，其响应曲线是衰减的正弦振荡曲线，如图 3-17 所示。且其与单位阶跃响应曲线有相同的变化趋势，随着 ξ 的减小，其振荡幅度加大。当 $t\to\infty$ 时，$y(t)\to 0$，输出能够跟踪输入，系统稳定。

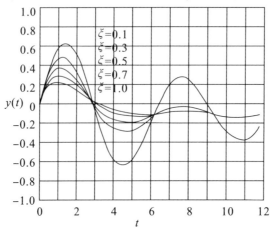

图 3-17　欠阻尼二阶系统的单位脉冲响应曲线

（2）临界阻尼

当 $\xi=1$ 时，

$$Y(s)=\Phi(s)X(s)=\frac{Y(s)}{X(s)}X(s)=\frac{\omega_n^2}{(s+\omega_n)^2}\times 1$$

进行拉氏反变换，得

$$y(t)=(\omega_n^2 te^{-\omega_n t})\cdot 1(t) \tag{3.3-9}$$

其响应曲线如图 3-18 所示，系统稳定且无超调。

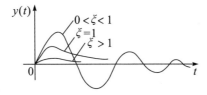

图 3-18 各种阻尼二阶系统的单位脉冲响应曲线

（3）过阻尼

当 $\xi>1$ 时，由小节 3.2.4 中"线性系统对输入信号导数的响应，可通过把系统对其输出信号响应求导得出"的结论得

$$
\begin{aligned}
y_{\text{脉冲}}(t)=\frac{dy_{\text{阶跃}}}{dt} &=\Big[\frac{d}{dt}\Big[1-\frac{1}{2(-\xi^2+\xi\sqrt{\xi^2-1}+1)}e^{-(\xi-\sqrt{\xi^2-1})\omega_n t}\\
&\quad -\frac{1}{2(-\xi^2-\xi\sqrt{\xi^2-1}+1)}e^{-(\xi+\sqrt{\xi^2-1})\omega_n t}\Big]\cdot 1(t)\\
&=\Big[\frac{(\xi-\sqrt{\xi^2-1})\omega_n}{2(-\xi^2+\xi\sqrt{\xi^2-1}+1)}e^{-(\xi-\sqrt{\xi^2-1})\omega_n t}\\
&\quad +\frac{(\xi+\sqrt{\xi^2-1})\omega_n}{2(-\xi^2-\xi\sqrt{\xi^2-1}+1)}e^{-(\xi+\sqrt{\xi^2-1})\omega_n t}\Big]\cdot 1(t)\\
&=\Big\{\frac{\omega_n}{2\sqrt{\xi^2-1}}\big[e^{-(\xi-\sqrt{\xi^2-1})\omega_n t}-e^{-(\xi+\sqrt{\xi^2-1})\omega_n t}\big]\Big\}\cdot 1(t)
\end{aligned}
\tag{3.3-10}
$$

其响应曲线如图 3-18 所示，系统稳定且无超调。

3.3.4 二阶系统的单位斜坡响应

单位斜坡输入 $x(t)=t\cdot 1(t)$，经拉氏变换得 $X(s)=\dfrac{1}{s^2}$。

（1）欠阻尼

当 $0<\xi<1$ 时，

$$Y(s) = \frac{Y(s)}{X(s)}X(s) = \frac{\omega_n^2}{(s+\xi\omega_n+j\omega_d)(s+\xi\omega_n-j\omega_d)}\frac{1}{s^2}$$

$$= \frac{\omega_n^2}{s^2\left[(s+\xi\omega_n)^2 + (\omega_n\sqrt{1-\xi^2})^2\right]}$$

进行拉氏反变换,得

$$y(t) = \omega_n^2 t - \left[\frac{1}{\omega_n\sqrt{1-\xi^2}}e^{-\xi\omega_n t}\sin\left(\omega_n\sqrt{1-\xi^2}\,t + 2\arctan\frac{\sqrt{1-\xi^2}}{\xi}\right)\right.$$

$$\left. + \frac{2\xi\omega_n}{(\xi\omega_n)^2 + (\omega_n\sqrt{1-\xi^2})^2}\right]\frac{1}{(\xi\omega_n)^2 + (\omega_n\sqrt{1-\xi^2})^2}$$

$$= \left[t - \frac{2\xi}{\omega_n} + \frac{e^{-\xi\omega_n t}}{\omega_n\sqrt{1-\xi^2}}\sin\left(\omega_n\sqrt{1-\xi^2}\,t + 2\arctan\frac{\sqrt{1-\xi^2}}{\xi}\right)\right] \cdot 1(t)$$

又因

$$\tan\left(2\arctan\frac{\sqrt{1-\xi^2}}{\xi}\right) = \frac{2\tan\left(\arctan\dfrac{\sqrt{1-\xi^2}}{\xi}\right)}{1-\tan^2\left(\arctan\dfrac{\sqrt{1-\xi^2}}{\xi}\right)} = \frac{2\xi\sqrt{1-\xi^2}}{2\xi^2-1}$$

所以

$$y(t) = \left[t - \frac{2\xi}{\omega_n} + \frac{e^{-\xi\omega_n t}}{\omega_n\sqrt{1-\xi^2}}\sin\left(\omega_n\sqrt{1-\xi^2}\,t + \arctan\frac{2\xi\sqrt{1-\xi^2}}{2\xi^2-1}\right)\right] \cdot 1(t) \qquad (3.3-11)$$

当时间 $t \to \infty$ 时,其误差为

$$e(\infty) = \lim_{t\to\infty}\left[x(t) - y(t)\right] = \frac{2\xi}{\omega_n}$$

其响应曲线如图 3-19 所示。随着 ξ 的减小,其振荡幅度加大,当 $t \to \infty$ 时,输出跟踪输入,系统稳定,有稳态误差。

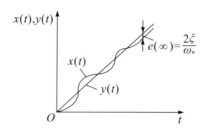

图 3-19 欠阻尼二阶系统的单位斜坡响应曲线

（2）临界阻尼

当 $\xi = 1$ 时,

$$Y(s) = \frac{Y(s)}{X(s)}X(s) = \frac{\omega_n^2}{(s+\omega_n)^2}\frac{1}{s^2}$$

$$= \frac{1}{s^2} - \frac{\frac{2}{\omega_n}}{s} + \frac{1}{(s+\omega_n)^2} + \frac{\frac{2}{\omega_n}}{s+\omega_n}$$

进行拉氏反变换,得

$$y(t) = \left(t - \frac{2}{\omega_n} + te^{-\omega_n t} + \frac{2}{\omega_n}e^{-\omega_n t}\right) \cdot 1(t) \tag{3.3-12}$$

当时间 $t\to\infty$ 时,其误差为

$$e(\infty) = \lim_{t\to\infty}[x(t) - y(t)] = \frac{2}{\omega_n}$$

其响应曲线如图 3-20 所示。当 $t\to\infty$ 时,输出能够跟踪输入,系统稳定,有稳态误差。

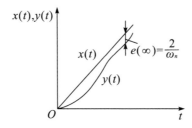

图 3-20 临界阻尼二阶系统的单位斜坡响应曲线

(3) 过阻尼

当 $\xi > 1$ 时

$$Y(s) = \frac{Y(s)}{X(s)}X(s) = \frac{\omega_n^2}{(s+\xi\omega_n+\omega_n\sqrt{\xi^2-1})(s+\xi\omega_n-\omega_n\sqrt{\xi^2-1})}\frac{1}{s^2}$$

$$= \frac{1}{s^2} - \frac{2\xi}{\omega_n s} + \frac{\frac{2\xi^2+2\xi\sqrt{\xi^2-1}-1}{2\omega_n\sqrt{\xi^2-1}}}{s+\xi\omega_n-\omega_n\sqrt{\xi^2-1}} - \frac{\frac{2\xi^2-2\xi\sqrt{\xi^2-1}-1}{2\omega_n\sqrt{\xi^2-1}}}{s+\xi\omega_n+\omega_n\sqrt{\xi^2-1}}$$

进行拉氏反变换,得

$$y(t) = \left[t - \frac{2\xi}{\omega_n} + \frac{2\xi^2+2\xi\sqrt{\xi^2-1}-1}{2\omega_n\sqrt{\xi^2-1}}e^{-(\xi-\sqrt{\xi^2-1})\omega_n t} - \frac{2\xi^2-2\xi\sqrt{\xi^2-1}-1}{2\omega_n\sqrt{\xi^2-1}}e^{-(\xi+\sqrt{\xi^2-1})\omega_n t}\right] \cdot 1(t) \tag{3.3-13}$$

当时间 $t\to\infty$ 时,其误差为

$$e(\infty) = \lim_{t\to\infty}[x(t) - y(t)] = \frac{2\xi}{\omega_n}$$

其响应曲线如图 3-21 所示。当 $t\to\infty$ 时,输出能够跟踪输入,输出能够跟踪输入,系统稳定,有稳态误差。

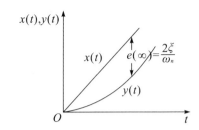

图 3-21　过阻尼二阶系统单位斜坡响应曲线

3.4 时域分析性能指标

系统瞬态响应在典型输入信号作用下,一般表现为衰减、发散或等幅振荡等形式。对于一个稳定系统,其瞬态过程应该是衰减的,其衰减的快慢、有无振荡、振荡幅度等就是研究瞬态过程的性质,将**度量系统瞬态过程变化特征的参数称为瞬态性能指标**。

通常用阶跃信号作用来测定系统的动态性能。本节给出在单位阶跃输入下二阶系统瞬态性能指标,如图 3-22 所示。

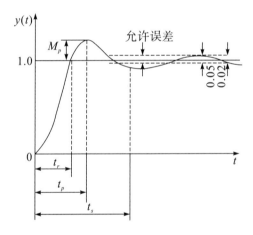

图 3-22　瞬态响应性能指标

瞬态响应性能指标包括:

① **上升时间** t_r,指响应曲线从零首次上升到稳态值的 100% 所用的时间。对于未超调的系统,理论上到达稳态值时间需要无穷大,对其上升时间定义为:响应曲线从稳态值的 10% 上升到稳态值的 90% 所需的时间。

② **峰值时间** t_p,指响应曲线达到首个峰值所用时间,也是最大峰值所用时间。

③ **最大超调量** M_p,指单位阶跃输入时,响应曲线的最大峰值与稳态值的差,通常用百分数表示,即

$$M_p = \frac{y(t_p) - y(\infty)}{y(\infty)} \times 100\%$$

式中,$y(t_p)$——响应曲线在峰值时间 t_p 的输出值;

$y(\infty)$—响应过程的稳态值。

④ **调整时间** t_s ,指输出响应到达并保持在稳态值的误差范围(通常取±2%或±5%)所需的最短时间。

以上性能指标中,上升时间、峰值时间、调整时间反映系统快速性,而最大超调量反映系统相对稳定性。

以下以欠阻尼二阶系统的瞬态性能指标为例进行说明。

(1)上升时间 t_r 的计算

根据上升时间 t_r 的定义,当 $t=t_r$ 时, $y(t_r)=1$,由式(3.3-4)得

$$y(t_r)=\left[1-\frac{e^{-\xi\omega t_r}}{\sqrt{1-\xi^2}}\sin(\omega_d t_r+\varphi)\right]\cdot 1(t_r)=1$$

因为

$$e^{-\xi\omega_n t_r}\neq 0$$

故

$$\sin(\omega_d t_r+\varphi)=0$$

由于上升时间是输出响应首次达到稳态值的时间,故

$$\omega_d t_r+\varphi=\pi$$

由于 $\varphi=\arctan\dfrac{\sqrt{1-\xi^2}}{\xi}$, $\omega_d=\omega_n\sqrt{1-\xi^2}$ 可得

$$t_r=\frac{1}{\omega_d}(\pi-\varphi)=\frac{1}{\omega_n\sqrt{1-\xi^2}}\left(\pi-\arctan\frac{\sqrt{1-\xi^2}}{\xi}\right) \qquad (3.4-1)$$

(2)峰值时间 t_p 的计算

由式(3.3-4)可知

$$y(t)=\left[1-\frac{e^{-\xi\omega t}}{\sqrt{1-\xi^2}}sin(\omega_d t+\varphi)\right]\cdot 1(t)$$

根据峰值时间 t_p 的定义,峰值点为最大极值点,令 $\dfrac{dy(t)}{dt}=0$,得

$$\frac{\xi\omega_n e^{-\xi\omega_n t_p}}{\sqrt{1-\xi^2}}\sin(\omega_d t_p+\varphi)-\frac{\omega_d e^{-\xi\omega_n t_p}}{\sqrt{1-\xi^2}}\cos(\omega_d t_p+\varphi)=0$$

因为

$$e^{-\xi\omega_n t_r}\neq 0$$

故

$$\tan(\omega_d t_p+\varphi)=\frac{\omega_d}{\xi\omega_n}=\tan\varphi$$

由于峰值时间是输出响应首次达到峰值的时间,故

$$\omega_d t_p=\pi$$

$$t_p=\frac{\pi}{\omega_d}=\frac{\pi}{\omega_n\sqrt{1-\xi^2}} \qquad (3.4-2)$$

（3）最大超调量 M_p 的计算

按照定义，最大超调量 M_p 是峰值时间 t_p 处最大峰值与稳态值的差，以比值表示，将式（3.4-2）代入式（3.3-3）中，得

$$M_p = \frac{y(t_p)-y(\infty)}{y(\infty)} \times 100\% = \frac{\left[1-\frac{e^{-\xi\omega_n\left(\frac{\pi}{\omega_d}\right)}}{\sqrt{1-\xi^2}}\left(\sqrt{1-\xi^2}\cos\pi+\xi\sin\pi\right)\right]-1}{1} \times 100\%$$

$$= e^{-\xi\omega_n\left(\frac{\pi}{\omega_n\sqrt{1-\xi^2}}\right)} \times 100\% = e^{-\frac{\pi\xi}{\sqrt{1-\xi^2}}} \times 100\% \tag{3.4-3}$$

（4）调整时间 t_s 的计算

调节时间 t_s 是指输出响应到达并保持在稳态值的误差范围（通常取 $\pm 2\%$ 或 $\pm 5\%$）所需的最短时间。

根据定义可得

$$|1-y(t)| = \left| \frac{e^{-\xi\omega t}}{\sqrt{1-\xi^2}}\sin\left(\omega_d t+\arctan\frac{\sqrt{1-\xi^2}}{\xi}\right) \right|$$

$$\leqslant \frac{e^{-\xi\omega t}}{\sqrt{1-\xi^2}}$$

以进入 $\Delta = \pm 5\%$ 的误差范围为例，解 $\frac{e^{-\xi\omega t}}{\sqrt{1-\xi^2}} = 5\%$，得

$$t_s = \frac{-\ln 0.05 - \ln\sqrt{1-\xi^2}}{\xi\omega_n} \tag{3.4-4}$$

当阻尼比 ξ 较小时，有

$$t_s \approx \frac{-\ln 0.05}{\xi\omega_n} \approx \frac{3}{\xi\omega_n} \tag{3.4-5}$$

此时，欠阻尼的二阶系统进入 $\pm 5\%$ 的误差范围。

同理可得，欠阻尼二阶系统进入 $\Delta = \pm 2\%$ 的误差范围时，则有

$$t_s \approx \frac{-\ln 0.02}{\xi\omega_n} \approx \frac{4}{\xi\omega_n} \tag{3.4-6}$$

由式（3.4-4）~（3.4-6）可得，当阻尼比 ξ 一定时，无阻尼自振角频率 ω_n 越大，调整时间 t_s 越短，即系统响应越快。当 ω_n 一定时，改变 ξ 的值求 t_s 的极小值，可得当 $\xi = 0.707$ 左右时，t_s 最短，即系统响应最快。

由性能指标可以看出，上升时间 t_r、峰值时间 t_p、调整时间 t_s，均与阻尼比 ξ 和无阻尼自振角频率 ω_n 有关，而最大超调量 M_p 只是阻尼比 ξ 的函数，与 ω_n 无关。当二阶系统的阻尼比 ξ 确定后，即可求得对应的最大超调量 M_p。反之，如果给出了最大超调量 M_p，也可求出相应的阻尼比 ξ。

当系统允许有一定超调时，工程上一般选择二阶系统阻尼比 ξ 在 $0.4 \sim 0.8$ 之间，相应超调量 M_p 为 $25\% \sim 2.5\%$ 之间。ξ 越小，则系统的调整时间 t_s 越长，且 ξ 过小时，会造成系统瞬态响应严重超调

量;ξ越大,则系统的调整时间t_s越长。

利用二阶系统瞬态性能指标的解题步骤:

（1）根据系统原理图分析系统列写闭环系统传递函数,并化简成标准形式;

（2）根据二阶系统标准形式写出各项特征量的对应公式;

（3）根据题设性能指标要求,写出瞬态响应指标与各项特征量关系式;

（4）求解瞬态响应指标与各项特征量。

例 1 如图3-23所示系统,欲使系统的最大超调量$M_p=20\%$,峰值时间$t_p=1s$,试确定增益K和K_h的值,并确定在此K和K_h数值上,系统的上升时间t_r和调整时间t_s。

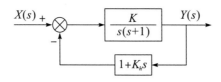

图3-23 系统方块图

解:首先根据图列出闭环系统传递函数,并简化成标准形式$Y(s)/X(s)$

$$\frac{Y(s)}{X(s)}=\frac{\dfrac{K}{s(s+1)}}{1+\dfrac{K(1+K_hs)}{s(s+1)}}=\frac{K}{s^2+(KK_h+1)s+K}=\frac{\omega_n^2}{s^2+2\xi\omega_ns+\omega_n^2}$$

可得参数对应关系

$$K=\omega_n^2$$

$$K_h=\frac{2\xi\omega_n-1}{K}$$

根据公式求出各项特征量及瞬态响应指标,依题意,有

$$M_p=e^{-\frac{\xi\pi}{\sqrt{1-\xi^2}}}=0.2\ 解得,\xi=0.456$$

$$t_p=\frac{\pi}{\omega_d}=\frac{\pi}{\omega_n\sqrt{1-\xi^2}}=1,解得,\omega_n=3.53rad/s$$

则可得

$$K=\omega_n^2=3.53^2=12.5(rad^2/s^2)$$

$$K_h=\frac{2\xi\omega_n-1}{K}=\frac{2\times0.456\times3.53-1}{12.5}=0.178(s)$$

$$t_r=\frac{1}{\omega_d}\left(\pi-\arctan\frac{\sqrt{1-\xi^2}}{\xi}\right)=0.65(s)$$

$$t_s=\frac{4}{\xi\omega_n}=2.48(s)(系统进入\pm2\%的误差范围)$$

例 2 如图 3-24 所示系统,施加 8.9N 的阶跃力后,记录其时间响应,如图 3.4-4 所示。试求系统的质量 M,弹性刚度 K 和粘性阻尼系数 D 的数值。

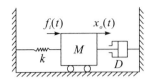

图 3-24 质量-弹簧-阻尼系统

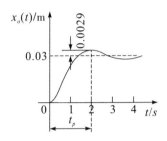

图 3-25 系统阶跃响应曲线

解: 首先根据响应曲线分析性能指标,分析图 3-25 可知

$$x_o(\infty) = 0.03, \quad M_p = \frac{0.0029}{0.03} = e^{-\frac{\xi\pi}{\sqrt{1-\xi^2}}} \times 100\% \Rightarrow \xi = 0.6$$

$$t_p = 2s = \frac{\pi}{\omega_d} = \frac{\pi}{\omega_n\sqrt{1-\xi^2}} \Rightarrow \omega_n = \frac{\pi}{2\sqrt{1-0.6^2}} = 1.96 rad/s$$

然后根据原理图列出闭环系统传递函数,并简化成标准形式。由图 3-24,根据牛顿第二定律进行受力分析可得

$$F_i(t) - kx_o(t) - D\dot{x}_o(t) = M\ddot{x}_o(t)$$

即

$$M\ddot{x}_o(t) + D\dot{x}_o(t) + kx_o(t) = F_i(t)$$

可得二阶系统标准形式,进一步得到参数关系式

$$\frac{X_o(s)}{F_i(s)} = \frac{1}{Ms^2 + fs + k} = \frac{\frac{1}{k} \cdot \frac{k}{M}}{s^2 + \frac{D}{M}s + \frac{k}{M}} = \frac{\frac{1}{k}\omega_n^2}{s^2 + 2\xi\omega_n s + \omega_n^2} \Rightarrow \begin{cases} \dfrac{D}{M} = 2\xi\theta\omega_n \\ \dfrac{k}{M} = \omega_n^2 \end{cases}$$

输出关系式

$$X_o(s) = \frac{1}{Ms^2 + Ds + k} \cdot F_i(s) = \frac{1}{Ms^2 + Ds + k} \cdot \frac{8.9}{s}$$

由终值定理得

$$x_o(\infty) = \lim_{s \to 0} sX_o(s) = \lim_{s \to 0} s \frac{1}{Ms^2 + Ds + k} \cdot \frac{8.9}{s} = \frac{8.9}{k} = 0.03(m)$$

故

$$k = \frac{8.9}{0.03} = 297 \, (\text{N/m})$$

$$M = \frac{k}{\omega_n^2} = \frac{297}{1.96^2} = 77.3 \, (\text{kg})$$

$$D = 2\xi\omega_n \cdot M = 2 \times 0.6 \times 1.96 \times 77.3 = 181.8 \, (\text{N} \cdot \text{m/s})$$

3.5 高阶系统的瞬态响应

若控制系统的输出信号与输入信号之间的关系能够用高于二阶的微分方程表示,则该系统称为高阶系统。一般的高阶系统可以分解为若干一阶惯性环节和二阶振荡环节的叠加。其瞬态响应由这些一阶惯性环节和二阶振荡环节的响应函数叠加组成。

对于一般二阶以上的单输入–单输出线性定常系统,其传递函数可表示为

$$
\begin{aligned}
\frac{Y(s)}{X(s)} &= \frac{k(s^m + b_1 s^{m-1} + \cdots + b_{m-1}s + b_m)}{s^n + a_1 s^{n-1} + \cdots + a_{n-1}s + a_n} \\
&= \frac{k(s^m + b_1 s^{m-1} + \cdots + b_{m-1}s + b_m)}{\prod_{j=1}^{q}(s + p_j)\prod_{k=1}^{r}(s^2 + 2\xi_k\omega_k s + \omega_k^2)}, \quad (m \leqslant n, q + 2r = n)
\end{aligned}
$$

当输入为单位阶跃信号时,有

$$Y(s) = \frac{Y(s)}{X(s)}X(s) = \frac{k(s^m + b_1 s^{m-1} + \cdots + b_{m-1}s + b_m)}{s\prod_{j=1}^{q}(s + p_j)\prod_{k=1}^{r}(s^2 + 2\xi_k\omega_k s + \omega_k^2)} \tag{3.5-1}$$

如果其极点互不相同,则式(3.5-1)可以展开为

$$Y(s) = \frac{a}{s} + \sum_{j=1}^{q}\frac{\alpha_j}{s + p_j} + \sum_{k=1}^{r}\frac{\beta_k(s + \xi_k\omega_k) + \gamma_k(\omega_k\sqrt{1-\xi^2})}{(s + \xi_k\omega_k)^2 + (\omega_k\sqrt{1-\xi^2})^2}$$

经拉氏反变换,得

$$
\begin{aligned}
y(t) = \alpha &+ \sum_{j=1}^{q}\alpha_j e^{-p_j t} + \sum_{k=1}^{r}\beta_k e^{-\xi_k\omega_k t}\cos(\omega_k\sqrt{1-\xi^2})t \\
&+ \sum_{k=1}^{r}\gamma_k e^{-\xi_k\omega_k t}\sin(\omega_k\sqrt{1-\xi^2})t
\end{aligned}
\tag{3.5-2}
$$

由式(3.5-2)可得,一般高阶系统的瞬态响应是由若干一阶惯性环节和二阶振荡环节的响应函数叠加组成的。且当所有极点均具有负实部时,除常数 α,其他各项随着时间 $t \to \infty$ 而衰减为零,即系统是稳定的。

在实际工程中遇到的往往都是高阶系统,为了分析高阶系统,常常将稳定的高阶系统通过合理简化用低阶系统近似,从而大致分析其时域响应。以下两种情况可以作为降阶简化的依据:

(1)系统极点的负实部离虚轴越远,则该极点对应的项在瞬态响应中衰减得越快。反之,距虚轴最近的闭环极点对应着瞬态响应中衰减最慢的项,故称距虚轴最近的闭环极点为主导极点,如3-26(a)。一般工程上当极点 A 距离虚轴大于 5 倍极点 B 离虚轴的距离时,分析系统时可忽略极点 A。

(2)工程上,如果零、极点之间的间距小于他们本身到原点距离的1/10,则可将该零点和极点一

起消去,称之为偶极子相消,如图 3-26(b)。

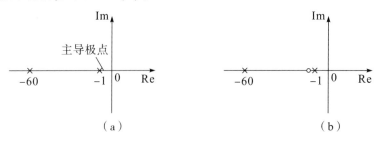

图 3-26　零、极点分布图

例1 已知某系统的闭环传递函数为

$$\frac{Y(s)}{X(s)}=\frac{3.12\times10^5(s+20.03)}{(s+20)(s+60)(s^2+20s+5.2\times10^3)}$$

试求系统近似的单位阶跃响应 $y(t)$。

解:系统零点、极点如图 3-27 所示。根据简化高阶系统的依据,极点 $s_1=-20$ 和零点 $s_2=-20.03$ 近似于一对偶极子,且距离原点较远,可偶极子相消,同理,极点 $s_1=-60$ 距离原点较远,可忽略不计。该四阶系统可简化为

$$\frac{Y(s)}{X(s)}\approx\frac{5.2\times10^3}{s^2+20s+5.2\times10^3}$$

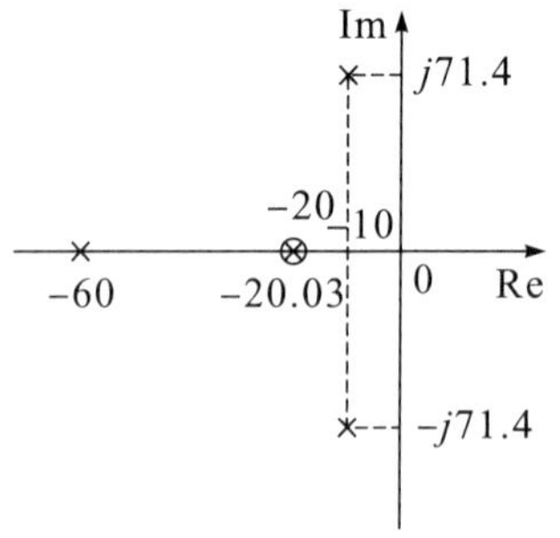

图 3-27　系统零极点分布图

这里需要注意的是,当考虑主导极点消 $(s+60)$ 因式时,应将 3.12×10^5 除以 60 以保证原系统静态增益不变。简化后该系统近似为一个二阶系统,可用二阶系统的分析方法去分析该四阶系统,可得到近似的单位阶跃响应结果为

$$y(t)\approx1-e^{-10t}\sin(71.4t+1.43)\,,t>0$$

本章重点

(1) 掌握控制系统时域响应的基本概念,典型输入信号。

(2) 掌握一阶系统时域分析方法。

(3) 掌握二阶系统时域分析方法。

(4) 掌握系统瞬态性能指标。

本章习题

3-1 题图3-1所示的阻容网络中 $u_i(t)=[1(t)-1(t-30)](V)$。当 t 为 $4s$ 时,输出 $u_o(t)$ 值为多少?当 t 为 $40s$ 时,输出 $u_o(t)$ 又约为多少?

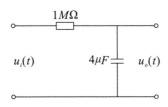

题图3-1　阻容网络电路

3-2 某系统传递函数为 $\Phi(s)=\dfrac{s+1}{s^2+5s+6}$,试求其单位脉冲响应函数。

3-3 设单位反馈系统的开环传递函数为 $G(s)=\dfrac{4}{s(s+5)}$,试求该系统的单位阶跃响应和单位脉冲响应。

3-4 分析题图3-2中所示各系统是否稳定,输入撤除后这些系统是衰减还是发散?是否振荡?

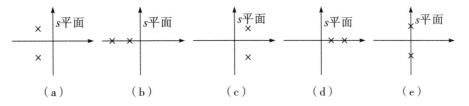

（a）　　　　　（b）　　　　　（c）　　　　　（d）　　　　　（e）

题图3-2　某系统 s 平面

3-5 某高阶系统,闭环极点如题图3-3所示,没有零点。请估计其阶跃响应。

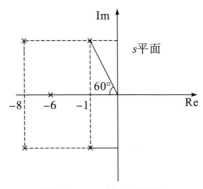

题图3-3　某高阶系统

3-6 试求下列系统的脉冲响应函数,$\Phi(s)$ 为系统传递函数。

（1）$\Phi(s)=\dfrac{s+3}{s^2+3s+2}$　　　　　　　　（2）$\Phi(s)=\dfrac{s^2+3s+5}{(s+1)^2(s+2)}$

3-7 设有一系统的传递函数为 $\dfrac{Y(s)}{X(s)}=\dfrac{\omega_n^2}{s^2+2\xi\omega_n s+\omega_n^2}$，为使系统对阶跃响应有 5% 的超调量和 2s 的调整时间（±5% 的误差范围），试求 ξ 和 ω_n。

3-8 设单位反馈系统的开环传递函数为 $G(s)=\dfrac{9}{s(s+3)}$，试求单位阶跃响应的最大超调量 M_p，上升时间 t_r 和调整时间 t_s（±5% 的误差范围）。

3-9 设单位反馈系统的开环传递函数为 $G(s)=\dfrac{1}{s(s+1)}$，试求系统的上升时间，峰值时间，最大超调量和调整时间。

3-10 一电路如题图 3-4 所示，当输入电压 $u_i(t)=\begin{cases}0V, & t<0 \\ 5V, & 0<t<0.1s, \\ 0V, & t>0.1s\end{cases}$，求 $u_o(t)$ 的响应函数。

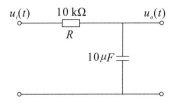

题图 3-4 电路图

3-11 设某二阶系统的方块图如题图 3-5 所示，其中系统的开环增益为 $K=4$。求该系统的超调量 $M_p\%$ 和调节时间 t_s（±5% 的误差范围），并设定系统的 K 值，使得 $\xi=0.707$。

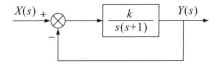

题图 3-5 某二阶系统方块图

3-12 已知某系统方块图如题图 3-6 所示。其中 $T=0.1s$，若要求系统的单位阶跃响应无超调，且调节时间 $t_s=1s$（±5% 的误差范围），问增益 K 应取何值？

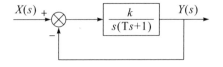

题图 3-6 某系统方块图

3-13 设一个单位负反馈系统的开环传递函数为 $G(s)=\dfrac{k}{s(s+\sqrt{2k})}$。

（1）计算系统单位阶跃响应的超调量和调节时间（按照 ±2% 的误差范围）；

（2）求使得调节时间小于 1 的 k 的取值范围。

3-14 某系统的方块图如题图 3-7 所示,当系统的输入信号为 $X(s)=1/s$ 时,系统的输入的时间曲线如图所示,试求 K_1,K_2,a。

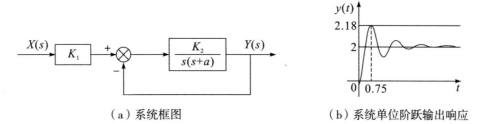

（a）系统框图　　　　　　　　　（b）系统单位阶跃输出响应

题图 3-7　某系统方块图及响应曲线

3-15 如题图 3-8 所示系统,欲使系统的最大超调量 $M_p=20\%$,$t_p=1s$,试确定 K 和 K_h 的值,并确定在此 K 和 K_k 数值上,系统的上升时间 t_r 和调整时间 t_s($\pm5\%$ 的误差范围)?

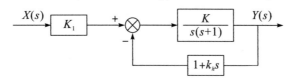

题图 3-8　系统方块图

3-16 如题图 3-9 所示系统,一物体 $M=80$ Kg 在 $t=0$ 时刻,突然放到木板上(相当于阶跃输入于系统,忽略木板的质量),接着系统发生什么运动 $y(t)$? 用多少时间系统可以稳定下来($\pm5\%$ 的误差范围)? 最大超调量是多少? 设黏性阻尼系数 $C=400$ Ns/m,弹簧刚度 $K=4000$ N/m。

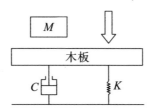

题图 3-9　某系统示意图

CHAPTER 4

第四章

控制系统的误差分析和计算

从第一章得知控制系统的基本要求是稳定、准确、快速,本章开始讨论控制系统的准确性。**所谓准确性,即系统的精度,系统的精度是用系统的误差来度量的。过渡过程完成后的误差称为系统的稳态误差,稳态误差是指误差的终值。**

4.1 稳态误差的基本概念

通过如图 4-1 所示反馈控制系统的方块图,可以理解误差和偏差的概念。图中实线部分与实际系统有对应关系,而虚线部分是为了说明概念而额外画出。

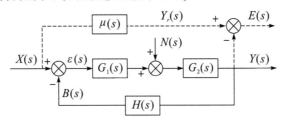

图 4-1 反馈控制系统方块图

(1)偏差 $\varepsilon(s)$

控制系统的**偏差 $\varepsilon(s)$ 定义为控制系统的输入信号 $X(s)$ 与反馈信号 $B(s)$ 的差**,即

$$\varepsilon(s) = X(s) - B(s) = X(s) - H(s)Y(s) \tag{4.1-1}$$

式中,$Y(s)$ 为控制系统的实际输出信号,$H(s)$ 为控制系统反馈通道的传递函数。

(2)误差 $E(s)$

控制系统的**误差 $E(s)$ 定义为控制系统的希望输出信号 $Y_r(s)$ 与实际输出信号 $Y(s)$ 之差**,即

$$E(s) = Y_r(s) - Y(s) = \mu(s)X(s) - Y(s) \tag{4.1-2}$$

(3)偏差 $\varepsilon(s)$ 与误差 $E(s)$ 的关系

当偏差 $\varepsilon(s) = 0$ 时,控制系统的输出应该完全复现输入,此时的实际输出信号 $Y(s)$ 就是希望输出信号 $Y_r(s)$,即 $Y_r(s) = Y(s)$。将 $\varepsilon(s) = 0$,$Y_r(s) = Y(s)$ 代入式(4.1-1),得

$$0 = X(s) - H(s)Y_r(s) \tag{4.1-3}$$

即

$$Y_r(s) = \frac{X(s)}{H(s)} \tag{4.1-4}$$

从图 4-1 虚线部分可知,

$$Y_r(s) = \mu(s)X(s) \tag{4.1-5}$$

比较式(4.1-4)与式(4.1-5),得

$$\mu(s) = \frac{1}{H(s)} \tag{4.1-6}$$

当偏差 $\varepsilon(s) \neq 0$ 时,实际输出信号 $Y(s)$ 与希望输出信号 $Y_r(s)$ 不同,将式(4.1-6)代入式(4.1-2)得

$$E(s) = \frac{1}{H(s)} X(s) - Y(s) = \frac{X(s) - H(s)Y(s)}{H(s)} \qquad (4.1-7)$$

将式(4.1-1)代入式(4.1-7)的分子,得到

$$E(s) = \frac{\varepsilon(s)}{H(s)} \qquad (4.1-8)$$

式(4.1-8)就是偏差 $\varepsilon(s)$ 与误差 $E(s)$ 的关系式。对于单位反馈系统,由于 $H(s)=1$,所以 $E(s) = \varepsilon(s)$。

(4) 稳态误差 e_{ss}

控制系统的稳态误差 e_{ss} 定义为控制系统误差信号 $e(t)$ 的稳态分量,即

$$e_{ss} = \lim_{t \to \infty} e(t) \qquad (4.1-9)$$

由拉氏变换终值定理,

$$e_{ss} = \lim_{t \to \infty} e(t) = \lim_{s \to 0} sE(s) \qquad (4.1-10)$$

对于单位反馈系统来说,由于偏差信号与误差信号相同,因此可直接用稳态偏差 ε_{ss} 来表示稳态误差 e_{ss},此时为了求系统的稳态误差,求出稳态偏差即可。对于非单位反馈系统,由于 $H(s)$ 往往是一个常数,因此稳态误差与稳态偏差之间是一个简单的比例关系,求出了稳态偏差 ε_{ss},将其除以 $H(s)$ 也就得到了稳态误差 e_{ss}。

4.2 输入引起的稳态误差计算

先讨论单位反馈控制系统稳态误差的计算,如图4-2所示。

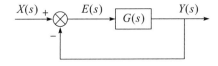

图4-2 单位反馈控制系统

输入引起的系统误差传递函数为

$$\frac{E(s)}{X(s)} = \frac{1}{1+G(s)} \qquad (4.2-1)$$

于是

$$E(s) = \frac{1}{1+G(s)} X(s) \qquad (4.2-2)$$

根据终值定理,有

$$e_{ss} = \lim_{t \to \infty} e(t) = \lim_{s \to 0} sE(s) = \lim_{s \to 0} \frac{1}{1+G(s)} X(s) \qquad (4.2-3)$$

以上就是求取输入引起的单位反馈系统稳态误差的方法。

对于非单位反馈系统,方块图如图4-3所示。

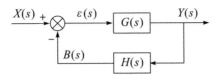

图4-3　非单位反馈控制系统

对图4-3分析可知,

$$\varepsilon(s)=\frac{1}{1+G(s)H(s)}X(s) \tag{4.2-4}$$

根据终值定理求得稳态偏差为

$$\varepsilon_{ss}=\lim_{t\to\infty}\varepsilon(t)=\lim_{s\to0}s\varepsilon(s)=\lim_{s\to0}s\frac{1}{1+G(s)H(s)}X(s) \tag{4.2-5}$$

由式(4.1-8)误差与偏差的关系可知

$$e_{ss}=\frac{\varepsilon_{ss}}{H(s)} \tag{4.2-6}$$

将式(4.2-5)代入式(4.2-6)得到

$$e_{ss}=\lim_{s\to0}s\frac{1}{H(s)}\cdot\frac{1}{1+G(s)H(s)}X(s) \tag{4.2-7}$$

由式(4.2-7)可知,控制系统的**稳态误差** e_{ss} **取决于系统的结构参数** $G(s)$、$H(s)$ **和输入信号** $X(s)$ **的性质。**

例1　某单位反馈控制系统的如图4-4所示,试求在单位阶跃输入信号作用下的稳态误差。

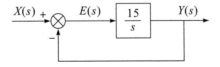

图4-4　单位反馈控制系统

解:该系统的误差传递函数为

$$\frac{E(s)}{X(s)}=\frac{1}{1+G(s)}=\frac{1}{1+\dfrac{15}{s}}=\frac{s}{s+15}$$

则在单位阶跃输入信号作用下的稳态误差为

$$e_{ss}=\lim_{s\to0}s\cdot\frac{1}{1+G(s)}\cdot X(s)=\lim_{s\to0}s\cdot\frac{s}{s+15}\cdot\frac{1}{s}=0$$

4.3 稳态误差系数

4.2 节介绍的是用拉氏变换的终值定理来求稳态误差,本节将介绍稳态误差系数的定义,用稳态误差系数来表明稳态误差的大小,并进一步说明稳态误差与系统结构参数及输入信号类型之间的关系。

4.3.1 稳态误差系数的定义

对于图 4.2-2 这一反馈控制系统,当不同类型的典型信号输入时,其稳态误差不同。因此,可以根据不同的输入信号来定义不同的稳态误差系数,进而用稳态误差系数来表示稳态误差。

(1) 单位阶跃输入作用下的稳态误差

由式(4.2-7),反馈控制系统在单位阶跃输入信号 $X(s)=\dfrac{1}{s}$ 作用下的稳态误差为

$$e_{ss}=\lim_{s\to 0}s\cdot\frac{1}{H(s)}\cdot\frac{1}{1+G(s)H(s)}\cdot\frac{1}{s}=\frac{1}{H(0)}\cdot\frac{1}{1+\lim_{s\to 0}G(s)H(s)} \tag{4.3-1}$$

定义 $K_p=\lim_{s\to 0}G(s)H(s)=G(0)H(0)$ 为**稳态位置误差系数**,那么反馈控制系统在单位阶跃输入下的稳态误差为

$$e_{ss}=\frac{1}{H(0)}\cdot\frac{1}{1+K_p} \tag{4.3-2}$$

对于单位反馈控制系统,稳态位置误差系数 $K_p=\lim_{s\to 0}G(s)=G(0)$,此时稳态误差为

$$e_{ss}=\frac{1}{1+K_p} \tag{4.3-3}$$

(2) 单位速度输入作用下的稳态误差

由式(4.2-7),反馈控制系统在单位速度输入信号 $X(s)=\dfrac{1}{s^2}$ 作用下的稳态误差为

$$e_{ss}=\lim_{s\to 0}s\cdot\frac{1}{H(s)}\cdot\frac{1}{1+G(s)H(s)}\cdot\frac{1}{s^2}$$

$$=\frac{1}{H(0)}\cdot\lim_{s\to 0}\frac{1}{s+sG(s)H(s)}=\frac{1}{H(0)}\cdot\frac{1}{\lim_{s\to 0}sG(s)H(s)} \tag{4.3-4}$$

定义 $K_v=\lim_{s\to 0}sG(s)H(s)$ 为**稳态速度误差系数**,那么反馈控制系统在单位速度输入时的稳态误差为

$$e_{ss}=\frac{1}{H(0)}\cdot\frac{1}{K_v} \tag{4.3-5}$$

对于单位反馈控制系统,稳态速度误差系数 $K_v=\lim_{s\to 0}sG(s)$,此时稳态误差为

$$e_{ss}=\frac{1}{K_v} \tag{4.3-6}$$

（3）单位加速度输入作用下的稳态误差

由式(4.2-7),反馈控制系统在单位加速度输入信号 $X(s)=\dfrac{1}{s^3}$ 作用下的稳态误差为

$$e_{ss}=\lim_{s\to 0}s\cdot\frac{1}{H(s)}\cdot\frac{1}{1+G(s)H(s)}\cdot\frac{1}{s^3}$$

$$=\frac{1}{H(0)}\cdot\lim_{s\to 0}\frac{1}{s^2+s^2G(s)H(s)}=\frac{1}{H(0)}\cdot\frac{1}{\lim\limits_{s\to 0}s^2G(s)H(s)} \tag{4.3-7}$$

定义 $K_a=\lim\limits_{s\to 0}s^2G(s)H(s)$ **为稳态加速度误差系数**,那么反馈控制系统在单位加速度输入时的稳态误差为

$$e_{ss}=\frac{1}{H(0)}\cdot\frac{1}{K_a} \tag{4.3-8}$$

对于单位反馈控制系统,稳态速度误差系数 $K_a=\lim\limits_{s\to 0}s^2G(s)$,此时稳态误差为

$$e_{ss}=\frac{1}{K_a} \tag{4.3-9}$$

通过前面的介绍,表明反馈控制系统在三种不同典型输入信号的作用下,其稳态误差可以分别用**稳态误差系数** K_p、K_v **和** K_a **来表示**。这三个稳态误差系数只与反馈控制系统的**开环传递函数** $G(s)H(s)$ 有关,而与输入信号无关,即只取决于系统的结构和参数。

4.3.2 系统类型的定义

对于图 4-2 这一反馈控制系统,其开环传递函数一般可以写成

$$G(s)H(s)=\frac{K(\tau_1s+1)(\tau_2s+1)\cdots(\tau_ms+1)}{s^\nu(T_1s+1)(T_2s+1)\cdots(T_{n-\nu}s+1)} \tag{4.3-10}$$

式中,K 为系统的开环增益,τ_1、τ_2、$\cdots$、τ_m 和 T_1、T_2、$\cdots$、T_m 为时间常数。

式(4.3-10)的分母中包含有 s^ν 项,其 ν 对应于系统中积分环节的个数。当 $\nu=0$ 时,称系统为 **0 型系统**,其开环传递函数可以表示为

$$G(s)H(s)=\frac{K_0(\tau_1s+1)(\tau_2s+1)\cdots(\tau_ms+1)}{(T_1s+1)(T_2s+1)\cdots(T_ns+1)} \tag{4.3-11}$$

式中,K_0 为 0 型系统的开环增益。

当 $\nu=1$ 时,称系统为 **Ⅰ型系统**,其开环传递函数可以表示为

$$G(s)H(s)=\frac{K_1(\tau_1s+1)(\tau_2s+1)\cdots(\tau_ms+1)}{s(T_1s+1)(T_2s+1)\cdots(T_{n-1}s+1)} \tag{4.3-12}$$

式中,K_1 为 Ⅰ型系统的开环增益。

当 $\nu=2$ 时,称系统为 **Ⅱ型系统**,其开环传递函数可以表示为

$$G(s)H(s)=\frac{K_2(\tau_1s+1)(\tau_2s+1)\cdots(\tau_ms+1)}{s^2(T_1s+1)(T_2s+1)\cdots(T_{n-2}s+1)} \tag{4.3-13}$$

式中，K_2 为 II 型系统的开环增益。以此类推。

4.3.3 不同类型反馈控制系统的稳态误差系数

（1）0 型系统

对于 0 型系统，可以计算出三种稳态误差系数 K_p、K_v 和 K_a 分别为

$$K_p = \lim_{s\to 0} G(s)H(s) = \lim_{s\to 0} \frac{K_0(\tau_1 s+1)(\tau_2 s+1)\cdots(\tau_m s+1)}{(T_1 s+1)(T_2 s+1)\cdots(T_n s+1)} = K_0 \tag{4.3-14}$$

$$K_v = \lim_{s\to 0} sG(s)H(s) = \lim_{s\to 0} s\frac{K_0(\tau_1 s+1)(\tau_2 s+1)\cdots(\tau_m s+1)}{(T_1 s+1)(T_2 s+1)\cdots(T_n s+1)} = 0 \tag{4.3-15}$$

$$K_a = \lim_{s\to 0} s^2 G(s)H(s) = \lim_{s\to 0} s^2\frac{K_0(\tau_1 s+1)(\tau_2 s+1)\cdots(\tau_m s+1)}{(T_1 s+1)(T_2 s+1)\cdots(T_n s+1)} = 0 \tag{4.3-16}$$

（2） I 型系统

对于 I 型系统，可以计算出三种稳态误差系数 K_p、K_v 和 K_a 分别为

$$K_p = \lim_{s\to 0} G(s)H(s) = \lim_{s\to 0} \frac{K_1(\tau_1 s+1)(\tau_2 s+1)\cdots(\tau_m s+1)}{s(T_1 s+1)(T_2 s+1)\cdots(T_{n-1} s+1)} = \infty \tag{4.3-17}$$

$$K_v = \lim_{s\to 0} sG(s)H(s) = \lim_{s\to 0} s\frac{K_1(\tau_1 s+1)(\tau_2 s+1)\cdots(\tau_m s+1)}{s(T_1 s+1)(T_2 s+1)\cdots(T_{n-1} s+1)} = K_1 \tag{4.3-18}$$

$$K_a = \lim_{s\to 0} s^2 G(s)H(s) = \lim_{s\to 0} s^2\frac{K_1(\tau_1 s+1)(\tau_2 s+1)\cdots(\tau_m s+1)}{s(T_1 s+1)(T_2 s+1)\cdots(T_{n-1} s+1)} = 0 \tag{4.3-19}$$

（3） II 型系统

对于 II 型系统，可以计算出三种稳态误差系数 K_p、K_v 和 K_a 分别为

$$K_p = \lim_{s\to 0} G(s)H(s) = \lim_{s\to 0} \frac{K_2(\tau_1 s+1)(\tau_2 s+1)\cdots(\tau_m s+1)}{s^2(T_1 s+1)(T_2 s+1)\cdots(T_{n-2} s+1)} = \infty \tag{4.3-20}$$

$$K_v = \lim_{s\to 0} sG(s)H(s) = \lim_{s\to 0} s\frac{K_2(\tau_1 s+1)(\tau_2 s+1)\cdots(\tau_m s+1)}{s^2(T_1 s+1)(T_2 s+1)\cdots(T_{n-2} s+1)} = \infty \tag{4.3-21}$$

$$K_a = \lim_{s\to 0} s^2 G(s)H(s) = \lim_{s\to 0} s^2\frac{K_2(\tau_1 s+1)(\tau_2 s+1)\cdots(\tau_m s+1)}{s^2(T_1 s+1)(T_2 s+1)\cdots(T_{n-2} s+1)} = K_2 \tag{4.3-22}$$

4.3.4 不同类型单位反馈控制系统在三种典型输入信号作用下的稳态误差

（1）单位阶跃输入信号

在单位阶跃输入信号的作用下，不同类型单位反馈控制系统的稳态误差分别为

对于 0 型系统，$K_p = K_0$，则

$$e_{ss} = \frac{1}{1+K_p} = \frac{1}{1+K_0} \tag{4.3-21}$$

对于 I 型系统，$K_p = \infty$，则

$$e_{ss} = \frac{1}{1+K_p} = 0 \tag{4.3-22}$$

对于 II 型系统，$K_p = \infty$，则

$$e_{ss} = \frac{1}{1+K_p} = 0 \tag{4.3-23}$$

以上稳态误差表明，如果单位反馈控制系统的前向通道中没有积分环节，那么它对阶跃输入的响应有稳态误差，跟踪情况如图 4-5 所示。若对于阶跃输入微小误差是容许的话，那么只要增益 K_0 取得足够大，0 型系统可以采用，但增益 K_0 太大，会影响系统稳定性。因此，要求阶跃输入下的稳态误差为零，则系统必须是 I 型或高于 I 型的系统。

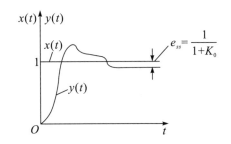

图 4-5　0 型系统在单位阶跃输入下的稳态误差

（2）单位速度输入信号

在单位速度输入信号的作用下，不同类型单位反馈控制系统的稳态误差分别为

对于 0 型系统，$K_v = 0$，则

$$e_{ss} = \frac{1}{K_v} = \infty \tag{4.3-24}$$

对于 I 型系统，$K_v = K_1$，则

$$e_{ss} = \frac{1}{K_v} = \frac{1}{K_1} \tag{4.3-25}$$

对于 II 型系统，$K_v = \infty$，则

$$e_{ss} = \frac{1}{K_v} = 0 \tag{4.3-26}$$

以上稳态误差表明，0 型系统在稳态时不能跟踪速度输入，具有单位反馈的 I 型系统，能跟踪速度输入，但有一定的误差，此误差反比于增益 K_1，跟踪情况如图 4-6 所示，是 I 型单位反馈系统对速度输入的例子。

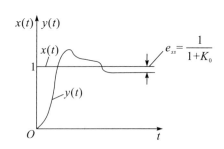

图 4-6 Ⅰ型系统在单位速度输入下的稳态误差

（3）单位加速度输入信号

在单位加速度输入信号的作用下,不同类型单位反馈控制系统的稳态误差分别为

对于 0 型系统,$K_a = 0$,则

$$e_{ss} = \frac{1}{K_a} = \infty \tag{4.3-27}$$

对于 Ⅰ 型系统,$K_a = 0$,则

$$e_{ss} = \frac{1}{K_a} = \infty \tag{4.3-28}$$

对于 Ⅱ 型系统,$e_{ss} = \frac{1}{K_a} = \frac{1}{K_2}$,则

$$e_{ss} = \frac{1}{K_a} = \frac{1}{K_2} \tag{4.3-29}$$

以上稳态误差表明,0 型和 Ⅰ 型系统在稳态时均不能跟踪加速度输入,只有 Ⅱ 型系统在稳态时能跟踪,但有一定误差,此误差反比于增益 K_2。如图 4-7 所示,是 Ⅱ 型单位反馈系统对加速度输入的例子。

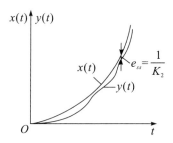

图 4-7 Ⅱ型系统在单位加速度输入下的稳态误差

表 4-1 概括了 0 型、Ⅰ 型和 Ⅱ 型单位反馈控制系统在不同输入信号作用下的稳态误差。观察该表可得如下结论:

① 同一系统对于不同输入信号,有不同的稳态误差。而同一输入信号对不同系统也引起不同的稳态误差,从而证实了系统的稳态误差取决于系统的结构和参数以及输入信号的性质。

② 系统的稳态误差有限值恰好与系统的开环增益 K 有关,K 值越大,稳态误差有限值越小,反之 K 越小,稳态误差值越大。

③ 在上述三种典型信号输入的情况下,控制系统的稳态误差与开环传递函数分母中所含的积分环节的次数 ν 以及输入信号 $X(s)$ 的 s 因式(如: $\frac{1}{s}, \frac{1}{s^2}, \frac{1}{s^3} \cdots \frac{1}{s^l}$)的次数 l 有关,若 $l>\nu$ 有稳态误差(若 $l-\nu=1$,则 $e_{ss}=$ 常值,若 $l-\nu=2$,则 $e_{ss} \rightarrow \infty$),而 $l \leq \nu$ 无稳态误差。

(4) 用稳态误差系数 K_p、K_v 和 K_a 表示的稳态误差分别称为位置误差、速度误差和加速度误差,都表示系统的过渡过程结束后,虽然输出能够跟踪输入,但是却存在着位置误差。速度误差和加速度误差并不是指速度上或者加速度上的误差,而是指系统在速度输入或加速度输入时所产生的在位置上的误差。

表 4-1 单位反馈控制系统在不同输入信号作用下的稳态误差

系统类型	单位阶跃输入	单位速度输入	单位加速度输入
0 型系统	$\frac{1}{1+K_0}$	∞	∞
I 型系统	0	$\frac{1}{K_1}$	∞
II 型系统	0	0	$\frac{1}{K_2}$

例 1 设某控制系统,可用下述方块图 4-8 描述,试求在单位阶跃、单位速度和单位加速度信号作用下的稳态误差。

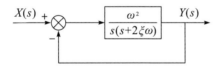

图 4-8 单位反馈控制系统

解:该单位反馈控制系统的传递函数为

$$\frac{Y(s)}{X(s)} = \frac{1}{s^2 + 2\xi\omega + \omega^2}$$

则在单位阶跃输入信号作用下的稳态误差为

$$e_{ss} = \lim_{s \to 0} s \frac{1}{s^2 + 2\xi\omega + \omega^2} = 0$$

在单位速度输入信号作用下的稳态误差为

$$e_{ss} = \lim_{s \to 0} \frac{1}{sG(s)} = \frac{2\xi}{\omega}$$

在单位加速度输入信号作用下的稳态误差为

$$e_{ss} = \lim_{s \to 0} \frac{1}{s^2 G(s)} = \infty$$

例2 已知单位反馈控制系统的开环传递函数为 $G(s)=\dfrac{100}{s(0.1s+1)}$，试求（1）稳态误差系数 K_p，K_v，K_a；（2）当输入为 $x(t)=a_0+a_1t+\dfrac{1}{2}a_2t^2$ 时系统的稳态误差。

解：（1）该系统为Ⅰ型系统，稳态误差系数

$$K_p=\infty，K_a=0，K_v=\lim_{s\to 0}s\frac{100}{s(0.1s+1)}=100$$

（2）系统稳态误差为

$$e_{ss}=\frac{A}{1+K_p}+\frac{B}{K_v}+\frac{2C}{K_a}$$

这里，$A=a_0$，$B=a_1$，$C=\dfrac{1}{2}a_2$，代入上式得

$$e_{ss}=\frac{a_0}{1+\infty}+\frac{a_1}{100}+\frac{a_2}{0}$$

根据系数的组合情况可得到3种不同的结果，现讨论如下：

$$a_2\neq 0 \text{ 时}，e_{ss}=\infty；$$

$$a_2=0，a_1\neq 0 \text{ 时}，e_{ss}=\frac{a_1}{100}；$$

$$a_2=a_1=0 \text{ 时}，e_{ss}=0。$$

4.4 干扰引起的稳态误差和系统总误差

如2.4.3所述，在实际的控制系统中，不仅存在输入信号 $x(t)$，还存在干扰信号 $n(t)$，如图4-9所示，因此在计算控制系统总误差时也需要考虑干扰信号 $n(t)$ 所引起的误差。根据线性控制系统的叠加原理，**系统总误差等于输入信号和干扰信号分别引起的稳态误差的代数和**。

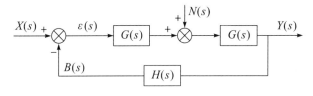

图4-9 反馈控制系统

（1）输入信号 *x*（*t*）单独作用下的系统稳态误差 *e*$_{ssx}$

假设干扰信号 $n(t)=0$，即 $N(s)=0$，图4-9所示的反馈控制系统在输入信号 $x(t)$ 单独作用下的误差传递函数为

$$\Phi_{eX}(s)=\frac{E_x(s)}{X(s)}=\frac{\varepsilon_x(s)}{H(s)X(s)}=\frac{X(s)-H(s)Y(s)}{H(s)X(s)}=\frac{1}{H(s)}-\frac{Y(s)}{X(s)}$$

$$= \frac{1}{H(s)} - \frac{G_1(s)G_2(s)}{1+G_1(s)G_2(s)H(s)} = \frac{1}{H(s)[1+G_1(s)G_2(s)H(s)]}$$

则此时系统的稳态误差 e_{ssX} 为

$$e_{ssX} = \lim_{s \to 0} s\Phi_{ex}(s)X(s) = \lim_{s \to 0} s \cdot \frac{1}{H(s)[1+G_1(s)G_2(s)H(s)]} \cdot X(s) \tag{4.4-1}$$

（2）扰动$n(t)$单独作用下的系统稳态误差e_{ssn}

假设输入信号 $x(t)=0$，即 $X(s)=0$，图 4-9 所示的反馈控制系统在扰动 $n(t)$ 单独作用下的误差传递函数为

$$\Phi_{eN}(s) = \frac{E_n(s)}{N(s)} = \frac{\varepsilon_n(s)}{H(s)N(s)} = \frac{X(s)-H(s)Y(s)}{H(s)N(s)}$$

$$= -\frac{Y(s)}{N(s)} = -\frac{G_2(s)}{1+G_1(s)G_2(s)H(s)}$$

则此时系统的稳态误差 e_{ssN} 为

$$e_{ssN} = \lim_{s \to 0} s\Phi_{eN}(s)N(s) = -\lim_{s \to 0} s \cdot \frac{G_2(s)}{1+G_1(s)G_2(s)H(s)} \cdot N(s) \tag{4.4-2}$$

（3）系统总稳态误差e_{ss}

根据线性叠加原理，系统总稳态误差 e_{ss} 为

$$e_{ss} = e_{ssX} + e_{ssN} \tag{4.4-3}$$

例1　图 4-10 所示为一**直流他励**电动机调速系统，其中 K_1、K_2 为放大系数，T_M 为时间常数，K_c 为测速负反馈系数。若 R 是电动机电枢电阻，C_M 是力矩系数，试求系数在常值阶跃扰动力矩 $n(t) = -\dfrac{R}{C_M}1(t)$ 作用下所引起的稳态误差。

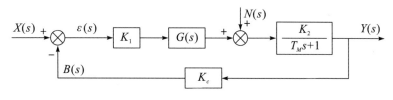

图 4-10　系统方块图

解：该系统是一个非单位反馈控制系统，在扰动力矩单独作用下的误差传递函数 $\Phi_{eN}(s)$ 为

$$\Phi_{eN}(s) = \frac{E_n(s)}{N(s)} = -\frac{\dfrac{K_2}{T_M s+1}}{1+K_1G_1(s)\dfrac{K_2}{T_M s+1}K_c} = -\frac{K_2}{T_M s+1+K_1K_2K_cG_1(s)}$$

则系统的稳态误差 e_{ssN} 为

$$e_{ssN} = \lim_{s \to 0} s \Phi_{eN}(s) N(s)$$

$$= \lim_{s \to 0} s \cdot \frac{-K_2}{T_M s + 1 + K_1 K_2 K_c G_1(s)} \cdot \left(-\frac{R}{C_M} \cdot \frac{1}{s}\right)$$

$$= \frac{K_2}{1 + K_1 K_2 K_c \lim_{s \to 0} G_1(s)} \cdot \frac{R}{C_M}$$

当 $G_1(s) = 1$ 时，系统的稳态误差为 $e_{ssN} = \dfrac{K_2}{1 + K_1 K_2 K_c} \cdot \dfrac{R}{C_M}$；当回路增益 $K_1 K_2 K_c \gg 1$ 时，有 $e_{ssN} = \dfrac{R}{K_1 K_c C_M}$，这就是说，扰动作用点与偏差信号间的放大倍数 K_1 越大，则稳态误差越小。

当 $G_1(s) = 1 + \dfrac{K_3}{s}$ 时，称为比例加积分控制，其中 K_3 为常数，此时系统的稳态误差为

$$e_{ssN} = \frac{K_2}{1 + K_1 K_2 K_c \lim_{s \to 0}\left(1 + \dfrac{K_3}{s}\right)} \cdot \frac{R}{C_M} = 0$$

例 2 如图 4-11 所示单位反馈控制系统，试求当 $x(t) = t \cdot 1(t)$，$n(t) = -2 \cdot 1(t)$ 时，该系统的稳态误差是多少？

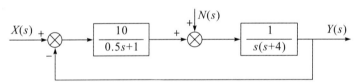

图 4-11 单位反馈控制系统

解：(1) 先计算输入信号 $x(t)$ 单独作用下，该单位反馈控制系统的稳态误差 e_{ssX}

$$\Phi_{eX}(s) = \frac{E_x(s)}{X(s)} = \frac{1}{1 + \dfrac{10}{0.5s + 1} \cdot \dfrac{1}{s(s+4)}}$$

$$X(s) = \frac{1}{s^2}$$

$$e_{ssX} = \lim_{s \to 0} s \Phi_{eX}(s) X(s) = \lim_{s \to 0} s \cdot \frac{1}{1 + \dfrac{10}{0.5s + 1} \cdot \dfrac{1}{s(s+4)}} \cdot \frac{1}{s^2} = 0.4$$

(2) 再计算干扰信号 $n(t)$ 单独作用下的系统稳态误差 e_{ssN}

$$\Phi_{eN}(s) = \frac{E_n(s)}{N(s)} = \frac{-\dfrac{1}{s(s+4)}}{1 + \dfrac{10}{0.5s + 1} \cdot \dfrac{1}{s(s+4)}}$$

$$N(s) = -2 \cdot \frac{1}{s}$$

$$e_{ssN} = \lim_{s \to 0} s\Phi_{eN}(s)N(s) = \lim_{s \to 0} s \cdot \frac{-\dfrac{1}{s(s+4)}}{1 + \dfrac{10}{0.5s+1} \cdot \dfrac{1}{s(s+4)}} \cdot (-2) \cdot \frac{1}{s} = 0.2$$

（3）最后计算系统总的稳态误差 e_{ss}

$$e_{ss} = e_{ssX} + e_{ssN} = 0.4 + 0.2 = 0.6$$

4.5 减少稳态误差的途径

为了减小系统误差,可考虑以下途径:

① 系统的实际输出通过反馈环节与输入比较,因此反馈通道的精度对于减小系统误差是至关重要的。反馈通道元部件的精度要高,尽量避免在反馈通道引入干扰。

② 在保证系统稳定的前提下,对于输入引起的误差,可通过增大系统开环增益和提高系统型次将其减小;对于干扰引起的误差,可通过在系统前向通道干扰点前加积分器和增大增益将其减小。

③ 有时系统要求的性能很高,单靠加大开环增益或串入积分环节往往不能同时满足上述要求。可采用复合控制(顺馈)的方法,对误差进行补偿。补偿方式可分两种:按干扰补偿和按输入补偿。

（1）按干扰补偿

当干扰可直接测量时,可以利用这个信息进行补偿。系统的方块图如图 4-12 所示。图中,$G_n(s)$ 为补偿器的传递函数。

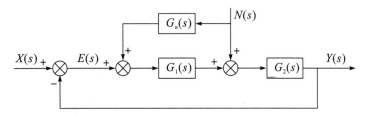

图 4-12　按干扰补偿

由图 4-12 可求出输出对于干扰信号 $n(t)$ 的闭环传递函数:

$$\frac{Y(s)}{N(s)} = \frac{G_2(s) + G_n(s)G_1(s)G_2(s)}{1 + G_1(s)G_2(s)}$$

若能使这个传递函数为零,则干扰对输出的影响就可消除,令

$$G_2(s) + G_n(s)G_1(s)G_2(s) = 0$$

得出按干扰补偿的条件为

$$G_n(s) = -\frac{1}{G_1(s)} \tag{4.5-1}$$

（2）按输入补偿

按输入补偿的系统方块图如图 4-13 所示。按下面推导确定 $G_r(s)$，使系统满足在输入信号作用下，误差得到补偿。

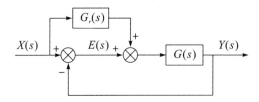

图 4-13　按输入补偿

单位反馈控制系统误差定义为

$$E(s) = X(s) - Y(s)$$

$$Y(s) = [1 + G_r(s)] \frac{G(s)}{1 + G(s)} X(s)$$

这样

$$E(s) = X(s) - \frac{[1 + G_r(s)] G(s)}{1 + G(s)} X(s) = \frac{1 - G_r(s) G(s)}{1 + G(s)} X(s)$$

为了使 $E(s) = 0$，应保证

$$1 - G_r(s) G(s) = 0$$

即

$$G_r(s) = \frac{1}{G(s)} \tag{4.5-2}$$

本章重点

（1）稳态误差的基本概念：偏差、误差、偏差与误差的关系、稳态误差。

（2）输入引起的稳态误差计算方法。

（3）稳态误差系数的定义（稳态位置误差系数 K_p、稳态速度误差系数 K_v 和稳态加速度误差系数 K_a），系统类型的定义（0 型系统、Ⅰ 型系统和 Ⅱ 型系统），不同类型反馈控制系统的稳态误差系数，不同类型单位反馈控制系统在三种典型输入信号作用下的稳态误差。

（4）干扰引起的稳态误差和系统总误差的计算方法。

（5）减少稳态误差的途径，包括按输入补偿和按干扰补偿。

本章习题

4-1　试求单位反馈系统的稳态位置、速度、加速度误差系数及其稳态误差。设输入信号为单位阶跃、单位速度和单位加速度，其系统开环传递函数分别如下：

(1) $G(s) = \dfrac{50}{(0.1s+1)(2s+1)}$

(2) $G(s) = \dfrac{K}{s(0.1s+1)(0.5s+1)}$

(3) $G(s) = \dfrac{K}{s^2(s^2+4s+200)}$

(4) $G(s) = \dfrac{K(2s+1)(4s+1)}{s^2(s^2+2s+10)}$

4-2 已知单位反馈控制系统开环传递函数如下,试分别求出当输入信号为 $1(t)$、t 和 t^2 时,系统的稳态误差。

(1) $G(s) = \dfrac{10}{(0.1s+1)(0.5s+1)}$

(2) $G(s) = \dfrac{7(s+1)}{s(s+2)(s^2+2s+2)}$

(3) $G(s) = \dfrac{8(0.5s+1)}{s^2(0.1s+1)}$

4-3 设单位负反馈系统的开环传递函数为 $G(s) = \dfrac{100}{s(0.1s+1)}$,试求当输入信号 $x(t) = (1+t+t^2)$ 时,系统的稳态误差。

4-4 对于题图 4-1 所示系统,试求 $n(t) = 2 \cdot 1(t)$ 时系统的稳态误差。当 $x(t) = t \cdot 1(t)$,$n(t) = -2 \cdot 1(t)$,其稳态误差又是多少?

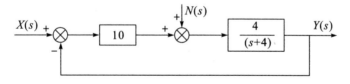

题图 4-1　某系统方块图

4-5 某单位负反馈控制系统的系统方块图如题图 4-2 所示,系统参数均为正值,试计算:

(1) $X(s) = \dfrac{10}{s}$,$N(s) = -\dfrac{2}{s}$ 时系统的稳态误差;

(2) $X(s) = \dfrac{10}{s^2}$,$N(s) = -\dfrac{2}{s}$ 时系统的稳态误差。

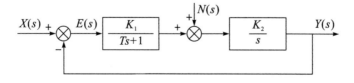

题图 4-2　某系统方块图

4-6 设控制系统如题图 4-3 所示。其中 $G(s) = K_p + \dfrac{K}{s}$，$F(s) = \dfrac{1}{Js}$，输入 $x(t)$ 以及扰动 $n_1(t)$ 和 $n_2(t)$ 均为单位阶跃函数。试求：

（1）在 $x(t)$ 作用下系统的稳态误差；

（2）在 $n_1(t)$ 作用下系统的稳态误差；

（3）在 $n_1(t)$ 和 $n_2(t)$ 同时作用下系统的稳态误差。

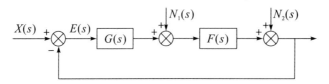

题图 4-3　某系统方块图

4-7 设控制系统如题图 4-4 所示，其中扰动信号 $n(t) = 1(t)$。试问：是否可以选择某一合适的 K_1 值，使系统在扰动作用下的稳态误差值为 $e_{ssN} = -0.99$。

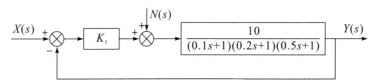

题图 4-4　某系统方块图

4-8 在题图 4-5 所示系统中，输入信号为 $x(t) = at$，式中 a 是一个任意常数。试证明通过适当地调节 K_i 的值，使该系统由速度输入信号引起的稳态误差能达到零。

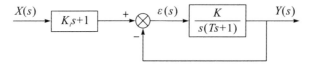

题图 4-5　某系统方块图

4-9 某系统的方块图如题图 4-6 所示。

（1）当输入 $x(t) = 10t \cdot 1(t)$ 时，试求其稳态误差；

（2）当输入 $x(t) = (4+6t+3t^2) \cdot 1(t)$ 时，试求其稳态误差。

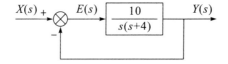

题图 4-6　某系统方块图

CHAPTER 5

控制系统的频率特性

第三章所学习的时域瞬态响应法是分析控制系统性能的直接方法,直观有效,其独立变量为 t,$1(t)$ 为基本输入信号。但如果采用时域瞬态响应法分析高阶系统的性能,不借助计算机其分析是非常繁琐的。频域法是一种工程上广为采用的分析和综合系统的间接方法之一。采用频率特性作为数学模型来分析和设计系统的方法称为频率特性法或频域法。这种方法的独立变量为 ω,$\sin\omega t$ 为基本输入信号。

频率特性法的优点是:(1)频率特性概念具有明确的物理意义,与微分方程、传递函数等一样,也是数学模型的一种。(2)频率特性法的计算量很小,一般都是采用近似的作图方法,简单直观,易于在工程技术界使用。(3)可以通过系统的开环频率特性,用图解的方法间接分析闭环控制系统特性,而开环频率特性是容易绘制或通过实验获得的,这对于机理复杂或机理不明而难以列写微分方程的系统或元件,具有重要的使用价值。(4)系统的频率特性和系统的时域响应之间也存在对应关系,即可以通过系统的频率特性分析系统的稳定性、瞬态性能和稳态性能等。

5.1 频率特性

5.1.1 频率特性基本概念

首先通过一个简单电路例子说明频率特性的概念,分析当输入量为正弦信号时,线性定常系统的稳态输出量是什么样的信号。

例1 如图 5-1 所示的电路网络系统,当系统输入端 $u_i(t)$ 输入正弦信号 $\sin\omega t$ 时,试分析输出端 $u_o(t)$ 的稳态输出量。

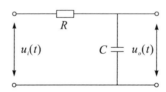

图 5-1 说明正弦输入稳态响应的电路网络

解:根据复阻抗等效性质可知电容的等效复阻抗为 $\dfrac{1}{Cs}$,再根据分压原理列写图示系统的闭环传递函数为:

$$\frac{U_o(s)}{U_i(s)} = \frac{\dfrac{1}{Cs}}{R + \dfrac{1}{Cs}} = \frac{1}{1+RCs} = \frac{1}{1+Ts} \tag{5.1-1}$$

式中,$T = RC$,为时间常数。当输入 $u_i(t) = \sin\omega t$ 时,其拉式变换表达式为 $U_i(s) = \dfrac{\omega}{s^2+\omega^2}$,则

$$U_o(s) = \frac{1}{1+Ts} U_i(s) = \frac{1}{1+Ts} \cdot \frac{\omega}{s^2+\omega^2}$$

根据第二章部分分式展开法的原则,将上式设为

$$U_o(s) = \frac{a}{Ts+1} + \frac{bs+c}{s^2+\omega^2}$$

则有

$$U_o(s) = \frac{as^2+a\omega^2+bTs^2+bs+cTs+c}{(Ts+1)(s^2+\omega^2)} \tag{5.1-2}$$

通分比较系数,可知:

$$a+bT=0$$

$$b+cT=0$$

因此,可以求得

$$a = \left[U_o(s) \times (Ts+1) \right]_{s=-\frac{1}{T}} = \frac{\omega T^2}{1+(\omega T)^2}$$

$$b = -\frac{\omega T}{1+(\omega T)^2}$$

$$c = \frac{\omega}{1+(\omega T)^2}$$

将上述系数分别代入式(5.1-2)中,可以得出:

$$U_o(s) = \frac{\omega T}{1+(\omega T)^2} \cdot \frac{T}{Ts+1} - \frac{\omega T}{1+(\omega T)^2} \cdot \frac{s}{s^2+\omega^2} + \frac{1}{1+(\omega T)^2} \cdot \frac{\omega}{s^2+\omega^2}$$

对上式进行反拉氏变换,可得:

$$u_o(t) = \frac{\omega T}{1+(\omega T)^2} \cdot e^{-\frac{t}{T}} - \frac{\omega T}{1+(\omega T)^2} \cdot \cos\omega t + \frac{1}{1+(\omega T)^2} \cdot \sin\omega t \tag{5.1-3}$$

下图5-2给出了对应的运算关系:

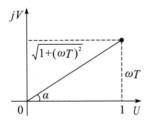

图 5-2　运算示意图

由图中的几何关系可知:

$$\sin\varphi = \frac{\omega T}{\sqrt{1+(\omega T)^2}}, \cos\varphi = \frac{1}{\sqrt{1+(\omega T)^2}}, \tan\varphi = \omega T$$

令

$$|G(j\omega)| = \cos\varphi = \frac{1}{\sqrt{1+(\omega T)^2}}$$

$$\angle G(j\omega) = -\arctan\omega T$$

由上,式(5.1-3)可以化简为如下:

$$u_o(t) = \frac{\omega T}{1+(\omega T)^2} \cdot e^{-\frac{t}{T}} + \frac{1}{\sqrt{(\omega T)^2+1}}(-\sin\varphi \cdot \cos\omega t + \cos\varphi \cdot \sin\omega t)$$

即,

$$u_o(t) = \frac{\omega T}{1+(\omega T)^2} \cdot e^{-\frac{t}{T}} + \frac{1}{\sqrt{(\omega T)^2+1}} \cdot \sin[\omega t - \angle G(j\omega)] \qquad (5.1\text{-}4)$$

将式(5.1-4)进一步化简,可得出:

$$u_o(t) = \left[\frac{\omega T}{1+(\omega T)^2}e^{-\frac{1}{T}t} + |G(j\omega)| \cdot \sin(\omega t + \angle G(j\omega))\right] \cdot 1(t)$$

因此,当 $t\to\infty$ 时,暂态分量 $\dfrac{\omega T}{1+(\omega T)^2}e^{-\frac{1}{T}t}$ 逐渐衰减为 0。稳态时可将上式写为:

$$u_o(\infty) = \lim_{t\to\infty}u_o(t) = |G(j\omega)| \cdot \sin[\omega t + \angle G(j\omega)] \qquad (5.1\text{-}5)$$

由上可知,对于图 5-1 所示的一般电路网络,当输入量为正弦信号 $u_i(t)$ 时,其输出稳定后也是同一频率的正弦信号 $u_o(t)$,并且输出信号的振幅和相位均为输入信号频率的函数。此时,稳态响应的幅值与输入信号的幅值之比 $|G(j\omega)|$ 称为**系统的幅频特性**,$u_o(t)$ 与 $u_i(t)$ 之间的相位移 $\angle G(j\omega)$ 称为**系统的相频特性;幅频特性和相频特性统称为频率特性**,系统对正弦输入的稳态响应称为**频率响应**。在本书后续章节中,**幅频特性统一用 $|G(j\omega)|$ 表示,相频特性用 $\angle G(j\omega)$ 表示**。

对于传递函数 $G(s)$,令 $s=j\omega$ 可以求出系统的频率特性 $G(j\omega)$,它是输入信号频率 ω 的复变量。系统的频率特性表示输入信号为正弦信号时,其输出信号的静态分量与输入信号的关系。然而,频率特性的应用意义远不止这一点,频率特性是重要的数学模型,频率特性不仅可以分析系统的动态性能和稳态精度,判定出系统对其他形式的输入信号的响应情况,而且可以方便地设计系统使其满足预先规定的动态和稳态性能指。

对于一般线性系统,均有类似的性质（对于有些系统在某些频段幅值还会增大,相位会超前）,如图 5-3 所示。当输入正弦信号时,线性系统输出稳定后也是正弦信号,其输出正弦信号的频率与输入正弦信号的频率相同;输出幅值和输出相位按照系统传递函数的不同随着输入正弦信号频率的变化而有规律地变化。

$$\sin(\omega t) \longrightarrow \boxed{\text{系统}} \longrightarrow |G(j\omega)|\sin[\omega t+|G(j\omega)|]$$

图 5-3　系统输入输出关系图

5.1.2 频率特性表示法

以幅频特性 $|G(j\omega)|$ 和相频特性 $\angle G(j\omega)$ 表示频率特性在工程中最为常见。要想用频域法分析综合系统,首先要求出系统的频率特性。频率特性函数可用以下方法求取:

（1）如果已知系统的微分方程，可将输入变量以正弦函数代入，求系统的输出变量的稳态解，输出变量的稳态解与输入正弦函数的复数比即为系统的频率特性函数。

（2）如果已知系统的传递函数，可将系统传递函数中的 s 代之以 $j\omega$，即得到系统的频率特性函数。

系统的频率特性函数 $G(j\omega)$ 是一种复变函数，可以写成实部与虚部的叠加式、指数表示法或者三角表示法。

（1）实部与虚部的叠加式

复变量 $G(j\omega)$ 可表示成如下形式：

$$G(j\omega) = U(\omega) + jV(\omega) \tag{5.1-6}$$

式中，$U(\omega)$ 是 $G(j\omega)$ 的实部，又称为实频特性；$V(\omega)$ 是 $G(j\omega)$ 的虚部，又称为虚频特性。

相角 $\angle G(j\omega)$ 为：

$$\angle G(j\omega) = \begin{cases} \arctan \dfrac{V(\omega)}{U(\omega)} & U(\omega) > 0 \\[4mm] \pi + \arctan \dfrac{V(\omega)}{U(\omega)} & U(\omega) < 0 \end{cases} \tag{5.1-6}$$

相角 $\angle G(j\omega)$ 其实是一类多值函数。为方便起见，在计算一些基本环节时，一般取 $-180° \le \angle G(j\omega) \le 180°$。

（2）指数表示法

频率特性函数也可表示为如下包含幅频特性 $\angle G(j\omega)$ 和相频特性 $\angle G(j\omega)$ 的指数形式。这种表示对应复数的矢量表示法。

$$G(j\omega) = |G(j\omega)| e^{j\angle G(j\omega)} \tag{5.1-8}$$

$$\begin{cases} |G(j\omega)| = \sqrt{[U(\omega)]^2 + [V(\omega)]^2} \\[4mm] \angle G(j\omega) = \arctan\left[\dfrac{V(\omega)}{U(\omega)}\right] \end{cases} \tag{5.1-9}$$

这里需要指出，对应每个确定的 ω，都存在一个确定的相角 $\angle G(j\omega)$。

（3）三角表示法

另外，频率特性函数还可仿照复数的三角表示法，表示成

$$\begin{cases} U(\omega) = |G(j\omega)| \cdot \cos \angle G(j\omega) \\[2mm] V(\omega) = |G(j\omega)| \cdot \sin \angle G(j\omega) \\[2mm] G(j\omega) = U(\omega) + jV(\omega) = |G(j\omega)| \cdot [\cos \angle G(j\omega) + j\sin \angle G(j\omega)] \end{cases} \tag{5.1-10}$$

以上各个量可以在下图 5-4 所示的矢量图中表示出来。

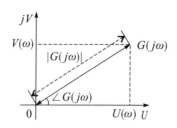

图 5-4　频率特性矢量图

例2 求 $G(j\omega)=\dfrac{5}{30j\omega+1}$ 的实频特性 $U(\omega)$、虚频特性 $V(\omega)$、幅频特性 $|G(j\omega)|$ 和相频特性 $\angle G(j\omega)$。

解：对式 $G(j\omega)$ 进行整理，可以写为：

$$G(j\omega)=\frac{5}{30j\omega+1}=\frac{5(1-30j\omega)}{(30j\omega+1)(1-30j\omega)}=\frac{5}{1+(30\omega)^2}-j\frac{150\omega}{1+(30\omega)^2}$$

由上式，可知实频特性 $U(\omega)$、虚频特性 $V(\omega)$ 为：

$$U(\omega)=\frac{5}{1+900\omega^2},\ V(\omega)=-\frac{150\omega}{1+900\omega^2}$$

按公式（5.1-9），可得幅频特性 $|G(j\omega)|$ 和相频特性 $\angle G(j\omega)$ 为：

$$|G(j\omega)|=\sqrt{[U(\omega)]^2+[V(\omega)]^2}=\frac{5}{\sqrt{1+900\omega^2}}$$

$$\angle G(j\omega)=\arctan\frac{V(\omega)}{U(\omega)}=\arctan(-30\omega)=-\arctan(30\omega)$$

例3 试求 $G(j\omega)=\dfrac{K}{j\omega(T_1j\omega+1)(T_2j\omega+1)}$ 的幅频特性和相频特性。

解：上述函数 $G(j\omega)$ 可以写为如下三个简单函数频率特性乘积的形式：

$$G(j\omega)=G_1(j\omega)G_2(j\omega)G_3(j\omega)=\frac{K}{j\omega}\cdot\frac{1}{(T_1j\omega+1)}\cdot\frac{1}{(T_2j\omega+1)}$$

分别写出各个函数实部与虚部的叠加式，可得：

$$G_1(j\omega)=\frac{K}{j\omega}=\frac{Kj}{j\omega j}=0-j\frac{K}{\omega}$$

$$G_2(j\omega)=\frac{1}{(T_1j\omega+1)}=\frac{(1-T_1j\omega)}{(1+T_1j\omega)(1-T_1j\omega)}=\frac{1}{1+(T_1\omega)^2}-j\frac{T_1\omega}{1+(T_1\omega)^2}$$

$$G_3(j\omega)=\frac{1}{(T_2j\omega+1)}=\frac{(1-T_2j\omega)}{(1+T_2j\omega)(1-T_2j\omega)}=\frac{1}{1+(T_2\omega)^2}-j\frac{T_2\omega}{1+(T_2\omega)^2}$$

由上式 $U(\omega)$、$V(\omega)$ 进一步可得相应各个函数的 $|G(j\omega)|$ 和 $\angle G(j\omega)$ 的表达式：

$$\begin{cases} |G_1(j\omega)| = \sqrt{[U_1(\omega)]^2 + [V_1(\omega)]^2} = \dfrac{K}{\omega} \\[3mm] \angle G_1(j\omega) = \arctan \dfrac{V_1(\omega)}{U_1(\omega)} = \arctan \dfrac{-\dfrac{K}{\omega}}{0} = -\dfrac{\pi}{2} \end{cases}$$

$$\begin{cases} |G_2(j\omega)| = \sqrt{[U_2(\omega)]^2 + [V_2(\omega)]^2} = \dfrac{1}{\sqrt{1+(T_1\omega)^2}} \\[3mm] \angle G_2(j\omega) = \arctan \dfrac{V_2(\omega)}{U_2(\omega)} = \arctan(-T_1\omega) = -\arctan(T_1\omega) \end{cases}$$

$$\begin{cases} |G_3(j\omega)| = \sqrt{[U_3(\omega)]^2 + [V_3(\omega)]^2} = \dfrac{1}{\sqrt{1+(T_2\omega)^2}} \\[3mm] \angle G_3(j\omega) = \arctan \dfrac{V_3(\omega)}{U_3(\omega)} = \arctan(-T_2\omega) = -\arctan(T_2\omega) \end{cases}$$

由上式可以求出：

$$\begin{aligned} G(j\omega) &= G_1(j\omega)G_2(j\omega)G_3(j\omega) \\ &= |G_1(j\omega)| \cdot |G_2(j\omega)| \cdot |G_3(j\omega)| \cdot e^{j\angle G_1(j\omega) + j\angle G_2(j\omega) + j\angle G_3(j\omega)} \\ &= K\frac{1}{\omega}e^{j(-\frac{\pi}{2})} \cdot \frac{1}{\sqrt{(T_1\omega)^2+1}}e^{j(-\arctan T_1\omega)} \cdot \frac{1}{\sqrt{(T_2\omega)^2+1}}e^{j(-\arctan T_2\omega)} \\ &= \frac{K}{\omega\sqrt{(T_1\omega)^2+1}\sqrt{(T_2\omega)^2+1}}e^{j(-\frac{\pi}{2}-\arctan T_1\omega - \arctan T_2\omega)} \end{aligned}$$

因此，$G(j\omega) = \dfrac{K}{j\omega(T_1 j\omega+1)(T_2 j\omega+1)}$ 的幅频特性 $|G(j\omega)|$ 为：

$$|G(j\omega)| = \frac{K}{\omega\sqrt{(T_1\omega)^2+1}\sqrt{(T_2\omega)^2+1}}$$

相频特性 $\angle G(j\omega)$ 为：

$$\angle G(j\omega) = -\frac{\pi}{2} - \arctan T_1\omega - \arctan T_2\omega$$

例 4 某系统传递函数为 $\dfrac{7}{3s+2}$，当输入为 $\dfrac{1}{7}\sin\left(\dfrac{2}{3}t+45°\right)$ 时，求系统的稳态输出。

解：令 $s=j\omega$ 可以求出系统的频率特性 $G(j\omega)$。因此，

$$G(j\omega) = \frac{7}{3j\omega+2}$$

将上式进行整理，分子分母同乘 $(2-3j\omega)$，有：

$$G(j\omega) = \frac{7(2-3j\omega)}{(2+3j\omega)(2-3j\omega)} = 7\left[\frac{2}{4+9\omega^2} - j\frac{3\omega}{4+9\omega^2}\right]$$

由此，可知实频特性 $U(\omega)$、虚频特性 $V(\omega)$ 为：

$$U(\omega) = \frac{14}{4+9\omega^2}$$

$$V(\omega) = -\frac{21\omega}{4+9\omega^2}$$

进一步可得,系统的幅频特性$|G(j\omega)|$和相频特性$\angle G(j\omega)$为:

$$|G(j\omega)| = \frac{7}{\sqrt{(3\omega)^2+4}}$$

$$\angle G(j\omega) = -\arctan\frac{3\omega}{2}$$

最后,得出输出为:

$$y(t) = \frac{1}{7}|G(j\omega)|\sin\left(\frac{2}{3}t + \angle G(j\omega) + 45°\right)$$

根据输入与输出同频的特征,$\omega = \frac{2}{3}$,将其代入上式并进行计算,故稳态输出为:

$$y(t) = \frac{\sqrt{2}}{4}\sin\left(\frac{2}{3}t\right)$$

5.2 频率响应的极坐标图

5.2.1 极坐标图的定义

当系统的传递函数$G(s)$较为复杂时,其频率特性$G(j\omega)$的代数式也比较复杂,使用起来很不方便。实际应用中,我们可采用图形表示法(如极坐标图),直观地表示$G(j\omega)$的幅值和相角随频率ω的变化情况。

在复平面上,可以用一个点或一个矢量表示一个复数。以ω为变量,画出频率特性$G(j\omega)$随ω由$0 \to \infty$变化的轨迹,这个图形就称为频率特性的极坐标图,或称为乃氏图(乃奎斯特$Nyquist$图),此平面称为$G(s)$的复平面。

以上一节例5.1-3的例题说明如何绘制系统的乃氏图。对一个具体的问题来说,首先需要求出其传递函数,然后根据频率特性$G(j\omega)$的指数式、三角式或实部与虚部相加的代数式,找出$\omega=0$以及$\omega \to \infty$时$G(j\omega)$的位置,再之后结合另外的一两、二两个点或关键点,将它们用平滑的曲线连接并标上ω的变化情况,就成为了极坐标简图。

由上节可知,$G(j\omega) = \dfrac{K}{j\omega(T_1 j\omega+1)(T_2 j\omega+1)}$的频率特性如下:

$$\begin{cases} |G(j\omega)| = \dfrac{K}{\omega\sqrt{(T_1\omega)^2+1}\sqrt{(T_2\omega)^2+1}} \\[3mm] \angle G(j\omega) = -\dfrac{\pi}{2} - \arctan T_1\omega - \arctan T_2\omega \end{cases}$$

因此，

当 $\omega=0$ 时，$|G(j0)|=\infty$，$\angle G(j\omega)=-90°$

当 $\omega\to\infty$ 时，$|G(j\infty)|=0$，$\angle G(j\infty)=-270°$

可以结合另外的关键点，列写 $|G(j\omega_1)|\sim|G(j\omega_4)|$ 的变化，即可以绘制出如图 5-5 所示的极坐标图。

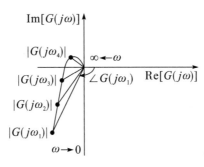

图 5-5　极坐标简图

绘制极坐标简图的主要依据是相频特性 $\angle G(j\omega)$，同时参考实频特性、虚频特性和幅频特性。极坐标图可以在一张图上较易表达出全部频率范围内的频率特性，利用图形对系统进行定性分析，但是不能明显地表示出各个环节对系统的影响和作用。

下面首先介绍基本环节的频率特性。

5.2.2 典型环节的极坐标图（乃氏图）

（1）比例环节

比例环节的传递函数为

$$G(s)=K \tag{5.2-1}$$

则对应频率特性为

$$G(j\omega)=K=K+j0 \tag{5.2-2}$$

实频特性

$$U(\omega)=K \tag{5.2-3}$$

虚频特性

$$V(\omega)=0 \tag{5.2-4}$$

幅频特性

$$|G(j\omega)|=K \tag{5.2-5}$$

相频特性

$$\angle G(j\omega)=0° \tag{5.2-6}$$

由以上可列出下表5-1。

表5-1　比例环节的频率特性

ω	$|G(j\omega)|$	$\angle G(j\omega)$	$U(\omega)$	$V(\omega)$
0	K	0	K	0
1	K	0	K	0
∞	K	0	K	0

该环节的乃氏图,如图5-6所示,为实轴上的一个点。

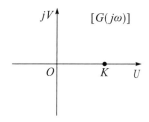

图5-6　比例环节乃氏图

（2）积分环节

由前述章节可知,积分环节的传递函数为

$$G(s) = \frac{1}{s} \tag{5.2-7}$$

则对应的频率特性为

$$G(j\omega) = \frac{1}{j\omega} = 0 - j\frac{1}{\omega} \tag{5.2-8}$$

实频特性

$$U(j\omega) = 0 \tag{5.2-9}$$

虚频特性

$$V(j\omega) = -\frac{1}{\omega} \tag{5.2-10}$$

幅频特性

$$|G(j\omega)| = \sqrt{\left(\frac{1}{\omega}\right)^2 + 0^2} = \frac{1}{\omega} \tag{5.2-11}$$

相频特性

$$\angle G(j\omega) = \arctan\frac{V(\omega)}{U(\omega)} = \arctan\frac{-\frac{1}{\omega}}{0} = -\frac{\pi}{2} \tag{5.2-12}$$

由以上可列出下表5-2。

表5-2　积分环节的频率特性

ω	$|G(j\omega)|$	$\angle G(j\omega)$	$U(j\omega)$	$V(j\omega)$
0	∞	$-90°$	0	$-\infty$
1	1	$-90°$	0	-1
∞	0	$-90°$	0	0

该环节的乃氏图如图5-7所示,为虚轴负半轴上的一条线。

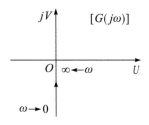

图5-7　积分环节乃氏图

（3）微分环节

微分环节的传递函数为

$$G(s)=s \tag{5.2-13}$$

则对应频率特性为

$$G(j\omega)=j\omega=0+j\omega \tag{5.2-14}$$

实频特性

$$U(j\omega)=0 \tag{5.2-15}$$

虚频特性

$$V(j\omega)=\omega \tag{5.2-16}$$

幅频特性

$$|G(j\omega)|=\sqrt{\omega^2+0^2}=\omega \tag{5.2-17}$$

相频特性

$$\angle G(j\omega)=\arctan\frac{V(\omega)}{U(\omega)}=\arctan\frac{\omega}{0}=\frac{\pi}{2} \tag{5.2-18}$$

由以上可列出下表5-3。

表5-3　微分环节的频率特性

ω	$\lvert G(j\omega) \rvert$	$\angle G(j\omega)$	$U(j\omega)$	$V(j\omega)$
0	0	90°	0	0
1	1	90°	0	1
∞	∞	90°	0	∞

该环节的乃氏图如图5-8所示,为虚轴正半轴上的一条线。

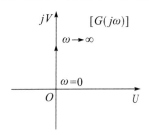

图5-8　微分环节乃氏图

（4）一阶惯性环节

一阶惯性环节的传递函数为

$$G(s) = \frac{1}{Ts+1} \tag{5.2-19}$$

则对应频率特性为

$$G(j\omega) = \frac{1}{j\omega T+1} = \frac{1}{1+(T\omega)^2} - j\frac{T\omega}{1+(T\omega)^2} \tag{5.2-20}$$

实频特性

$$U(j\omega) = \frac{1}{1+(T\omega)^2} \tag{5.2-21}$$

虚频特性

$$V(j\omega) = -\frac{T\omega}{1+(T\omega)^2} \tag{5.2-22}$$

幅频特性

$$\lvert G(j\omega) \rvert = \sqrt{[U(\omega)]^2 + [V(\omega)]^2} = \frac{1}{\sqrt{1+(T\omega)^2}} \tag{5.2-23}$$

相频特性

$$\angle G(j\omega) = \arctan\frac{V(\omega)}{U(\omega)} = \arctan(-T\omega) = -\arctan(T\omega) \tag{5.2-24}$$

由以上可列出下表5-4。

表 5-4 一阶惯性环节的频率特性

ω	$\|G(j\omega)\|$	$\angle G(j\omega)$	$U(j\omega)$	$V(j\omega)$
0	1	0	1	0
$\dfrac{1}{T}$	$\dfrac{\sqrt{2}}{2}$	$-45°$	$\dfrac{1}{2}$	$-\dfrac{1}{2}$
∞	0	$-90°$	0	0

该环节的乃氏图是圆心在$(1/2,0)$、半径为$1/2$的圆,如图5-9所示。

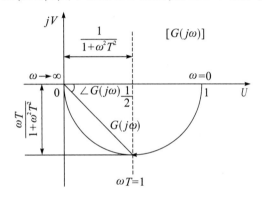

图 5-9 一阶惯性环节乃氏图

（5）二阶振荡环节

二阶振荡环节的传递函数为

$$G(s)=\frac{1}{T^2s^2+2\xi Ts+1} \tag{5.2-25}$$

则对应频率特性为

$$
\begin{aligned}
G(j\omega) &= \frac{1}{T^2\,(j\omega)^2+2\xi T(j\omega)+1}=\frac{1}{1-T^2\omega^2+j2\xi T\omega} \\
&= \frac{(1-T^2\omega^2)-(2\xi Tj\omega)}{\left[(1-T^2\omega^2)+(2\xi Tj\omega)\right]\left[(1-T^2\omega^2)-(2\xi Tj\omega)\right]} \\
&= \frac{(1-T^2\omega^2)}{(1-T^2\omega^2)^2+(2\xi T\omega)^2}-j\frac{2\xi T\omega}{(1-T^2\omega^2)^2+(2\xi T\omega)^2}
\end{aligned} \tag{5.2-26}
$$

实部为$\dfrac{(1-T^2\omega^2)}{(1-T^2\omega^2)^2+(2\xi T\omega)^2}$,于是实频特性为

$$U(j\omega)=\frac{(1-T^2\omega^2)}{(1-T^2\omega^2)^2+(2\xi T\omega)^2} \tag{5.2-27}$$

虚部为$-\dfrac{2\xi T\omega}{(1-T^2\omega^2)^2+(2\xi T\omega)^2}$,于是虚频特性为

$$V(j\omega) = -\frac{2\xi T\omega}{(1-T^2\omega^2)^2+(2\xi T\omega)^2} \tag{5.2-28}$$

幅频特性

$$|G(j\omega)| = \sqrt{[U(\omega)]^2+[V(\omega)]^2} = \frac{1}{\sqrt{(1-T^2\omega^2)^2+(2\xi T\omega)^2}} \tag{5.2-29}$$

相频特性

$$\angle G(j\omega) = \arctan\frac{V(\omega)}{U(\omega)} = \begin{cases} -\arctan\dfrac{2\xi T\omega}{1-T^2\omega^2}, & \omega \leqslant \dfrac{1}{T} \\ -\pi-\arctan\dfrac{2\xi T\omega}{1-T^2\omega^2}, & \omega > \dfrac{1}{T} \end{cases} \tag{5.2-30}$$

由以上可列出下表5-5。

表5-5 二阶振荡环节的频率特性

ω	$|G(j\omega)|$	$\angle G(j\omega)$	$U(j\omega)$	$V(j\omega)$
0	1	0	1	0
$\dfrac{1}{T}$	$\dfrac{1}{2\xi}$	$-90°$	0	$-\dfrac{1}{2\xi}$
∞	0	$-180°$	0	0

该环节的乃氏图如图5-10所示。

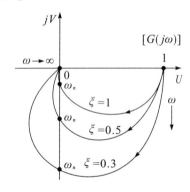

图5-10　二阶振荡环节乃氏图

由图5-10可知,频率特性曲线开始于正实轴的点$(1,j0)$,顺时针经过第四象限后与虚轴相交于点$\left(0,-\dfrac{j}{2\xi}\right)$。之后图形进入第三象限,在原点与负实轴相切并终止于坐标原点。

（6）延迟环节

延迟环节的传递函数为

$$G(s) = e^{-\tau s} \tag{5.2-31}$$

则对应频率特性为

$$G(j\omega) = e^{-j\omega t} = \cos\omega T - j\sin\omega T \tag{5.2-32}$$

实频特性

$$U(j\omega) = \cos\omega T \tag{5.2-33}$$

虚频特性

$$V(j\omega) = -\sin\omega T \tag{5.2-34}$$

幅频特性

$$|G(j\omega)| = \sqrt{(\cos\omega T)^2 + (-\sin\omega T)^2} = 1 \tag{5.2-35}$$

相频特性

$$\angle G(j\omega) = \arctan\frac{V(\omega)}{U(\omega)} = \arctan\frac{-\sin\omega T}{\cos\omega T} = -\omega T \tag{5.2-36}$$

由以上可列出下表5-6。

表5-6 延迟环节的频率特性

ω	$|G(j\omega)|$	$\angle G(j\omega)$	$U(j\omega)$	$V(j\omega)$
0	1	0	1	0
$\dfrac{1}{T}$	1	−1	$cos1$	$-sin1$
∞	1	∞	—	—

该环节的乃氏图为单位圆,如图5-11所示。随着 ω 从0变化到 ∞,其乃氏图沿单位圆顺时针转无穷多圈。

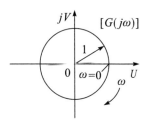

图5-11 延迟环节乃氏图

5.2.3 乃氏图的一般作图方法

由以上典型环节乃氏图的绘制,大致可归纳乃氏图的一般作图方法如下:

(1) 将其拆分为不同的典型环节,写出 $|G(j\omega)|$ 和 $\angle G(j\omega)$ 的表达式;

(2) 分别求出 $\omega = 0$ 和 $\omega \to +\infty$ 时的 $G(j\omega)$;

(3) 求乃氏图与实轴的交点,交点可利用 $Im[G(j\omega)] = 0$ 的关系式求出,也可以利用关系式 $\angle G(j\omega) = n \cdot 180°$(其中 n 为整数)求出;

(4) 求乃氏图与虚轴的交点,交点可利用 $Re[G(j\omega)]=0$ 的关系式求出,也可以利用关系式 $\angle G(j\omega)=n\cdot90°$(其中 n 为奇数)求出;

(5) 必要时画出乃氏图中间几点;

(6) 勾画出大致曲线。

例1 画出 $G(j\omega)=\dfrac{e^{-j\omega\tau}}{j\omega T+1}$ 的乃氏图。

解:(1) 写出 $|G(j\omega)|$ 和 $\angle G(j\omega)$ 的表达式:

由于该传递函数是由延迟环节和一阶惯性环节组成的,因此可得:

$$|G(j\omega)|=\dfrac{1}{\sqrt{(\omega T)^2+1}}$$

$$\angle G(j\omega)=-\omega T-\arctan(\omega T)$$

(2) 分别求出 $\omega=0$ 和 $\omega\to+\infty$ 时的 $G(j\omega)$:

令 $\omega=0$,则 $G(j0)=1\angle0°$;令 $\omega\to+\infty$,则 $G(j\infty)=0\angle-\infty$。

(3) 勾画出大致曲线,如图 5-12 所示:

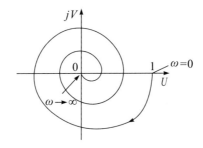

图 5-12　传递函数的乃氏图

例2 画出 $G(j\omega)=\dfrac{1}{j\omega(j\omega+1)(2j\omega+1)}$ 的乃氏图。

解:(1) 写出 $|G(j\omega)|$ 和 $\angle G(j\omega)$ 的表达式:

由于该传递函数是由积分环节和两个一阶惯性环节组成的,因此可得

$$|G(j\omega)|=\dfrac{1}{\omega\sqrt{\omega^2+1}\sqrt{(2\omega)^2+1}}$$

$$\angle G(j\omega)=-90°-\arctan\omega-\arctan(2\omega)$$

(2) 分别求出 $\omega=0$ 和 $\omega\to+\infty$ 时的 $G(j\omega)$:

令 $\omega=0$,则 $G(j0)=\infty\angle-90°$;令 $\omega\to+\infty$,则 $G(j\infty)=0\angle-270°$。

(3) 求乃氏图与实轴的交点:

由频率特性表达式可知,其相角范围从 $-90°\sim-270°$,因此必与负实轴有交点。

令 $\angle G(j\omega)=-90°-\arctan\omega-\arctan(2\omega)=-180°$,得到

$$\arctan(2\omega)=90°-\arctan\omega$$

两边同时取正切,得

$$\tan\left[\,\arctan(2\omega)\,\right]=\tan(90^\circ-\arctan\omega)$$

由于 $\tan\left(\dfrac{\pi}{2}-\alpha\right)=cot\alpha$,因此有:

$$2\omega=\cot(\arctan\omega)=\frac{1}{\omega}\Rightarrow\omega^2=\frac{1}{2}\Rightarrow\omega=\sqrt{\frac{1}{2}}=0.707$$

于是求出,$\omega=0.707$ 为 $Nyquist$ 曲线与负实轴交点的频率。

接下来,代入幅值方程得:

$$|\,G(j0.707)\,|=\frac{1}{0.707\sqrt{0.707^2+1}\sqrt{(2\times0.707)^2+1}}=0.67$$

此为曲线与负实轴的交点到原点的距离。

(4)勾画出大致曲线,如图 5-13 所示:

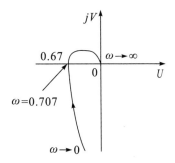

图 5-13 传递函数的乃氏图

例3 画出 $G(j\omega)=\dfrac{1}{(j\omega+1)(2j\omega+1)}$ 的乃氏图。

解:(1)写出 $|\,G(j\omega)\,|$ 和 $\angle G(j\omega)$ 的表达式:

$$|\,G(j\omega)\,|=\frac{1}{\sqrt{\omega^2+1}\sqrt{(2\omega)^2+1}}$$

$$\angle G(j\omega)=-\arctan\omega-\arctan(2\omega)$$

(2)分别求出 $\omega=0$ 和 $\omega\rightarrow+\infty$ 时的 $G(j\omega)$:

令 $\omega=0$,则 $G(j0)=1\angle0^\circ$;令 $\omega\rightarrow+\infty$,则 $G(j\infty)=0\angle-180^\circ$。

(3)求乃氏图与虚轴的交点:

由频率特性表达式可知,其相角范围从 $0^\circ\sim-180^\circ$,因此必与负虚轴有交点。

令 $\angle G(j\omega)=-\arctan\omega-\arctan(2\omega)=-90^\circ$,得:

$$\arctan(2\omega)=90^\circ-\arctan\omega$$

两边同时取正切,得:

$$\tan\left[\,\arctan(2\omega)\,\right]=\tan(90^\circ-\arctan\omega)$$

由于 $\tan\left(\dfrac{\pi}{2}-\alpha\right)=\cot\alpha$,因此有:

$$2\omega = \cot(\arctan\omega) = \frac{1}{\omega} \Rightarrow \omega^2 = \frac{1}{2} \Rightarrow \omega = \sqrt{\frac{1}{2}} = 0.707$$

于是求出，$\omega = 0.707$ 为 $Nyquist$ 曲线与负虚轴交点的频率。

接下来，代入幅值方程得：

$$|G(j0.707)| = \frac{1}{\sqrt{0.707^2+1}\sqrt{(2\times0.707)^2+1}} = 0.47$$

此为曲线与负虚轴的交点到原点的距离。

（4）勾画出大致曲线，如图 5-14 所示：

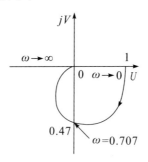

图 5-14   传递函数的乃氏图

例 4   画出 $G(j\omega) = \dfrac{K}{Tj\omega-1}$ 的乃氏图。

解：（1）写出 $|G(j\omega)|$ 和 $\angle G(j\omega)$ 的表达式：

$$G(j\omega) = \frac{K}{j\omega T-1} = \frac{K(j\omega T+1)}{(j\omega T-1)(j\omega T+1)} = \frac{K(j\omega T+1)}{(\omega T)^2-1} = \frac{j\omega TK}{(\omega T)^2-1} + \frac{K}{(\omega T)^2-1}$$

实频特性为

$$U(j\omega) = \frac{K}{(\omega T)^2-1}$$

虚频特性为

$$V(j\omega) = \frac{\omega TK}{(\omega T)^2-1}$$

幅频特性为

$$|G(j\omega)| = \frac{K}{\sqrt{(T\omega)^2+1}}$$

相频特性为

$$\angle G(j\omega) = \arctan\frac{V(\omega)}{U(\omega)} = \begin{cases} \arctan(\omega T), & \omega \leqslant \dfrac{1}{T} \\[3mm] -\pi+\arctan(\omega T), & \omega > \dfrac{1}{T} \end{cases}$$

（2）分别求出 $\omega=0$ 和 $\omega\rightarrow+\infty$ 时的 $G(j\omega)$：

令 $\omega = 0$，则 $G(j0) = K\angle -180°$；令 $\omega \rightarrow +\infty$，$G(j\infty) = 0\angle -90°$。

（3）勾画出大致曲线，如图 5-15 所示：

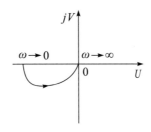

图 5-15 传递函数乃氏图

5.2.4 乃氏图大致规律

机电系统的开环频率特性一般可表示如下

$$G(j\omega) = \frac{b_0(j\omega)^m + b_1(j\omega)^{m-1} + \cdots + b_{m-1}j\omega + b_m}{a_0(j\omega)^n + a_1(j\omega)^{n-1} + \cdots + a_{n-1}j\omega + a_n}(m<n)$$

$$= \frac{K(j\omega\tau_1+1)(j\omega\tau_2+1)\cdots}{(j\omega)^\lambda(j\omega T_1+1)(j\omega T_2+1)\cdots}$$

(5.2-37)

当 $\lambda = 0$ 时，称为 0 型系统，系统起始于正实轴；

当 $\lambda = 1$ 时，称为 Ⅰ 型系统，系统起始于相角 $-90°$ 的无穷远处；

当 $\lambda = 2$ 时，称为 Ⅱ 型系统，系统起始于相角 $-180°$ 的无穷远处。

……

由 5.2.2 节典型环节幅频及相频特性公式，可得

$$|G(j\omega)| = \frac{K\sqrt{1+(\omega\tau_1)^2}\sqrt{1+(\omega\tau_2)^2}\cdots}{\omega^\lambda\sqrt{1+(\omega T_1)^2}\sqrt{1+(\omega T_2)^2}\cdots}$$

(5.2-38)

$$\angle G(j\omega) = \lambda\left(-\frac{\pi}{2}\right) + (arctg\omega\tau_1 + arctg\omega\tau_2 + \cdots) - (arctg\omega T_1 + arctg\omega T_2 + \cdots)$$

(5.2-39)

可见，对于零、极点均不在右半平面的系统，当 $K>0$ 时，0 型系统的乃氏图始于正实轴的有限值处，即始于 $(K,j0)$ 点。其他型次系统的乃氏图始于无穷远处，其中，Ⅰ 型系统始于相角为 $-90°$ 的无穷远处，Ⅱ 型系统始于相角为 $-180°$ 的无穷远处，如图 5-16 所示。

（1）低频段

当 $\omega \rightarrow 0$ 时，式（5.2-37）将按幅频特性式（5.2-38）和相频特性式（5.2-39）描述，可以写为：

$$G(j\omega) = \frac{K}{\omega^\lambda} \angle \lambda\left(-\frac{\pi}{2}\right)$$

若，

$\lambda = 0$，则 $G(j\omega) = K\angle 0$

$$\lambda = 1, G(j\omega) = \frac{K}{\omega} \angle\left(-\frac{\pi}{2}\right) \rightarrow \begin{cases} \omega = 0, G(j\omega) = \infty \angle\left(-\frac{\pi}{2}\right) \\ \omega \rightarrow 0, \text{渐进于平行于负虚轴的线段} \end{cases}$$

$$\lambda = 2, G(j\omega) = \frac{K}{\omega^2} \angle(-\pi) \rightarrow \begin{cases} \omega = 0, G(j\omega) = \infty \angle(-\pi) \\ \omega \rightarrow 0, \text{渐进于平行于负实轴的线段} \end{cases}$$

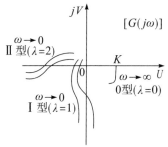

图 5-16　乃氏图低频段

（2）高频段

通常,机电系统频率特性分母的阶次大于分子的阶次,故当 $\omega \rightarrow \infty$ 时,乃氏图曲线终止于坐标原点处;而当频率特性分母的阶次等于分子的阶次时,当 $\omega \rightarrow \infty$ 时,乃氏图曲线终止于坐标实轴上的有限值处。

当 $\omega \rightarrow \infty$ 时,式(5.2-37)将按幅频特性式(5.2-38)和相频特性式(5.2-39)描述,可以写为:

$$G(j\omega) \approx \frac{K\tau_1\tau_2\cdots\omega^m}{T_1 T_2\cdots\omega^n} \angle\left(m\frac{\pi}{2} - n\frac{\pi}{2}\right)$$

$$\approx \frac{K\tau_1\tau_2\cdots}{T_1 T_2\cdots\omega^{n-m}} \angle(n-m)\left(-\frac{\pi}{2}\right)$$

当 $n > m$ 时, $|G(j\omega)| = 0$;

当 $n = m$ 时, $|G(j\omega)| = \dfrac{K\tau_1\tau_2\cdots}{T_1 T_2\cdots}$,乃氏图如图 5-17 所示。

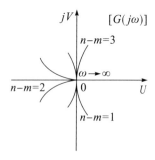

图 5-17　乃氏图高频段

例5　已知 $G(j\omega) = \dfrac{K(j\omega\tau + 1)}{(j\omega)^2(j\omega T_1 + 1)(j\omega T_2 + 1)}$ ($\tau > T_1 > T_2$),分别对其低频段与高频段进行分析,

并绘制相应乃氏图。

解：（1）写出 $|G(j\omega)|$ 和 $\angle G(j\omega)$ 的表达式：

$$|G(j\omega)| = \frac{K\sqrt{1+(\omega\tau)^2}}{\omega^2\sqrt{1+(\omega T_1)^2}\sqrt{1+(\omega T_2)^2}}$$

$$\angle G(j\omega) = 2\times\left(-\frac{\pi}{2}\right) + \arctan\omega\tau - (\arctan\omega T_1 + \arctan\omega T_2)$$

（2）分别求出 $\omega=0$ 和 $\omega\to+\infty$ 时的 $G(j\omega)$；

低频段：
$$|G(j\omega)| = \infty$$
$$\angle G(j\omega) = -\pi+\tau-(T_1+T_2)\ ;$$

高频段：
$$|G(j\omega)| = 0$$
$$\angle G(j\omega) = -(n-m)\frac{\pi}{2} = -\frac{3\pi}{2}$$

若 $\begin{matrix}\tau-(T_1+T_2)>0 \quad \angle G(j\omega)=-\pi+\Delta\\ \tau-(T_1+T_2)<0 \quad \angle G(j\omega)=-\pi-\Delta\end{matrix}$，可得：

低频段：$\tau-(T_1+T_2)>0 \quad \angle G(j\omega)=-\pi+\Delta$，可得：
$$|G(j\omega)| = \infty$$
$$\tau-(T_1+T_2)<0 \quad \angle G(j\omega)=-\pi-\Delta$$

高频段：
$$|G(j\omega)| = 0$$
$$\angle G(j\omega) = -(n-m)\frac{\pi}{2} = -\frac{3\pi}{2}$$

（3）求乃氏图与实轴的交点：

$\tau-(T_1+T_2)>0$ 时，令 $\angle G(j\omega)=-180°$，可以得到曲线与负实轴的交点。

（4）绘制相应乃氏图如下：

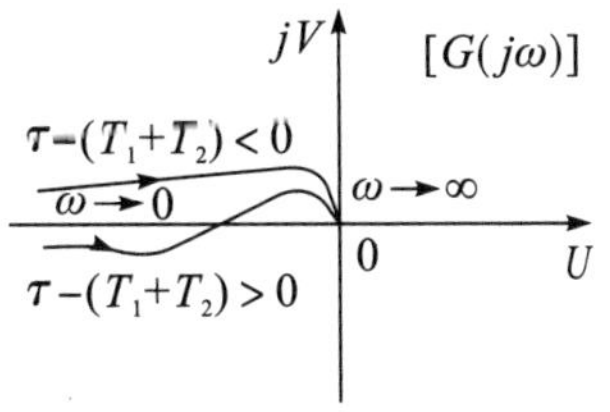

图 5-18 系统的乃氏图

5.3 频率响应的对数坐标图

5.3.1 伯德图的定义

频率特性的对数坐标图又称为伯德（Bode）图或对数频率特性图。伯德图易绘制，从图形上能看出某些参数变化和某些环节对系统性能的影响,故它在频率特性法中成为应用得最广的图示法。

伯德图包括**幅频特性图和相频特性图,分别表示频率特性的幅值和相角与角频率之间的关系**。图的横坐标都是角频率 $\omega(rad/s)$ 采用对数分度,即横轴上标示的是角频率 ω,但它的长度实际上是 $lg\omega$。

幅频特性的坐标图如图 5-19 所示。

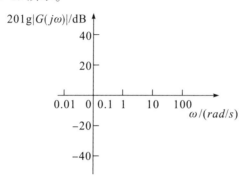

图 5-19 幅频特性坐标

伯德图幅值所用的单位为分贝(dB)定义为:

$$n(dB) = 20\lg N$$

纵坐标表示 $20\lg|G(j\omega)|$,可记 $L(\omega) = 20\lg|G(j\omega)|$,单位为 dB(分贝),采用**线性分度**。纵轴上 0dB 表示 $|G(j\omega)| = 1$,纵轴上无 $|G(j\omega)| = 0$ 的点。

相频特性的坐标如图 5-20 所示。

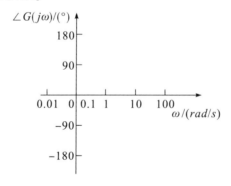

图 5-20 相频特性坐标

相频特性图纵坐标为 $\angle G(j\omega)$,单位为 rad,线性分度。因为纵坐标是线性分度,横坐标为对数分度。所以 Bode 图是绘制在单对数坐标纸上的。两种图按频率上下对齐,容易看出同一频率时的幅值和相角。

频率从 ω 变到 2ω 的频带宽度称为 2 倍频程。频率由 ω 变到 10ω 的频带宽度称为 10 倍频程或 10 倍频,记为 dec。频率采用对数分度,频率比相同的各点间的横轴方向的距离相同,如 ω 为 0.1、1、10、100、1000 的各点间的横轴方向的距离相等。因为 $\lg 0 = -\infty$,所以横轴上画不出频率为 0 的点。具体作图时,横坐标的最低频率要根据所研究的频率范围选择。

另外,由于幅频特性图中纵坐标是幅值的对数 $20\lg|G(j\omega)|$,若将传递函数写成基本环节传递函

数相乘除的形式,那么其频率特性就可以由相应的基本环节幅频特性的代数和得到,可以明显简化计算和出图过程。另外,幅频特性图中往往采用直线代替复杂的曲线,因此对数幅频特性图较易绘制。

因此,伯德图有如下优点:

(1)可以将很宽的频率范围清楚地画在一张图上,从而能同时清晰地表示出频率特性在低频段、中频段和高频段的情况;

(2)简化幅频特性的乘除运算为加减运算;

(3)幅频特性可用折线近似,方便作图。如果需要精确曲线,也可以容易地画出来。

5.3.2 典型环节的伯德图

(1)比例环节

比例环节的传递函数为 $G(s)=K$,对应频率特性为

$$G(j\omega)=K=K+j0$$

因此

$$L(\omega)=20\lg|G(j\omega)|=20\lg k \tag{5.3-1}$$

$$\angle G(j\omega)=0° \tag{5.3-2}$$

其伯德图如图 5-21 所示。

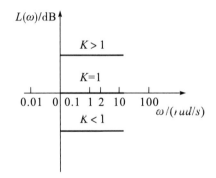

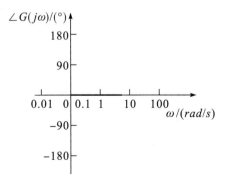

图 5-21　比例环节伯德图

比例环节的伯德图,对数幅频特性是平行于横轴的直线,与横轴相距 20lg*K*dB。当 *K*>1 时,直线位于横轴上方;*K*<1 时,直线位于横轴下方。相频特性是与横轴相重合的直线。*K* 的数值变化时,幅频特性图中的直线 20lg*K* 向上或向下平移,但相频特性不变。

（2）积分环节

积分环节的传递函数为 $G(s)=\dfrac{1}{s}$,对应频率特性为

$$G(j\omega)=\frac{1}{j\omega}$$

因此

$$L(\omega)=20\lg|G(j\omega)|=20\lg\frac{1}{\omega}=-20\lg\omega \qquad (5.3-3)$$

$$\angle G(j\omega)=-90° \qquad (5.3-4)$$

其伯德图如图 5-22 所示。

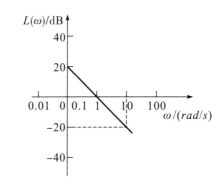

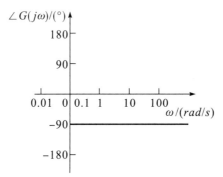

图 5-22　积分环节伯德图

由于横坐标实际上是 lg*ω*,把 lg*ω* 看成是横轴的自变量,而纵轴是函数 20lg|*G*(*jω*)|,可见积分环节幅频特性是一条直线,斜率为-20。从当 *ω*=1 时,20lg|*G*(*jω*)|=0,该直线在 *ω*=1 处穿越横轴。相频特性是通过纵轴上-90°点且与横轴平行的直线。

（3）微分环节

微分环节的传递函数为 $G(s)=s$,对应频率特性为

$$G(j\omega) = j\omega$$

因此

$$L(\omega) = 20\lg |G(j\omega)| = 20\lg |j\omega| = 20\lg\omega \qquad (5.3-5)$$

$$\angle G(j\omega) = 90° \qquad (5.3-6)$$

其伯德图如图 5-23 所示。

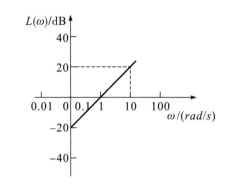

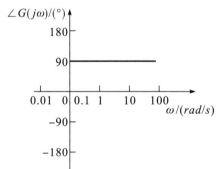

图 5-23 微分环节伯德图

微分环节的对数幅频特性是一条斜率为 20 的直线,直线通过横轴上 $\omega = 1$ 的点;相频特性是通过纵轴上 90°点且与横轴平行的直线。

(4) 一阶惯性环节

一阶惯性环节的传递函数为 $G(s) = \dfrac{1}{Ts+1}$,对应频率特性为

$$G(j\omega) = \frac{1}{j\omega T + 1}$$

因此

$$L(\omega) = 20\lg |G(j\omega)| = -20\lg\sqrt{1 + (\omega T)^2} = \begin{cases} 0, \omega \leqslant \dfrac{1}{T} \\ \\ -20\lg\omega T, \omega > \dfrac{1}{T} \end{cases} \qquad (5.3-7)$$

$$\angle G(j\omega) = -\arctan\omega T \qquad (5.3-8)$$

在低频段，ω 很小，$T\omega \approx 0$，$L(\omega) \approx -20\lg1 = 0\text{dB}$；在高频段，$\omega$ 很大，近似一重积分环节，$L(\omega) \approx -20\lg T\omega$，其幅频特性的伯德图可用上述低频段和高频段的两条直线组成的折线近似表示，如图 5-24 所示。

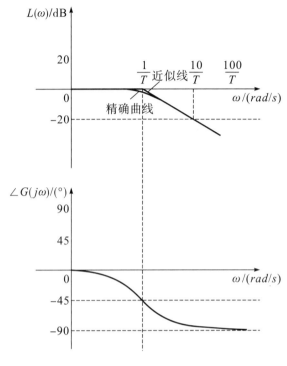

图 5-24　一阶惯性环节伯德图

角频率 $\omega = 1/T$ 称为转角频率或交接频率，低于转角频率的频段，渐近线是 0dB 线；高于转角频率的部分，渐近线是斜率为 -20dB/dec 的直线。相频特性曲线有三个关键处：$\omega = 1/T$ 时，$\angle G(j\omega) = -45°$；$\omega \to 0$ 时，$\angle G(j\omega) \to 0°$；$\omega \to \infty$ 时，$\angle G(j\omega) \to -90°$。

伯德图中转角频率 $\omega = 1/T$ 处的点是近似线与精确曲线误差最大的点，大约相差 3dB，精确曲线可以在近似曲线的基础上，根据精确值的表格或模板加以修正求得。表 5-7 是简单的修正量表。

表 5-7　一阶惯性环节幅频伯德图修正量

ωT	0.1	0.2	0.5	1	2	5	10
修正量/dB	-0.04	-0.17	-0.97	-3.01	-0.97	-0.17	-0.04

（5）一阶微分环节

一阶微分环节的传递函数为 $G(s) = \tau s + 1$，对应频率特性为

$$G(j\omega) = j\omega\tau + 1$$

因此

$$L(\omega) = 20\lg |G(j\omega)| = 20\lg\sqrt{1+(\omega\tau)^2} = \begin{cases} 0, \omega \leqslant \dfrac{1}{\tau} \\ 20\lg\omega\tau, \omega > \dfrac{1}{\tau} \end{cases} \tag{5.3-9}$$

$$\angle G(j\omega) = \arctan\omega\tau \qquad\qquad (5.3\text{-}10)$$

在低频段,ω 很小,$\tau\omega \approx 0$,$L(\omega) \approx 20\lg1 = 0dB$;在高频段,$\omega$ 很大,近似一重积分环节,$L(\omega) \approx 20\lg\tau\omega$,其幅频特性的伯德图可用上述低频段和高频段的两条直线组成的折线近似表示。

其伯德图如图 5-25 所示。

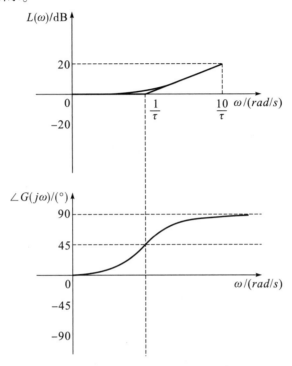

图 5-25 一阶微分系统伯德图

角频率 $\omega = 1/\tau$ 称为转角频率或交接频率,低于转角频率 $\omega = 1/\tau$ 的频段,渐近线是 0dB 线;高于转角频率的部分,渐近线是斜率为 20dB/dec 的直线。**相频特性曲线有三个关键处**:$\omega = 1/\tau$ 时,$\angle G(j\omega) = 45°$;$\omega \to 0$ 时,$\angle G(j\omega) \to 0°$;$\omega \to \infty$ 时,$\angle G(j\omega) \to 90°$。

一阶微分环节伯德图修正量与一阶惯性环节类似。

(6) 二阶振荡环节

二阶振荡环节的传递函数为 $G(s) = \dfrac{1}{T^2s^2 + 2\xi Ts + 1}$,对应频率特性为

$$G(j\omega) = \dfrac{1}{T^2\,(j\omega)^2 + 2\xi T(j\omega) + 1}$$

因此

$$L(\omega) = 20\lg|G(j\omega)| = -20\lg\sqrt{(1-\omega^2T^2)^2 + (2\xi\omega T)^2} = \begin{cases} 0, \omega \leqslant \dfrac{1}{T} \\[2mm] -40\lg\omega T, \omega > \dfrac{1}{T} \end{cases} \qquad (5.3\text{-}11)$$

$$\angle G(j\omega) = \begin{cases} -\arctan\dfrac{2\xi\omega T}{1-\omega^2 T^2}, \omega \leqslant \dfrac{1}{T} \\ -\pi+\arctan\dfrac{2\xi\omega T}{\omega^2 T^2-1}, \omega > \dfrac{1}{T} \end{cases} \qquad (5.3\text{-}12)$$

振荡环节的对数幅频特性是角频率 ω 与阻尼比 ξ 的二元函数,其精确曲线相当复杂,一般以渐近线代替:在低频段,ω 很小,$T\omega \approx 0$,$L(\omega) \approx 0dB$;在高频段,ω 很大,近似二重积分环节,$L(\omega) \approx -40\lg T\omega$,其幅频特性的伯德图可用上述低频段和高频段的两条直线组成的折线近似表示,如图 5-26 所示。

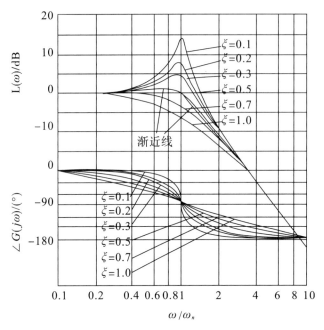

图 5-26　二阶振荡环节伯德图

角频率 $\omega=1/T$ 称为转角频率或交接频率,低于转角频率 $\omega=1/T$ 的频段,渐近线是 0dB 线;高于转角频率的部分,渐近线是斜率为 $-40dB/dec$ 的直线。**相频特性曲线有三个关键处**:$\omega=1/T$ 时,$\angle G(j\omega)=-90°$;$\omega\to 0$ 时,$\angle G(j\omega)\to 0°$;$\omega\to\infty$ 时,$\angle G(j\omega)\to-180°$。

振荡环节的精确幅频特性与渐近线之间的误差由式(5.3-11)与式(5.3-12)计算,它是 ω 与 ξ 的二元函数。在转角频率 $\omega=1/T$ 处误差最大,因此需要进行修正,特别是转角频率处,实际曲线随阻尼比 ξ 的不同而不同,其修正值如表 5-8 所示。

表5-8　二阶振荡环节幅频伯德图修正量

ξ \ ωT	0.1	0.2	0.4	0.6	0.8	1	1.25	1.66	2.5	5	10
0.1	0.086	0.348	1.48	3.728	8.094	13.98	8.094	3.728	1.48	0.348	0.086
0.2	0.08	0.325	1.36	3.305	6.345	7.96	6.345	3.305	1.36	0.325	0.08
0.3	0.071	0.292	1.179	2.681	4.439	4.439	4.439	2.681	1.179	0.292	0.071
0.5	0.044	0.17	0.627	1.137	1.137	0	1.137	1.137	0.627	0.17	0.044

续表

ωT ξ	0.1	0.2	0.4	0.6	0.8	1	1.25	1.66	2.5	5	10
0.7	0.001	0	−0.08	−0.472	−1.41	−2.92	−1.41	−0.47	−0.08	0	0.001
1	−0.086	−0.34	−1.29	−2.76	−4.296	−6.2	−4.296	−2.76	−1.29	−0.34	−0.086

（7）二阶微分环节

二阶微分环节的传递函数为 $G(s)=\tau^2 s^2+2\xi\tau s+1\ (\xi<1)$，对应的频率特性为

$$G(j\omega)=-\tau^2\omega^2+j2\xi\tau\omega+1$$

因此

$$L(\omega)=20\lg|G(j\omega)|=20\lg\sqrt{(1-\tau^2\omega^2)^2+(2\xi\tau\omega)^2}=\begin{cases}0,\ \omega\leqslant\dfrac{1}{\tau}\\[2mm]-40\lg\omega\tau,\ \omega>\dfrac{1}{T}\end{cases} \qquad(5.3-13)$$

$$\angle G(j\omega)=\begin{cases}arctan\dfrac{2\xi\tau\omega}{1-\tau^2\omega^2} & \left(\omega\leqslant\dfrac{1}{\tau}\right)\\[3mm]\pi+arctan\dfrac{2\xi\tau\omega}{1-\tau^2\omega^2} & \left(\omega>\dfrac{1}{\tau}\right)\end{cases} \qquad(5.3-14)$$

由式（5.3-11、12）和式（5.3-13、14）可知，二阶微分环节与二阶振荡环节的对数频率特性关于横轴对称：在低频段，ω 很小，$T\omega\approx0$，$L(\omega)\approx0$dB；在高频段，ω 很大，近似二重积分环节，$L(\omega)\approx40\lg T\omega$，**其幅频特性的伯德图可用上述低频段和高频段的两条直线组成的折线近似表示**，如图 5-27 所示。

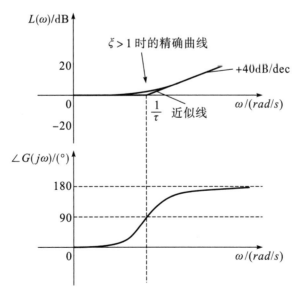

图 5-27　二阶微分环节伯德图

角频率 $\omega = 1/\tau$ 称为转角频率或交接频率,低于转角频率 $\omega = 1/\tau$ 的频段,渐近线是 0dB 线;高于转角频率的部分,渐近线是斜率为 40dB/dec 的直线。**相频特性曲线有三个关键处:** $\omega = 1/\tau$ 时,$\angle G(j\omega) = 90°$;$\omega \to 0$ 时, $\angle G(j\omega) \to 0°$;$\omega \to \infty$ 时, $\angle G(j\omega) \to 180°$。

（8） 延迟环节

延时环节的传递函数为 $G(s) = e^{-s\tau}$,对应频率特性为

$$G(j\omega) = e^{-j\omega\tau}$$

因此

$$L(\omega) = 20\lg |G(j\omega)| = 20\lg |e^{-j\omega\tau}| = 20\lg 1 = 0 \tag{5.3-15}$$

$$\angle G(j\omega) = -\omega\tau \tag{5.3-16}$$

其伯德图如图 5-28 所示。

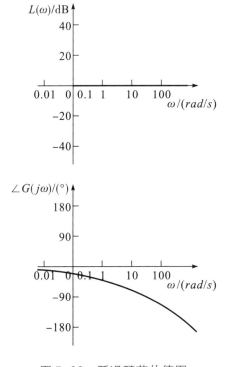

图 5-28　延迟环节伯德图

5.3.3 一般系统伯德图的作图方法

系统的开环传递函数 $G(s)$ 一般容易写成如下的基本环节传递函数相乘的形式:

$$G(s) = G_1(s) G_2(s) \cdots G_n(s) \tag{5.3-17}$$

式中,$G_1(s)$, $G_2(s)$, $\cdots$, $G_n(s)$ 为基本环节的传递函数。对应的开环频率特性为

$$G(j\omega) = G_1(j\omega) G_2(j\omega) \cdots G_n(j\omega) \tag{5.3-18}$$

开环对数幅频特性函数和相频特性函数分别为

$$20\lg|G(j\omega)| = 20\lg|G_1(j\omega)| + 20\lg|G_2(j\omega)| + \cdots + 20\lg|G_n(j\omega)| \qquad (5.3\text{-}19)$$

$$\angle G(j\omega) = \angle G_1(j\omega) + \angle G_2(j\omega) + \cdots \angle G_n(j\omega) \qquad (5.3\text{-}20)$$

可见开环对数幅频特性等于对应的基本环节对数幅频特性之和,这就是开环对数特性图容易绘制的原因。

在绘制对数幅频特性图时,总是用基本环节的直线或折线渐近线代替精确幅频特性,然后求它们的和,得到折线形式的对数幅频特性图,这样就可以明显减少计算与绘图的工作量。必要时可以对折线渐近线进行修正,以便得到足够精确的对数幅频特性。

任意一段渐近线的方程为 $20\lg|G| = -20n\lg\omega + 20\lg k_i$。在求直线渐近线的和时,要用到以下规则:在平面坐标图上,几条直线相加的结果仍为一条直线,和的斜率等于各直线斜率之和。

因此,绘制开环对数幅频特性图可采用如下步骤:

(1)将开环传递函数写成基本环节相乘的形式。

(2)计算各基本环节的转折频率,并标在横轴上。最好同时注明各转折频率对应的基本环节渐近线的斜率。

(3)设最低的转折频率为 ω_1,先绘制 $\omega < \omega_1$ 的低频区图形,在此频段范围内,只有积分(或纯微分)环节和比例环节起作用。

(4)按从低频到高频的顺序将已画好的直线或折线图形延长。每到一个转折频率,折线发生转折,直线的斜率在原数值之上加上对应的基本环节的斜率,在每条折线上注明斜率。

(5)如有必要,可对上述折线渐近线加以修正,一般在转折频率处修正。

例1 试画出以下频率特性的伯德图。

$$G(j\omega) = \frac{10(j\omega + 3)}{j\omega(j\omega + 2)\left[(j\omega)^2 + j\omega + 2\right]}$$

解:1. 化成典型环节串联形式:

$$G(j\omega) = \frac{10(j\omega+3)}{j\omega(j\omega+2)\left[(j\omega)^2+j\omega+2\right]} = \frac{\dfrac{10\times3}{2\times2}\left(\dfrac{1}{3}j\omega+1\right)}{j\omega\left(\dfrac{1}{2}j\omega+1\right)\left[\left(\dfrac{1}{\sqrt{2}}\right)^2(j\omega)^2+\dfrac{1}{2}j\omega+1\right]}$$

$$= \frac{7.5\left(\dfrac{1}{3}j\omega+1\right)}{j\omega\left(\dfrac{1}{2}j\omega+1\right)\left[\left(\dfrac{1}{\sqrt{2}}\right)^2(j\omega)^2+\dfrac{1}{2}j\omega+1\right]}$$

2. 上式可以看出此频率特性由五个典型环节构成,分别确定其各自转角频率及相应斜率,并画出近似幅频折线和相频曲线:

(1)$G_1(j\omega) = 7.5$,此环节为比例环节,因此:

$$L_1(\omega) = 20\lg|G_1(j\omega)| = 20\lg7.5 = 17.5$$

$$\angle G_1(j\omega) = 0°$$

其伯德图如图 5-29 所示:

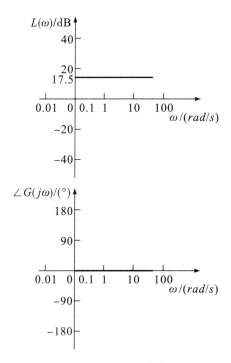

图 5-29 $G_1(j\omega)$ 伯德图

（2） $G_2(j\omega) = \dfrac{1}{j\omega}$,此环节为积分环节,因此:

$$L_2(\omega) = 20\lg|G_2(j\omega)| = -20\lg\omega$$

$$\angle G_2(j\omega) = -90°$$

其伯德图如图 5-30 所示:

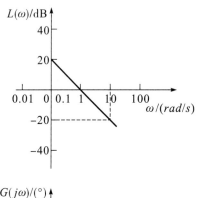

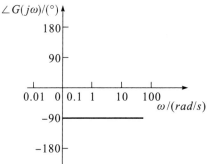

图 5-30 $G_2(j\omega)$ 伯德图

（3）$G_3(j\omega)=\dfrac{1}{\left(\dfrac{1}{\sqrt{2}}\right)^2(j\omega)^2+\dfrac{1}{2}j\omega+1}$，此环节为二阶振荡环节，且 $T=\dfrac{1}{\sqrt{2}}$，因此 $\omega_T=\dfrac{1}{T}=\sqrt{2}$，

$$L_3(\omega)=20\lg|G_3(j\omega)|=-20\lg\sqrt{(1-0.5\omega^2)^2+(0.5\omega)^2}=\begin{cases}0,\omega\leqslant\sqrt{2}\\-40\lg\omega T,\omega>\sqrt{2}\end{cases}$$

$$\angle G_3(j\omega)=\begin{cases}-\arctan\dfrac{0.5\omega}{1-0.5\omega^2},\omega\leqslant\sqrt{2}\\-\pi+\arctan\dfrac{0.5\omega}{0.5\omega^2-1},\omega>\sqrt{2}\end{cases}$$

其伯德图如图 5-31 所示：

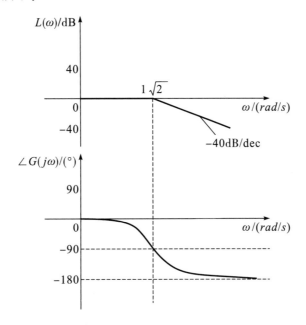

图 5-31 $G_0(j\omega)$ 伯德图

（4）$G_4(j\omega)=\dfrac{1}{\dfrac{1}{2}j\omega+1}$，此环节为一阶惯性环节，且 $T=\dfrac{1}{2}$，因此 $\omega_T=\dfrac{1}{T}=2$，：

$$L_4(\omega)=20\lg|G_4(j\omega)|=20\lg\sqrt{1+(0.5\omega)^2}=\begin{cases}0,\omega\leqslant2\\-20\lg\dfrac{1}{3}\omega,\omega>3\end{cases}$$

$$\angle G_4(j\omega)=-\arctan0.5\omega$$

其伯德图如图 5-32 所示：

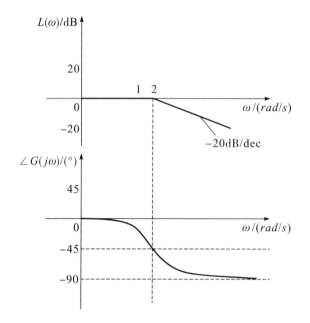

图 5-32　$G_4(j\omega)$ 伯德图

（5）$G_5(j\omega) = \dfrac{1}{3}j\omega + 1$，此环节为一阶微分环节，且 $T = \dfrac{1}{3}$，因此 $\omega_T = \dfrac{1}{T} = 3$，

$$L_5(\omega) = 20\lg |G_5(j\omega)| = 20\lg \sqrt{1 + \left(\frac{1}{3}\omega\right)^2} = \begin{cases} 0, \omega \leq 3 \\ -20\lg \omega T, \omega > 2 \end{cases}$$

$$\angle G_5(j\omega) = \arctan \frac{1}{3}\omega$$

其伯德图如图 5-33 所示：

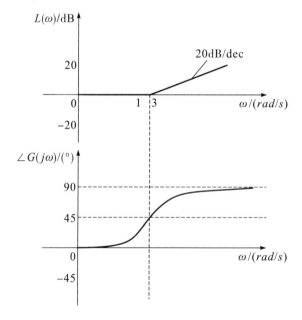

图 5-33　$G_5(j\omega)$ 伯德图

3. 叠加五个环节的幅频折线与相频曲线,得到原频率特性的伯德图,见图5-34所示。

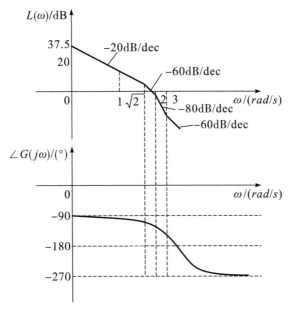

图 5-34　整个系统的伯德图

5.3.4 最小相位系统

在 s 右半平面上既无极点,又无零点的传递函数,称为最小相位传递函数。具有最小相位传递函数的系统,称为最小相位系统。

对于相同阶次的基本环节,当频率 ω 从 0 连续变化到 $+\infty$ 时,最小相位的基本环节造成的相移是最小的。对于最小相位系统,知道了系统幅频特性,其相频特性就唯一确定了。表5-9展示出了最小相位系统幅频特性与相频特性的对应关系。

表5-9　最小相位系统幅频、相频对应关系

坏节	幅频/(dB/dec)	相频/(°)
$\dfrac{1}{j\omega}$	$-20 \rightarrow -20$	$-90 \rightarrow -90$
$\dfrac{1}{j\omega T+1}$	$0 \rightarrow -20$	$0 \rightarrow -90$
$\dfrac{1}{T^2\,(j\omega)^2+2\xi T(j\omega)+1}$	$0 \rightarrow -40$	$0 \rightarrow -180$
$1+j\omega T$	$0 \rightarrow 20$	$0 \rightarrow 90$
…	…	…

续表

环节	幅频/(dB/dec)	相频/(°)
$\dfrac{1}{\prod\limits_{i=1}^{n}(T_i j\omega+1)}$	$0\to n(-20)$	$0\to n(-90)$
$\prod\limits_{i=1}^{m}(\tau_i j\omega+1)$	$0\to 20m$	$0\to m(+90)$

例 2 试画出以下幅频特性的伯德图。

$$G_1(s)=\frac{T_1 s+1}{T_2 s+1} \qquad G_2(s)=\frac{-T_1 s+1}{T_2 s+1} \qquad (T_1>T_2>0)$$

解：（1）$G_1(s)=G_1(j\omega)=\dfrac{T_1 j\omega+1}{T_2 j\omega+1}$，此频率特性由一阶微分环节与一阶惯性环节组成：

①对于一阶微分环节 $G(j\omega)=T_1 j\omega+1$，可以得到：

$$L(\omega)=20\lg|G(j\omega)|=20\lg\sqrt{1+(\omega T_1)^2}=\begin{cases}0,\omega\leqslant\dfrac{1}{T_1}\\[4mm]-20\lg\omega T_1,\omega>\dfrac{1}{T_1}\end{cases}$$

$$\angle G(j\omega)=\arctan\omega T_1$$

其伯德图如图 5-35 所示。

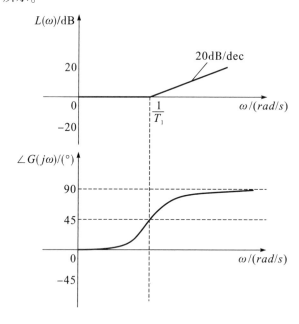

图 5-35 一阶微分环节的伯德图

②对于一阶惯性环节 $G(j\omega)=\dfrac{1}{T_2 j\omega+1}$，可以得到：

$$L(\omega) = 20\lg|G(j\omega)| = -20\lg\sqrt{1+(\omega T_2)^2} = \begin{cases} 0, \omega \leqslant \dfrac{1}{T_2} \\[3mm] -20\lg\omega T_2, \omega > \dfrac{1}{T_2} \end{cases}$$

$$\angle G(j\omega) = -\arctan\omega T_2$$

其伯德图如图 5-36 所示。

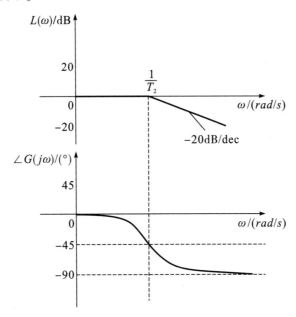

图 5-36　一阶惯性环节的伯德图

③将两个环节组合可得 $G_1(j\omega) = \dfrac{T_1 j\omega + 1}{T_2 j\omega + 1}$ 的伯德图,如图 5-37 所示(由于 $T_1 > T_2 > 0$,$\dfrac{1}{T_2}$ 在 $\dfrac{1}{T_1}$ 的右

侧)。

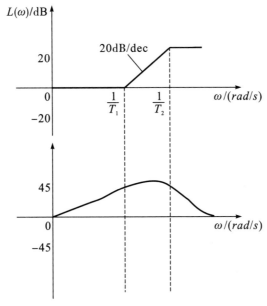

图 5-37　系统的伯德图

（2） $G_2(j\omega)=\dfrac{-T_1j\omega+1}{T_2j\omega+1}$ ，此频率特性也是由一阶微分环节与一阶惯性环节组成：

①对于一阶微分环节 $G(j\omega)=-T_1j\omega+1$ ，可以得到：

$$L(\omega)=20\lg|G(j\omega)|=20\lg\sqrt{1+(-\omega T_1)^2}=\begin{cases}0,\omega\leqslant\dfrac{1}{T_1}\\[2mm]20\lg\omega T_1,\omega>\dfrac{1}{T_1}\end{cases}$$

$$\angle G(j\omega)=-\arctan\omega T_1$$

其伯德图如图 5-38 所示。

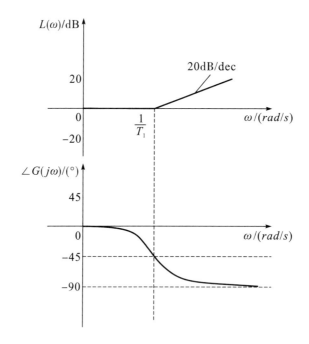

图 5-38　一阶微分环节的伯德图

②对于一阶惯性环节 $G(j\omega)=\dfrac{1}{T_2j\omega+1}$ ，可以得到：

$$L(\omega)=20\lg|G(j\omega)|=-20\lg\sqrt{1+(\omega T_2)^2}=\begin{cases}0,\omega\leqslant\dfrac{1}{T_2}\\[2mm]20\lg\omega T_2,\omega>\dfrac{1}{T_2}\end{cases}$$

$$\angle G(j\omega)=-\arctan\omega T_2$$

其伯德图如图 5-39 所示。

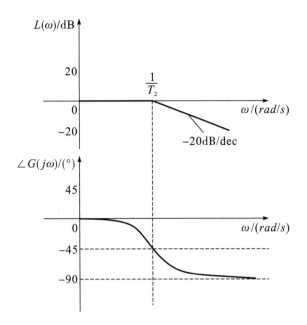

图 5-39 一阶惯性环节的伯德图

③将两个环节组合可得 $G_1(j\omega) = \dfrac{T_1 j\omega + 1}{T_2 j\omega + 1}$ 的伯德图,如图 5-40 所示(由于 $T_1 > T_2 > 0$,$\dfrac{1}{T_2}$ 在 $\dfrac{1}{T_1}$ 的右侧)。

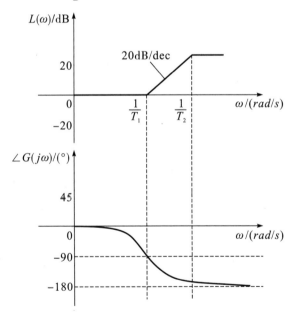

图 5-40 系统的伯德图

5.4 由频率特性曲线求系统传递函数

实际工程中,有许多系统的物理模型很难抽象得很准确,其传递函数很难用纯数学分析的方法求出。对于这类系统,可以通过实验测出系统的频率特性曲线,进而求出系统的传递函数。

对于 0 型系统,有

$$G_0(j\omega) = \frac{K_0(j\omega\tau_1+1)(j\omega\tau_2+1)\cdots}{(j\omega T_1+1)(j\omega T_2+1)\cdots} \tag{5.4+1}$$

在低频时,ω 很小,则有

$$G_0(j\omega) \approx K_0, \ |G_0(j0)| = K_0 \tag{5.4-2}$$

可见,0 型系统幅频特性伯德图在低频处的高度为 $20\lg K_0$,例如图 5-41 所示的低频段。

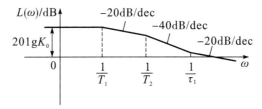

图 5-41 0 型系统伯德图低频高度的确定

对于 I 型系统,有

$$G_1(j\omega) = \frac{K_1(j\omega\tau_1+1)(j\omega\tau_2+1)\cdots}{j\omega(j\omega T_1+1)(j\omega T_2+1)\cdots} \tag{5.4-3}$$

在低频时,ω 很小,则有

$$G_1(j\omega) \approx \frac{K_1}{j\omega}, \ |G_1(j1)| \approx K_1 \tag{5.4-4}$$

可见,如果系统各转角频率均大于 $\omega=1$,I 型系统幅频特性伯德图在 $\omega=1$ 处的高度为 $20\lg K_1$;如果系统有的转角频率小于 $\omega=1$,则首段 $-20\text{dB}/\text{dec}$ 斜率线的延长线与 $\omega=1$ 线的交点高度为 $20\lg K_0$,如图 5-42 所示。

另外,低频延长线与 $0dB$ 线交点的应满足 $\left|\dfrac{K_1}{j\omega}\right|=1$,解得 $\omega=K_1$。

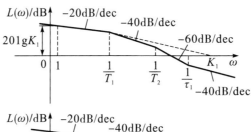

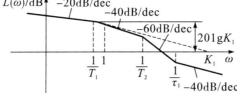

图 5-42 I 型系统伯德图低频高度的确定

对于 II 型系统,有

$$G_2(j\omega) = \frac{K_2(j\omega\tau_1+1)(j\omega\tau_2+1)\cdots}{(j\omega)^2(j\omega T_1+1)(j\omega T_2+1)\cdots} \tag{5.4-5}$$

在低频时,ω 很小,则有

$$G_2(j\omega) \approx \frac{K_2}{(j\omega)^2}, |G_2(j1)| \approx K_2 \qquad (5.4-6)$$

可见,如果系统各转角频率均大于 $\omega = 1$,Ⅱ型系统幅频特性伯德图在 $\omega = 1$ 处的高度为 $20\lg K_2$;如果系统有的转角频率小于 $\omega = 1$,则首段 $-40\mathrm{dB/dec}$ 斜率线的延长线与 $\omega = 1$ 线的交点高度为 $20\lg K_2$,如图 5-43 所示。

另外,低频延长线与 $0dB$ 线交点的应满足 $\left| \frac{K_2}{(j\omega)^2} \right| = 1$,解得 $\omega = \sqrt{K_2}$。

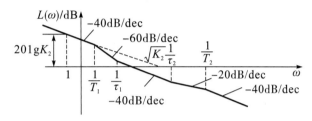

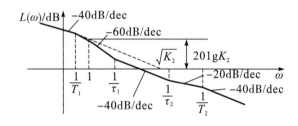

图 5-43　Ⅱ型系统伯德图低频高度的确定

例1　写出图 5-44 最小相位系统的开环传递函数。

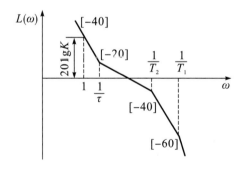

图 5-44　最小相位系统

解:(1) 由于首段斜率为 $-40\mathrm{dB/dec}$,可以判断出此系统为Ⅱ型系统,即含有 $G_0(j\omega) = \dfrac{1}{(j\omega)^2}$。

(2) 当 $\omega = 1$ 时,$L(\omega) = 20\lg K$,可以得出此频率特性含有比例环节 $G_1(j\omega) = K$。

(3) 当 $\omega = \dfrac{1}{\tau}$ 时,斜率从 $-40\mathrm{dB/dec}$ 变为 $-20\mathrm{dB/dec}$,可以判断出含有一阶微分系统 $G_2(j\omega) = \tau j\omega + 1$。

（4）由 $\omega = \dfrac{1}{T_1}$ 与 $\omega = \dfrac{1}{T_2}$ 时，斜率都分别降低了 20dB/dec，可以判断出含有两个一阶惯性系统

$G_3(j\omega) = \dfrac{1}{T_1 j\omega + 1}$ 与 $G_4(j\omega) = \dfrac{1}{T_2 j\omega + 1}$。

（5）综上，可以得出此频率特性为：

$$G(j\omega) = G_0(j\omega)G_1(j\omega)G_2(j\omega)G_3(j\omega)G_4(j\omega) = \dfrac{K(\tau j\omega + 1)}{(j\omega)^2(T_1 j\omega + 1)(T_2 j\omega + 1)}$$

即传递函数为 $G(s) = \dfrac{K(\tau s + 1)}{s^2(T_1 s + 1)(T_2 s + 1)}$。

例2 写出图 5-45 最小相位系统的开环传递函数。

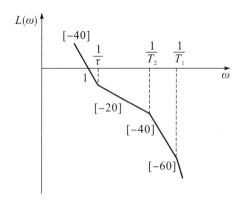

图 5-45　最小相位系统

解：（1）由于首段斜率为 -40dB/dec，可以判断出此系统为 II 型系统，即含有 $G_0(j\omega) = \dfrac{1}{(j\omega)^2}$。

（2）当 $\omega = 1$ 时，$L(\omega) = 0$，可以得出此频率特性含有比例环节 $G_1(j\omega) = 1$。

（3）当 $\omega = \dfrac{1}{\tau}$ 时，斜率从 -40dB/dec 变为 -20dB/dec，可以判断出含有一阶微分系统 $G_2(j\omega) = \tau j\omega + 1$。

（4）由 $\omega = \dfrac{1}{T_1}$ 与 $\omega = \dfrac{1}{T_2}$ 时，斜率都分别降低了 20dB/dec，可以判断出含有两个一阶惯性系统

$G_3(j\omega) = \dfrac{1}{T_1 j\omega + 1}$ 与 $G_4(j\omega) = \dfrac{1}{T_2 j\omega + 1}$。

（5）综上，可以得出此频率特性为

$$G(j\omega) = G_0(j\omega)G_1(j\omega)G_2(j\omega)G_3(j\omega)G_4(j\omega) = \dfrac{(\tau j\omega + 1)}{(j\omega)^2(T_1 j\omega + 1)(T_2 j\omega + 1)}$$

即传递函数为 $G(s) = \dfrac{(\tau s + 1)}{s^2(T_1 s + 1)(T_2 s + 1)}$。

5.5 控制系统的闭环频响

5.5.1 闭环频率特性

对于图 5-46 所示系统,其开环频率特性为 $G(j\omega)H(j\omega)$。而该系统闭环频率特性为

$$\Phi(j\omega) = \frac{G(j\omega)}{1+G(j\omega)H(j\omega)} \tag{5.5-1}$$

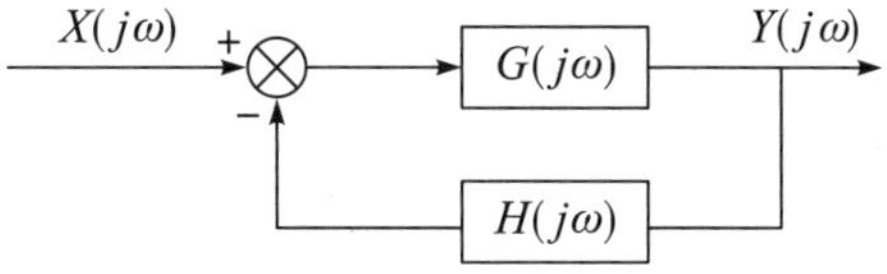

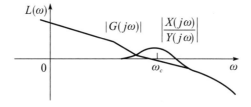

图 5-46　典型闭环系统

设系统为单位反馈,即 $H(j\omega)=1$,则

$$\Phi(j\omega) = \frac{G(j\omega)}{1+G(j\omega)} \tag{5.5-2}$$

一般实用系统的开环频率特性具有低通滤波的性质,低频时,$|G(j\omega)| \gg 1$,$G(j\omega)$ 与 1 相比,1 可以忽略不计,则

$$|\Phi(j\omega)| = \left| \frac{G(j\omega)}{1+G(j\omega)} \right| \approx 1$$

高频时,$|G(j\omega)| \ll 1$,$G(j\omega)$ 与 1 相比,$G(j\omega)$ 可以忽略不计,则

$$|\Phi(j\omega)| = \left| \frac{G(j\omega)}{1+G(j\omega)} \right| \approx |G(j\omega)|$$

系统开环及闭环幅频特性对照如图 5-47 所示。因此,对于一般单位反馈的最小相位系统,低频输入时,输出信号的幅值和相位均与输入基本相等,这正是闭环反馈控制系统所需要的工作频段及结果;高频输入时,输出信号的幅值和相位则均与开环特性基本相同,而中间频段的形状随系统阻尼的不同有较大的不同。

图 5-47　系统开环及闭环幅频特性对照

5.5.2 系统频域指标

（1）开环频域指标

ω_c——开环剪切频率，rad/s。

ω_c 是系统快速性性能指标。

（2）闭环频域指标

如图 5-48 所示的闭环频率特性曲线，给出闭环频域指标：

ω_r——谐振角频率；

M_r——谐振峰值；

ω_m——复现频率，即在允许误差范围内最高工作频率，相应的 $0 \sim \omega_m$ 称为复现带宽；

ω_b——闭环截止频率，相应的 $0 \sim \omega_b$ 一般称为系统带宽。

其中，M_r 是系统相对稳定性性能指标；ω_b 是系统快速性性能指标。

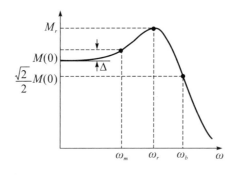

图 5-48　闭环频域指标

本章重点

掌握极坐标图和对数坐标图的绘制。

本章习题

5-1 用分贝数(dB)表达下列量：

（1）5；（2）10；（3）40；（4）1；

5-2 若系统单位阶跃响应 $h(t)=1-1.8e^{-4t}+0.8e^{-9t}\,(t\geq 0)$，试求系统频率特性。

5-3 试求下列函数的幅频特性 $A(\omega)$、相频特性 $\varphi(\omega)$、实频特性 $U(\omega)$ 和虚频特性 $V(\omega)$。

（1）$G_1(j\omega)=\dfrac{5}{30j\omega+1}$

（2）$G_2(j\omega)=\dfrac{1}{j\omega(0.1j\omega+1)}$

5-4 某系统传递函数为 $G(s)=\dfrac{5}{0.25s+1}$，当输入为 $5\cos(4t-30°)$ 时，试求其稳态输出。

5-5 已知最小相位系统的开环对数幅频特性曲线,如题图5-1所示,试写出其开环传递函数。

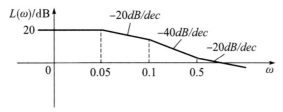

题图5-1 对数幅频特性曲线

5-6 最小相位系统对数幅频特性曲线如题图5-2所示,试写出它们的传递函数。

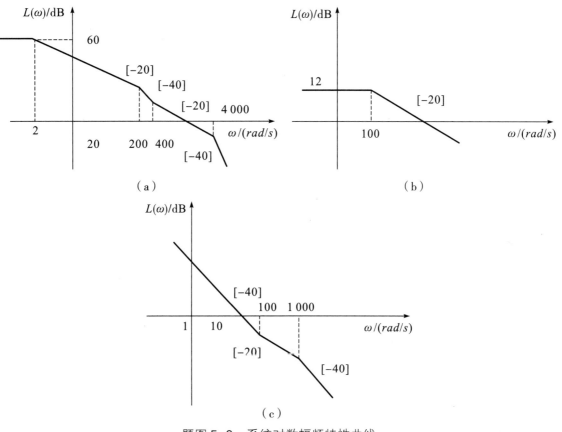

题图5-2 系统对数幅频特性曲线

5-7 试画出下列传递函数的伯德图。

(1) $G(s)=\dfrac{20}{s(0.5s+1)(0.1s+1)}$

(2) $G(s)=\dfrac{2s^2}{(0.4s+1)(0.04s+1)}$

(3) $G(s)=\dfrac{50(0.6s+1)}{s^2(4s+1)}$

(4) $G(s)=\dfrac{7.5(0.2s+1)(s+1)}{s(s^2+16s+100)}$

5-8 系统的开环传递函数为 $G(s)=\dfrac{K(T_as+1)(T_bs+1)}{s^2(T_1s+1)}$，$K>0$，试画出下面两种情况的乃氏图。

（1）$T_a>T_1>0,T_b>T_1>0$；

（2）$T_1>T_a>0,T_1>T_b>0$。

5-9 单位反馈控制系统的开环传递函数 $G(s)=\dfrac{10}{s+1}$，当下列信号作用在系统输入端时，求系统的稳态输出。

（1）$x(t)=\sin(t+30°)$

（2）$x(t)=2\cos(2t-45°)$

（3）$x(t)=\sin(t+30°)-2\cos(2t-45°)$

5-10 设控制系统的传递函数如下，试绘制各系统的伯德图。

（1）$G(s)=\dfrac{750}{s(s+5)(s+15)}$

（2）$G(s)=\dfrac{1\,000(s+1)}{s(s^2+8s+100)}$

（3）$G(s)=\dfrac{10s+1}{3s+1}$

5-11 绘制下列传递函数的伯德图：

（1）$G(s)=K/s$

（2）$G(s)=K/s^2$

（3）$G(s)=K/s^3$

5-12 下面的各传递函数能否在题图 5-3 中找到相应的乃氏曲线？

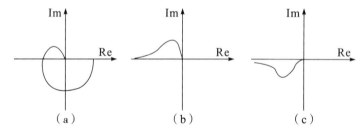

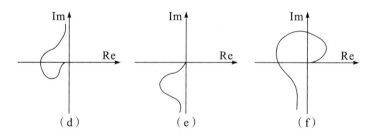

题图 5-3　乃氏曲线

（1）$G_1(s)=\dfrac{0.2(4s+1)}{s^2(0.4s+1)}$

（2）$G_2(s)=\dfrac{0.14(9s^2+5s+1)}{s^2(0.3s+1)}$

(3) $G_3(s) = \dfrac{K(0.1s+1)}{s(s+1)}$

(4) $G_4(s) = \dfrac{K}{(s+1)(s+2)(s+3)}$

(5) $G_5(s) = \dfrac{K}{s(s+1)(0.5s+1)}$

(6) $G_6(s) = \dfrac{K}{(s+1)(s+2)}$

5-13 试绘制下列系统的乃氏图。

(1) $G(s) = \dfrac{1}{(s+1)(2s+1)}$

(2) $G(s) = \dfrac{1}{s^2(s+1)(2s+1)}$

(3) $G(s) = \dfrac{(0.2s+1)(0.0025s+1)}{s^2(0.005s+1)(0.001s+1)}$

5-14 设一个由延时环节和惯性环节组成的系统,其传递函数为 $G(s) = \dfrac{e^{-\tau s}}{1+Ts}$,试画出它的伯德图。

5-15 绘制 $G(s) = \dfrac{24(0.25s+0.5)}{(5s+2)(0.05s+2)}$ 的伯德图。

5-16 对于题图 5-4 所示的最小相位系统,试写出其传递函数。

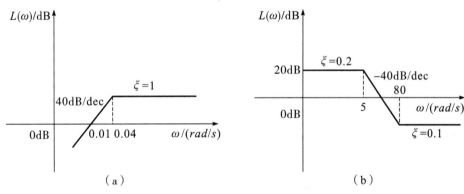

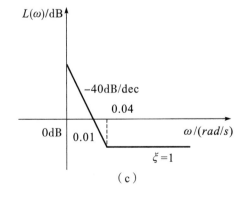

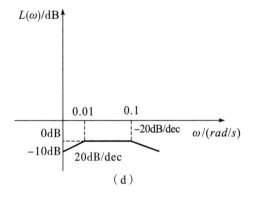

题图 5-4 最小相位系统

5-17 试根据题图 5-5 所示实验幅频特性曲线，确定系统的传递函数。

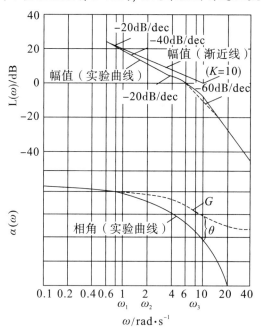

题图 5-5 实验幅频特性曲线

5-18 试由下述幅值和相角计算公式确定最小相位系统的开环传递函数。

（1）$\varphi = -90° - \arctan(2\omega) + \arctan(0.5\omega) - \arctan(10\omega)$，$A(1) = 3$

（2）$\varphi = -180° + \arctan(5\omega) - \arctan\omega - \arctan(0.1\omega)$，$A(5) = 10$

5-19 系统的开环传递函数如下，试绘制各系统的开环伯德图，并用近似法求出幅值穿越频率 ω_c。

（1）$G(s) = \dfrac{10}{s(1+0.5s)(1+0.1s)}$

（2）$G(s) = \dfrac{10(1+0.5s)}{s(0.01s^2+0.1s+1)}$

CHAPTER 6

控制系统的稳定性分析

稳定性是控制系统的重要性能,一个实际控制系统必须是稳定的。分析系统的稳定性是控制理论的重要组成部分。**稳定性可解释为:系统受到瞬时扰动的作用,偏离了原来的稳定状态,在干扰消除后,能以足够的精度逐渐恢复原来状态的能力。**

控制理论提供了线性定常系统稳定性的多种判定方法。本章着重介绍几种常用的稳定判据,以及提高系统稳定性的方法。首先介绍系统稳定性的基本概念,引出系统稳定的充分必要条件,然后根据闭环特征方程讨论代数判据——劳斯稳定性判据;接下来根据系统开环频率特性引出乃奎斯特稳定性判据和伯德图判据,最后讨论系统的相对稳定性问题和稳定裕度。

6.1 系统稳定性的基本概念

如果一个系统受到扰动,偏离了原来的平衡状态,而当扰动取消后,这个系统又能够逐渐恢复到原来的状态,则称系统是稳定的。否则,称这个系统是不稳定的。稳定性是控制系统自身的固有特性,取决于系统本身的结构和参数,与输入无关。

以图 6-1 为例说明圆锥体在不同姿态的稳定性。如图 6-1(a)所示,当圆锥体底部朝下置于水平面时,圆锥体处于静止平衡状态。如果将它稍稍倾斜,圆锥体处于不平衡状态,当外力消失,它仍将返回到初始平衡位置,我们称其是稳定的。而当圆锥体侧面朝下平放于水平面时,如图 6-1(b)所示,如果稍稍移动其位置,它会滚动,但仍然保持侧面朝下平放于水平面的姿态,与原始姿态有一定的角度偏差。当圆锥体处于这种姿态时,我们称其为**临界稳定**。当圆锥体尖端朝下立于水平面时,一旦将其释放,圆锥体将立即倾倒。当圆锥体处于这种姿态时,如图 6-1(c),我们称其为**不稳定**的。

以图 6-2 为例说明小球在不同位置的稳定性。图 6-2(a)中的小球位于凹曲面中,在受到微小干扰时小球偏离原来位置,当干扰消失后,由于摩擦力和重力作用,小球总能回到原平衡点,我们称小球处于**稳定状态**;图 6-2(b)中,小球位于平面中,微小扰动作用使得小球离开原平衡点,并且达到另外一个平衡点,且偏差有限,我们称小球处于**临界稳定状态**;对于图 6-2(c),小球位于凸曲面顶端,倘若受微小扰动作用,则小球偏离原平衡点,且随着时间增大,与原平衡点偏差越来越大,最终发散,我们称其为**不稳定状态**。

上述两个实例,说明系统的稳定性反映在干扰消失后的过渡过程的性质上。在干扰消失的时刻,系统实时状态与平衡状态的偏差可以看作是**系统的初始偏差**。因此,控制系统的稳定性也可以这样来定义:**若控制系统在任何足够小的初始偏差的作用下,其过渡过程随着时间的推移,逐渐衰减并趋于零,具有恢复原平衡状态的性能,则称该系统稳定;否则称该系统不稳定。**

需要指出的是,控制理论中所讨论的稳定性是不考虑输入,由扰动引起的系统动态输出,或者说仅存在初始偏差时的稳定性,讨论此时系统动态输出是收敛的还是发散的。至于机械工程系统往往用激振或外力施加强迫振动或运动,而造成系统共振或偏离平衡位置,这并不是控制理论所要讨论的稳定性。

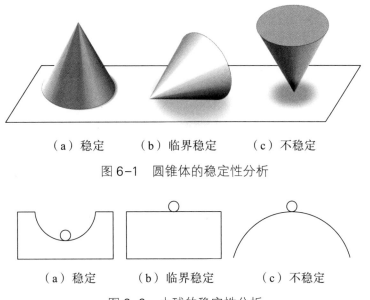

（a）稳定　　　（b）临界稳定　　　（c）不稳定

图 6-1　圆锥体的稳定性分析

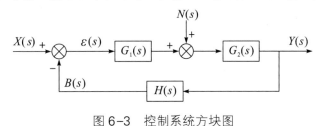

（a）稳定　　　（b）临界稳定　　　（c）不稳定

图 6-2　小球的稳定性分析

6.2 系统稳定的充要条件

根据以上分析，我们分析仅干扰作用下的系统输出动态响应。如图 6-3 所示典型控制系统，在施加如图 6-4（a）（b）所示零输入信号和单位脉冲干扰信号时，其输出响应信号分析如下。

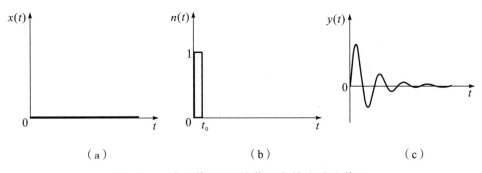

图 6-3　控制系统方块图

（a）　　　　　　　　　　（b）　　　　　　　　　　（c）

图 6-4　输入信号、干扰信号和输出响应信号

根据控制系统方块图 6-3，扰动信号为 $N(s)$，输出信号为 $Y(s)$，可以写出干扰引起的输出函数：

$$Y(s) = \frac{Y(s)}{N(s)} = \frac{G_2(s)}{1+G_1(s)G_2(s)H(s)} = \frac{b_0 s^m + b_1 s^{m-1} + \cdots + b_{m-1}s + b_m}{a_0 s^n + a_1 s^{n-1} + \cdots + a_{n-1}s + a_n}$$

$$= \sum_{i=1}^{k} \frac{D_i}{s - \lambda_i} + \sum_{i=1}^{k} \frac{e_j s + f_j}{[s - (\delta_j + j\omega_j)][s - (\delta_j - j\omega_j)]} \tag{6.2-1}$$

其中式 $\dfrac{D_i}{s - \lambda_i}$ 当 λ_i 为负实数时,根据拉氏反变换,时域输出信号为负指数函数 $D_i e^{\lambda_i t}$。根据正弦函数·拉氏反变换,式 $\dfrac{e_j s + f_j}{[s - (\delta_j + j\omega_j)][s - (\delta_j - j\omega_j)]}$ 进一步变换成 $\dfrac{E_j s}{[(s - \delta_j)^2 + \omega_j^2]}$ + $\dfrac{F_j \omega}{[(s - \delta_j)^2 + \omega_j^2]}$,当 δ_j 为负实数时,时域输出信号为指数衰减曲线,式(6.2-1)进一步写成:

$$y(t) = \sum_{i=1}^{k} D_i e^{\lambda_i t} + \sum_{j=k+1}^{n} e^{\delta_j t}(E_j \cos\omega_j t + F_j \sin\omega_j t) \tag{6.2-2}$$

输出响应如图6-4(c)所示。按照稳定性定义,如果系统稳定,则当时间趋于无穷时,动态响应输出的值趋近于0。即

$$y(t)_{t\to\infty} = 0 \tag{6.2-3}$$

由式(6.2-2)可知,当 $\lambda_i < 0, \delta_j < 0$ 时,输出响应 $y(t)_{t\to\infty} = 0$ 成立,是系统稳定的充分必要条件。由此可以得出:

(1)稳定性是控制系统自身的固有特性,它取决于系统本身的结构和参数,而与输入无关;

(2)式(6.2-1)中,λ_i, δ_j 对应闭环系统传递函数特征根的实部。因此,对于线性定常系统,若系统所有特征根的实部均为负值,则受脉冲干扰的零输入响应最终衰减到零,这样的系统是稳定的。反之,若特征根中有一个或多个根具有正实部,则受脉冲干扰的零输入响应将随时间的推移而发散,这样的系统是不稳定的。

因此,控制系统稳定的充分必要条件是闭环传递函数的极点全部具有负实部,或说闭环传递函数的极点全部在 s 平面的左半平面。

6.3 劳斯稳定性判据

线性定常系统稳定的充要条件是闭环特征方程的根具有负实部。因此,判别其稳定性,需要求解系统特征方程式的根。但当系统阶数高于4时,求解特征方程将会遇到较大的困难。因此,为了避开对特征方程的直接求解,可只讨论特征根的分布,分析其是否全部具有负实部,并以此来判别系统的稳定性,这样也就产生了一系列稳定性判据。其中,最主要的一个判据就是1884年由 E. J. Routh 提出的判据,根据特征方程的各项系数判断系统稳定性的方法,称为劳斯(Routh)判据。1895年,A.Hurwitz 又提出了根据特征方程的各项系数来判别系统稳定性的另一方法,称为赫尔维兹(Hurwitz)判据。本节主要讨论劳斯稳定性判据。

劳斯判据的优点包括:

(1)不用直接求解闭环特征根,计算量小;

(2)可方便判断具有正实部的闭环特征根的数目;

(3)可分析系统的相对稳定性;

(4)可方便分析参数对系统稳定性的影响。

6.3.1 劳斯稳定性判据的充分必要条件

设控制系统的闭环特征方程为：

$$D(s) = a_0 s^n + a_1 s^{n-1} + \alpha_2 s^{n-2} + \cdots + a_{n-1}s + a_n = 0 \tag{6.3-1}$$

由稳定性概念得知，控制系统稳定的必要条件是控制系统特征方程式的各项系数 a_i $(i=0,1,2,\cdots,n)$ 均为正值，且特征方程不缺项；利用劳斯判据判断控制系统稳定的充分条件是劳斯阵列中第一列所有项均为正号。

若式(6.3-1)所有系数均为正值，将多项式的系数排列成如下所示的行和列，即为劳斯阵列：

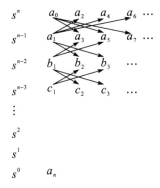

其中，系数 b_i 的计算，用前两行系数交叉相乘再除以前一行第一个元素的方法，一直进行到其余的 b_i 值都等于零时为止。同样 c,d,e 各行的系数，也可根据下列公式计算：

$$b_1 = \frac{a_1 a_2 - a_0 a_3}{a_1} \qquad c_1 = \frac{b_1 a_3 - a_1 b_2}{b_1} \qquad d_1 = \frac{c_1 b_2 - b_1 c_2}{c_1}$$

$$b_2 = \frac{a_1 a_4 - a_0 a_5}{a_1} \qquad c_2 = \frac{b_1 a_5 - a_1 b_3}{b_1} \qquad d_2 = \frac{c_1 b_3 - b_1 c_3}{c_1}$$

$$b_3 = \frac{a_1 a_6 - a_0 a_7}{a_1} \qquad c_3 = \frac{b_1 a_7 - a_1 b_4}{b_1} \qquad \vdots$$

$$\vdots \qquad\qquad \vdots$$

这种过程一直进行到最后一行被算完为止，系数的完整阵列呈现为倒角形。若劳斯阵列中第一列系数的符号全部大于0，则系统稳定；否则不稳定。

6.3.2 劳斯稳定性判据应用的几种情况

本节通过例题来说明劳斯稳定性判据在应用时的几种具体情况。

例1~例3直接根据闭环特征方程列写劳斯阵列并进行稳定性判断，并对不稳定系统的正实部根个数进行说明。

例4~例5针对参数对闭环系统稳定性影响进行分析。

例6~例9针对闭环特征方程出现缺项、劳斯阵列某行出现零等特殊情况进行分析。

例 1 设控制系统的特征方程式为 $D(s) = s^4 + 8s^3 + 17s^2 + 16s + 5 = 0$,试用劳斯稳定判据判断系统的稳定性。

解:首先根据系统闭环特征方程,完成劳斯阵列,然后再根据劳斯判据判断系统稳定性。

由特征方程各项系数均为正,可知其已满足稳定的必要条件。其劳斯阵列如下:

$$
\begin{array}{llll}
s^4 & 1 & 17 & 5 \\
s^3 & 8 & 16 & 0 \\
s^2 & 15 & 5 & \\
s^1 & \dfrac{40}{3} & & \\
s^0 & 5 & &
\end{array}
$$

由劳斯阵列的第一列看出,第一列中系数符号全为正值,因此控制系统稳定。

例 2 设控制系统的特征方程式为 $D(s) = s^4 + 2s^3 + 3s^2 + 4s + 3 = 0$,试利用劳斯稳定判据判断系统的稳定性。

解:首先根据系统闭环特征方程,完成劳斯阵列,然后再根据劳斯判据判断系统稳定性。若劳斯阵列第一列出现负数,则系统不稳定,且第一列系数符号改变的次数,为特征方程在右半 S 平面的根数,即实部为正的特征根数。

由特征方程各项系数均为正,可知其已满足稳定的必要条件。其劳斯阵列计算如下:

$$
\begin{array}{llll}
s^4 & 1 & 3 & 3 \\
s^3 & 2 & 4 & 0 \\
s^2 & 1 & 3 & \\
s^1 & -2 & & \\
s^0 & 3 & &
\end{array}
$$

本题中由劳斯阵列的第一列看出,第一列中系数符号不全为正值,且从 $+1 \to -2 \to +3$,改变符号两次,符号说明闭环系统有两个正实部的根,即在 s 右半面有两个闭环极点,因此控制系统不稳定。

例 3 设控制系统的特征方程式为 $D(s) = s^5 + 6s^4 + 2s^3 + 3s^2 + 2s + 6 = 0$,试用劳斯稳定判据判断该系统的稳定性。

解:首先根据系统闭环特征方程,完成劳斯阵列,然后再根据劳斯判据判断系统稳定性。由特征方程各项系数均为正,可知其已满足稳定的必要条件。

劳斯阵列如下:

$$
\begin{array}{llll}
s^5 & 1 & 2 & 2 \\
s^4 & 6 & 3 & 6 \\
s^3 & \dfrac{3}{2} & 1 &
\end{array}
$$

$$s^2 \quad -\frac{1}{3} \quad 2$$

$$s^1 \quad 10$$

$$s^0 \quad 2$$

由劳斯阵列的第一列看出,第一列中系数符号不全为正值,且从 $+\frac{3}{2} \rightarrow -\frac{1}{3} \rightarrow +10$,改变符号两次,说明闭环系统有两个正实部的根,即在 s 右半平面有两个闭环极点,因此控制系统不稳定。

例4 设某反馈控制系统如图6-5所示,试计算使系统稳定的 K 值范围。

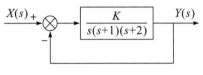

$$X(s) \overset{+}{\underset{-}{\otimes}} \rightarrow \boxed{\frac{K}{s(s+1)(s+2)}} \rightarrow Y(s)$$

图6-5　例4系统方块图

解:首先计算获得系统闭环特征方程,然后通过劳斯判据给出系统稳定的充分必要条件,再进一步判断使系统稳定 K 的取值范围。

系统闭环传递函数为

$$\frac{Y(S)}{X(S)} = \frac{\dfrac{K}{s(s+1)(s+2)}}{1+\dfrac{K}{s(s+1)(s+2)+K}} = \frac{K}{s(s+1)(s+2)+K} = \frac{K}{s^3+3s^2+2s+K}$$

特征方程为:$D(s) = s^3 + 3s^2 + 2s + K = 0$

劳斯阵列如下:

$$s^3 \quad 1 \quad 2$$

$$s^2 \quad 3 \quad K$$

$$s^1 \quad \frac{6-K}{3} \quad 0$$

$$s^0 \quad K$$

则若要使该系统稳定,需满足劳斯阵列第一列严格为正,条件如下:

$$\begin{cases} K>0 \\ \dfrac{6-K}{3}>0 \end{cases}$$

解得,使系统稳定的 K 值范围为:$0<K<6$。

例5 设反馈控制系统的特征方程式为 $D(s) = s^3 + 5Ks^2 + (2K+3)s + 10 = 0$,试确定使该闭环系统稳定的 K 值。

解:首先根据系统闭环特征方程,完成劳斯阵列,给出系统稳定的充分必要条件,然后通过劳斯判据判断使系统稳定 K 的取值范围。

劳斯阵列如下：

$$
\begin{array}{ccc}
s^3 & 1 & 2K+3 \\
s^2 & 5K & 10 \\
s^1 & \dfrac{5K(2K+3)-10}{5K} & \\
s^0 & 10 &
\end{array}
$$

由系统稳定的充要条件,可得使系统稳定需满足

$$
\begin{cases}
5K>0 \\
2K+3>0 \\
5K(2K+3)-10>0
\end{cases}
$$

解得,使系统稳定的 K 值范围为: $K>\dfrac{1}{2}$。

例6 设控制系统的特征方程式为 $D(s)=s^4+3s^3+s^2+3s+1=0$,试用劳斯稳定判据判断该系统的稳定性。

解:若劳斯阵列某一行第一个元素为零,而其余各元素不全为零的情况,用无限小正数 ε 代替零,完成劳斯阵列,再判断稳定性。

由特征方程各项系数均为正,可知其已满足稳定的必要条件。

劳斯阵列如下：

$$
\begin{array}{cccc}
s^4 & 1 & 1 & 1 \\
s^3 & 3 & 3 & \\
s^2 & 0(\text{记为}\varepsilon) & 1 & \\
s^1 & \dfrac{3\varepsilon-3}{\varepsilon} & & \\
s^0 & 1 & &
\end{array}
$$

由劳斯阵列的第一列看出,第一列中系数符号不全为正值,系数符号改变两次,说明闭环系统有两个正实部的根,即在 s 右半面有两个闭环极点,因此控制系统不稳定。

例7 设控制系统的特征方程式为 $D(s)=s^3+2s^2+s+2=0$,试用劳斯稳定判据判断该系统的稳定性。

解:与上题类似,若劳斯阵列某一行只有第一个元素且为零,用无限小正数 ε 代替零,完成劳斯阵列,再判断稳定性。

由特征方程各项系数均为正,可知其已满足稳定的必要条件。

劳斯阵列如下：

$$
\begin{array}{ccc}
s^3 & 1 & 1 \\
s^2 & 2 & 2 \\
s^1 & 0(\text{记为}\varepsilon) & \\
s^0 & 2 &
\end{array}
$$

由于第一列中系数符号未改变,故系统没有正实部的根,s^1 行为 0,说明系统有一对共轭虚根。实际上,

$$s^3 + 2s^2 + s + 2 = (s^2 + 1)(s + 2) = 0$$

其根为 $\pm j, -2$,系统为临界稳定。

例8 设 $D(s) = s^6 + 2s^5 + 8s^4 + 12s^3 + 20s^2 + 16s + 16 = 0$ 为某一控制系统的特征方程式,试用劳斯稳定判据判断该系统的稳定性。

解: 若出现某一行所有元素均为零的情况,可利用该行上一行元素构成一个辅助多项式,并利用这个多项式方程导数的系数组成劳斯阵列表中的下一行,继续完成劳斯阵列,再进行稳定性判断。

在展开的阵列中,为简化计算,可用一个正整数去除或乘某一整行的所有元素,这时并不改变稳定性结论。

由特征方程各项系数均为正,可知其已满足稳定的必要条件。

计算劳斯阵列如下:

$$
\begin{array}{c c c c}
s^6 & 1 & 8 & 20 \quad 16 \\
s^5 & 2 & 12 & 16 \\
s^4 & 1 & 6 & 8 \\
s^3 & 0 & 0 & 0 \\
\end{array}
$$

（用 2 除整行得到）

由上表可知,s^3 行的各元素全部为零。利用 s^4 行元素构成一个辅助多项式,其导数的系数组成劳斯阵列中 s^3 行的元素。同时可利用 s^4 行辅助多项式构成辅助方程,可解出系统闭环特征根。

本例可以得到 s^4 行辅助多项式:$A(s) = s^4 + 6s^2 + 8$

对 s 求导得:$\dfrac{dA(s)}{ds} = 4s^4 + 12s^2 \xrightarrow{\text{除以 } 4} \dfrac{dA(s)}{ds} = s^3 + 3s$

用上式的各项系数作为 s^3 行的各项元素,继续完成得劳斯阵列如下:

$$
\begin{array}{c c c c}
s^6 & 1 & 8 & 20 \quad 16 \\
s^5 & 2 & 12 & 16 \\
s^4 & 1 & 6 & 8 \\
s^3 & 0(\text{记为 } 1) & 0(\text{记为 } 3) & \\
s^2 & 3 & 8 & \\
s^1 & \dfrac{1}{3} & 0 & \\
s^0 & 8 & & \\
\end{array}
$$

从上表可知,第一列系数符号没有变号,说明系统没有右根,但是因为 s^3 行的各项系数全为零,说明虚轴上有共轭虚根,其根可由 s^4 行辅助方程求得,该例的辅助方程是:$s^4 + 6s^2 + 8 = 0$

解辅助方程,求系统特征方程的共轭虚根:

$$s^4 + 6s^2 + 8 = (s^2 + 2)(s^2 + 4) = 0$$

得
$$s_{1,2} = \pm\sqrt{2}j, \quad s_{3,4} = \pm 2j$$

图 6-6 给出了系统闭环极点分布情况。特征根存在共轭虚根和正实部根,故系统不稳定。

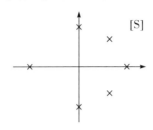

图 6-6 例 8 闭环极点分布图

例 9 设控制系统的特征方程式为 $D(s) = s^5 + 2s^4 + 3s^3 + 6s^2 - 4s - 8 = 0$,试根据辅助方程求特征根。

解: 由于特征方程各项系数出现负数,不满足稳定的必要条件。首先完成劳斯阵列,再根据具体情况完成稳定性判断。

劳斯阵列如下:

$$
\begin{array}{cccc}
s^5 & 1 & 3 & -4 \\
s^4 & 2 & 6 & -8 \\
s^3 & 0 & 0 & 0
\end{array}
$$

根据 s^4 行元素,构造 s^3 行辅助方程。

s^4 行辅助多项式:
$$A(s) = 2s^4 + 6s^2 - 8$$

对 s 求导得:
$$\frac{dA(s)}{ds} = 8s^3 + 12s$$

用上式的各项系数作为 s^3 行的各项元素,完成劳斯阵列如下:

$$
\begin{array}{cccc}
s^5 & 1 & 3 & -4 \\
s^4 & 2 & 6 & -8 \\
s^3 & 8 & 12 & 0 \\
s^2 & 3 & -8 & \\
s^1 & \dfrac{100}{3} & 0 & \\
s^0 & -8 & &
\end{array}
$$

从上表可知,第一列系数符号改变一次,说明系统具有一个正实部根,其根可由辅助方程求得,该例的辅助方程是:

$$2s^4 + 6s^2 - 8 = 0$$

解方程求系统特征方程:

$$2s^4 + 6s^2 - 8 = (2s^2 - 2)(s^2 + 4) = 0$$

$$s_{1,2} = \pm 1, \quad s_{3,4} = \pm 2j$$

特征根存在共轭虚根和正实部根,故系统不稳定。

6.3.3 劳斯判据判断系统相对稳定性

系统稳定时,闭环极点均在 s 左半平面,且距离虚轴越远,系统稳定程度越好,即系统相对稳定性越好。**故闭环极点距离虚轴的距离,可作为衡量系统稳定性的稳定裕量。**分析系统相对稳定性,即在给定稳定裕量下判断系统是否稳定。如图 6-7 所示,向左平移虚轴 σ,令 $s=z-\sigma$,将 $s=z-\sigma$ 代入系统特征式,得到 z 的方程式,再应用劳斯判据进行判断。

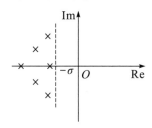

图 6-7　采用劳斯判据看系统相对稳定性

例 10　判断系统 $\dfrac{Y(s)}{X(s)}=\dfrac{10000(0.3s+1)}{s^4+10s^3+35s^2+50s+24}$ 在 s 平面的 -1 右侧有没有闭环特征根。

解: 判断系统相对稳定性,首先将 $s=z-1$ 代入系统特征式,得到 z 的闭环特征方程式,再应用劳斯判据进行判断。

$$(z-1)^4+10(z-1)^3+35(z-1)^2+50(z-1)+24=0$$

即
$$z^4+6z^3+11z^2+6z=0$$

$$
\begin{array}{lccc}
z^4 & 1 & 11 & 0 \\
z^3 & 6 & 6 & \\
z^2 & 10 & 0 & \\
z^1 & 6 & & \\
z^0 & 0 & &
\end{array}
$$

由特征方程式可得,不满足系统稳定的必要条件,存在零系数,且劳斯判据第一列未变号,可见系统特征式在 $s=-1$ 右侧没有根,在 z 平面原点有闭环特征根(即 $s=-1$)。

6.4 乃奎斯特稳定性判据

应用劳斯稳定判据分析闭环系统的稳定性有其局限性。第一,应用劳斯判据必须知道闭环系统的特征方程,而有些实际系统更容易通过实验获得开环频率特性。第二,劳斯判据只能判断系统是否稳定,不能够指出系统的稳定程度,即无法定量表示系统稳定性。

1932 年,H.Nyquist 提出了另一种判定闭环系统稳定性的方法,称为 Nyquist(乃奎斯特)稳定判据。这一判据是利用开环系统乃奎斯特图(或称极坐标图,乃氏图),来判断系统闭环后的稳定性。其优点包括:

（1）使用系统开环频率特性,不需要求出闭环频率特性。

（2）通过作乃氏图判断稳定性,计算量小。

（3）能够指出稳定的程度。

（4）提示改善系统稳定性的方法。

因此,乃奎斯特稳定判据在控制工程中得到了广泛应用,并且在频域控制理论中占有重要的地位。为了更好地说明乃奎斯特稳定判据,本节先介绍映射定理和辐角原理,然后介绍其在乃奎斯特稳定判据的应用。

6.4.1 映射定理和辐角原理

一般单输入–单输出线性定常系统的传递函数为有理分式,分子和分母都是复变数 s 的线性定常系数多项式。线性系统传递函数的一般形式可写成:

$$F(s) = K \frac{\prod\limits_{i=1}^{m}(s - z_i)}{\prod\limits_{j=1}^{n}(s - p_j)} \quad (n \geqslant m) \tag{6.4-1}$$

其中,z_i,p_i 分别为系统的零点和极点,可以是实数,也可以是复数。一般分母的阶次不低于分子,即 $n \geqslant m$。

复函数 $F(s)$ 的相角可表示为:

$$\angle F(s) = \sum_{i=1}^{m} \angle (s - z_i) - \sum_{j=1}^{n} \angle (s - p_j) \tag{6.4-2}$$

映射定理表达的是 s 平面上的一条封闭曲线,经过 $F(s)$ 映射后,在 F 平面上所具有的特征。在 s 平面上,除了 $F(s)$ 的零点和极点之外的任意点,均可在 F 平面上找到与之对应的点,复函数 $F(s)$ 就是从 s 平面到 F 平面上的一一映射。为了说明映射定理,可以把式(6.4-1)和(6.4-2)分解为简单的情形进行分析。

（1）$F(s)$ 只有一个复零点的情况

$$F(s) = s-z$$
$$\angle F(s) = \angle (s-z) \tag{6.4-3}$$

单零点映射是坐标平移映射,如图 6-8 所示,在 s 平面上顺时针方向画一条封闭曲线 C,该封闭曲线不穿过复零点 z,则在 F 平面上映射为包围原点的封闭曲线 C',该封闭曲线 C' 是 s 平面上封闭曲线 C 平移了 z 个单位。

当 s 平面上封闭线 C 顺时针方向移动一周,向量 $(s-z)$ 相角变化 $-2\pi rad$。由于平移映射在相角上没有相位差,方向一致,故 F 平面上封闭曲线 C' 也是顺时针移动一周,相角变化 $-2\pi rad$。

结论:如果 C 顺时针包围复零点 z,则曲线 C' 顺时针包围原点一圈,相角变化 $-2\pi rad$。如果 C 不包围 z,则 C' 也不包围原点。

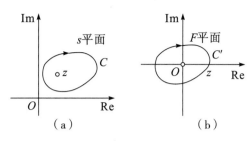

（a）s 平面上的顺时针封闭曲线；（b）映射到 F 平面上的曲线

图6-8 一个复零点的映射关系

（2）$F(s)$ 有 m 个复零点的情况

$$F(s) = \prod_{i=1}^{m} (s - z_i)$$

$$\angle F(s) = \sum_{i=1}^{m} \angle (s - z_i) \tag{6.4-4}$$

$F(s)$ 共有 m 个复零点，设曲线 C 顺时针包围了其中 Z 个。根据辐角原理，映射曲线 C' 从起点到终点相对于原点的相位增量，为封闭曲线 C 经过每一个向量 $(s-z_i)$ 映射后的相位增量之和。因此 C' 的相位增量应为 $-2Z\pi rad$，或者说 C' 顺时针包围原点 Z 圈。

结论：如果 C 顺时针包围 Z 个复零点，则曲线 C' 顺时针包围原点 Z 圈，相角变化 $-2Z\pi rad$。

（3）$F(s)$ 只有一个复极点的情况

$$F(s) = \frac{1}{s-p}$$

$$\angle F(s) = -\angle (s-p) \tag{6.4-5}$$

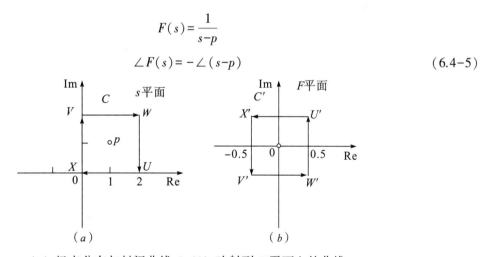

（a）极点分布与封闭曲线 C；（b）映射到 F 平面上的曲线

图6-9 封闭曲线包围1个复极点

图6-9以特殊点的形式举例说明了关于 $F(s)$ 的单极点映射是 s 平面上点的旋转和平移，即只考虑1个复极点 $p(1,j1)$。封闭曲线 $X(0,j0) \to V(0,j2) \to W(2,j2) \to U(2,j0)$ 顺时针包围点 p，如图6-9（a）所示。其映射如下：

$$X' = F(X) = \frac{1}{X - p} = \frac{1}{-1 - j} = \frac{-1 + j}{2}, X' \text{位于第二象限。}$$

$$V' = F(V) = \frac{1}{V - p} = \frac{1}{-1 + j} = \frac{-1 - j}{2}, V' \text{位于第三象限。}$$

$$W' = F(W) = \frac{1}{W - p} = \frac{1}{1 + j} = \frac{1 - j}{2}, W' \text{位于第四象限。}$$

$$U' = F(U) = \frac{1}{U - p} = \frac{1}{1 - j} = \frac{1 + j}{2}, U' \text{位于第一象限。}$$

映射曲线 C' 如图 6-9（b）所示，映射封闭曲线逆时针包围原点一圈，相角变化 $2\pi rad$。

结论：如果 C 顺时针包围复极点 p，则曲线 C' 逆时针包围原点 1 圈，相角变化 $2\pi rad$。

（4） $F(s)$ 有 n 个复极点的情况

$$F(s) = \frac{1}{\prod_{j=1}^{n}(s - p_j)}$$

$$\angle F(s) = -\sum_{j=1}^{n} \angle(s - p_j) \tag{6.4-6}$$

$F(s)$ 共有 n 个极点，设曲线 C 包围了其中 P 个。根据辐角原理，C' 从起点到终点相对于原点的相位增量为单独考虑 C 经过每一个向量映射后相位增量之和。因此 C' 的相位增量应为 $2P\pi rad$，或者说 C' 逆时针包围原点 P 圈。

结论：如果 C 顺时针包围 P 个复极点，则曲线 C' 逆时针包围原点 P 圈，相角变化 $2P\pi rad$。

向量映射定理和辐角原理结论：综合第 2、4 两种情况，对于式（6.4-1）所表示的传递函数，s 平面上顺时针方向的封闭曲线 C 如果包围了 $F(s)$ 的 Z 个零点和 P 个极点，则 C' 的相位增量应为 $2(P - Z)\pi$，向量映射在 $F(s)$ 平面上的曲线逆时针包围原点圈数为 $N = P - Z$。

6.4.2 乃奎斯特稳定性判据及基本应用

设系统的开环传递函数为：

$$G(s)H(s) = \frac{N(s)}{D(s)} \tag{6.4-7}$$

系统的闭环特征方程为：

$$F(s) = 1 + G(s)H(s) = \frac{N(s) + D(s)}{D(s)}$$

$$= \frac{K_r \prod_{i=1}^{m}(s - z_i)}{\prod_{j=1}^{n}(s - p_j)} \tag{6.4-8}$$

$$\angle F(s) = \sum_{i=1}^{m} \angle(s - z_i) - \sum_{j=1}^{n} \angle(s - p_j) \tag{6.4-9}$$

复函数 $F(s)$ 的零点就是闭环系统的极点，$F(s)$ 的极点就是开环系统的极点。**闭环系统稳定的充要条件是闭环传递函数在 s 的右半平面上没有极点，即 $F(s)$ 没有右零点。**

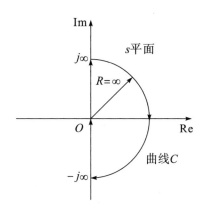

图 6-10 包围右半平面的曲线

为确定复函数 $F(s)$ 位于右半 s 平面零点的个数,做封闭曲线 C,顺时针包围整个右半平面和虚轴,将该封闭曲线称为乃奎斯特路径,如图 6-10 所示。若 $F(s)$ 在乃奎斯特路径之内有 Z 个零点和 P 个极点,根据辐角原理,乃奎斯特路径在 $F(s)$ 平面上逆时针包围原点的圈数为 $N=P-Z$,故 $F(s)$ 零点数即闭环系统极点数应为 $N=P-Z$。

显然,$N=0$ 时系统稳定,此时 $N=P$,即闭环系统稳定的充分必要条件是 $F(s)$ 逆时针包围原点的圈数就是 $F(s)$ 右极点数的个数。进一步,由式(6.4-8),$G(s)H(s)=F(s)-1$,即 $F(s)$ 逆时针包围原点的圈数就是系统开环传递函数 $G(s)H(s)$ 包围点 $(-1,j0)$ 的圈数。

综上所述,**乃奎斯特稳定性判据可以描述为:一个闭环反馈控制系统稳定的充要条件是当 $\omega:-\infty \to +\infty$,其开环系统乃氏图逆时针包围 $(-1,j0)$ 点的圈数等于其开环传递函数右极点的个数。**

应用乃奎斯特稳定性判据判断系统稳定性的步骤如下:

(1)根据系统开环传递函数写出系统频率特性;

(2)求出系统在初始点和终止点、与实轴交点、与虚轴交点等特殊点;

(3)画出系统开环传递函数当 ω 从 $-\infty$ 到 $+\infty$ 时的乃氏图,并判断乃氏图逆时针包围点 $(-1,j0)$ 的圈数 N 和右开环极点数 P;

(4)根据乃奎斯特稳定性判据,若 $N-P=0$,则系统稳定,否则系统不稳定。

(5)对最小相位系统,只需画出 ω 从 0 到 $+\infty$ 时的乃氏图,若乃氏图与负实轴无交点,则系统稳定;若有交点,且交点处幅值 $|G(j\omega)H(j\omega)|<1$,则系统稳定,否则不稳定。

例1 闭环控制系统开环传递函数为 $G(s)=\dfrac{15}{(s+1)(s+2)(s+3)}$,判断闭环系统稳定性。

解: 针对最小相位系统,写出开环系统频率特性,画系统乃氏图,再利用乃氏判据判断其稳定性。

首先,写出 $|G(j\omega)|$ 和 $\angle G(j\omega)$ 的表达式:

$$G(s)=\frac{15}{(s+1)(s+2)(s+3)}=\frac{\dfrac{15}{6}}{(s+1)\left(\dfrac{1}{2}s+1\right)\left(\dfrac{1}{3}s+1\right)}$$

$$|G(j\omega)| = \frac{\dfrac{15}{6}}{\sqrt{1+(\omega)^2}\sqrt{1+\left(\dfrac{\omega}{2}\right)^2}\sqrt{1+\left(\dfrac{\omega}{3}\right)^2}}$$

$$\angle G(j\omega) = -arctg\omega - arctg\frac{\omega}{2} - arctg\frac{\omega}{3}$$

然后，分别求出 $\omega = 0^+$ 和 $\omega \rightarrow +\infty$ 时的 $G(j\omega)$：

$$\omega = 0^+ \qquad\qquad G(j0^+) = 2.5 \angle 0$$

$$\omega \rightarrow +\infty \qquad\qquad G(j+\infty) = 0 \angle -270°$$

求得与虚轴交点为：

$$-arctg\omega - arctg\frac{\omega}{2} - arctg\frac{\omega}{3} = -\frac{\pi}{2}$$

$$\frac{\pi}{2} - arctg\omega = arctg\frac{\omega}{2} + arctg\frac{\omega}{3}$$

两边同取正切得：

$$\frac{1}{\omega} = \frac{\dfrac{\omega}{2}+\dfrac{\omega}{3}}{1-\dfrac{\omega}{2}\cdot\dfrac{\omega}{3}} = \frac{\dfrac{5\omega}{6}}{1-\dfrac{\omega^2}{6}} \Rightarrow \frac{5\omega^2}{6} = 1 - \frac{\omega^2}{6} \Rightarrow \omega = \pm 1 (-1 \text{ 舍去})$$

$$|G(j+1)| = \frac{\dfrac{15}{6}}{\sqrt{1+(1)^2}\sqrt{1+\left(\dfrac{1}{2}\right)^2}\sqrt{1+\left(\dfrac{1}{3}\right)^2}} \approx 1.5$$

求与实轴交点：

$$-arctg\omega - arctg\frac{\omega}{2} - arctg\frac{\omega}{3} = -\pi$$

$$\pi - arctg\omega = arctg\frac{\omega}{2} + arctg\frac{\omega}{3}$$

两边同取正切得：

$$-\omega = \frac{\dfrac{\omega}{2}+\dfrac{\omega}{3}}{1-\dfrac{\omega}{2}\cdot\dfrac{\omega}{3}} = \frac{\dfrac{5\omega}{6}}{1-\dfrac{\omega^2}{6}} \Rightarrow -\frac{5}{6} = 1 - \frac{\omega^2}{6} \Rightarrow \omega = \sqrt{11} = \pm 3.32 (-3.32 \text{ 舍去})$$

$$|G(j+\sqrt{11})| = \frac{\dfrac{15}{6}}{\sqrt{1+11}\sqrt{1+\dfrac{11}{4}}\sqrt{1+\dfrac{11}{9}}} \approx 0.25$$

故作出系统开环传递函数乃氏图,如图 6-11 所示,乃氏曲线没有包围点 $(-1, j0)$,且开环传递函数没有右极点,根据乃奎斯特稳定性判据,系统闭环稳定。

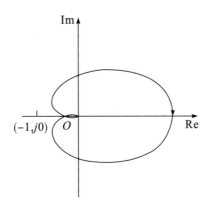

图 6-11　例 1 乃氏图

例 2　闭环控制系统开环传递函数为 $G(s)=\dfrac{15}{(s-1)(s+2)(s+3)}$，判断闭环稳定性。

解：针对非最小相位系统，其相角分析应根据典型环节所在象限进行判断，画系统乃氏图，再利用乃氏判据判断其稳定性。

首先，写出 $|G(j\omega)|$ 和 $\angle G(j\omega)$ 的表达式：

$$|G(j\omega)|=\frac{\dfrac{15}{6}}{\sqrt{1+(\omega)^2}\sqrt{1+\left(\dfrac{\omega}{2}\right)^2}\sqrt{1+\left(\dfrac{\omega}{3}\right)^2}}$$

$$\angle G(j\omega)=-\pi+arctg\,\omega-arctg\,\frac{\omega}{2}-arctg\,\frac{\omega}{3}$$

然后，分别求出 $\omega=0^+$ 和 $\omega\rightarrow+\infty$ 时的 $G(j\omega)$：

$$\omega=0^+ \qquad G(j0^+)=2.5\angle-180°$$

$$\omega\rightarrow+\infty \qquad G(j+\infty)=0\angle-270°$$

求与实轴交点：

$$-\pi+arctg\,\omega-arctg\,\frac{\omega}{2}-arctg\,\frac{\omega}{3}=-\pi$$

$$arctg\,\omega=arctg\,\frac{\omega}{2}+arctg\,\frac{\omega}{3}$$

两边同取正切得：

$$\omega=\frac{\dfrac{\omega}{2}+\dfrac{\omega}{3}}{1-\dfrac{\omega}{2}\cdot\dfrac{\omega}{3}}=\frac{\dfrac{5\omega}{6}}{1-\dfrac{\omega^2}{6}}\Rightarrow\frac{5}{6}=1-\frac{\omega^2}{6}\Rightarrow\omega=\pm1(-1\text{ 舍去})$$

$$|G(j+1)|=\frac{\dfrac{15}{6}}{\sqrt{1+(1)^2}\sqrt{1+\left(\dfrac{1}{2}\right)^2}\sqrt{1+\left(\dfrac{1}{3}\right)^2}}\approx1.5$$

故作出系统开环传递函数乃氏图,如图 6-12 所示,可得顺时针包围(-1,j0)点 1 圈,右极点数为 1。根据乃奎斯特稳定性判据,系统闭环稳定的条件是逆时针包围(-1,j0)点 1 圈。因此系统闭环不稳定。

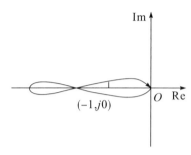

图 6-12 例 2 乃氏图

例3 闭环控制系统如图 6-13 所示,判断 K 在什么范围内系统闭环稳定。

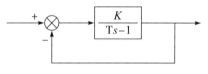

图 6-13 例 3 闭环系统

解:利用乃式判据判断系统稳定的某个参数取值范围,画开环系统乃氏图,判断其逆时针包围点(-1,j0)的圈数,进一步分析参数取值范围。需要指出的是,若乃氏图穿越点(-1,j0),则系统为临界稳定状态。

系统开环传递函数为:$G(s) = \dfrac{K}{Ts-1}$

首先,写出 $|G(j\omega)|$ 和 $\angle G(j\omega)$ 的表达式:

$$|G(j\omega)| = \frac{K}{\sqrt{1+(\omega T)^2}}$$

$$\angle G(j\omega) = -\pi + arctg\omega T$$

然后,分别求出 $\omega = 0^+$ 和 $\omega \to +\infty$ 时的 $G(j\omega)$:

$$\omega = 0^+ \qquad G(j0^+) = K\angle -180°$$

$$\omega \to +\infty \qquad G(j+\infty) = 0\angle -90°$$

故作出系统开环传递函数乃氏图,如图 6-14 所示。

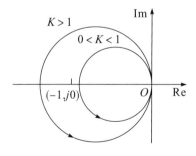

图 6-14 例 3 乃氏图

右极点数为 $P=1$,由乃氏图可得 $0<K<1$ 以及 $K\leqslant0$ 时,乃氏图不包围 $(-1,j0)$ 点,因此系统闭环不稳定。$K>1$ 时,乃氏图逆时针包围 $(-1,j0)$ 点 1 圈,此时系统闭环稳定。$K=1$ 时,乃氏图逆时针包围通过 $(-1,j0)$ 点,此时系统临界稳定。故使系统闭环稳定的 K 的取值范围为 $K>1$。

6.4.3 乃奎斯特稳定性判据应用于带积分环节的系统

当开环传递函数出现积分环节,即开环特征方程有零根时的特殊情况,讨论如下。

按照辐角原理,s 平面上的一条封闭曲线 C 不能通过 $F(s)$ 的零点或极点,而辅助函数 $F(s)$ 的零点是闭环特征方程的极点,因此当出现位于原点的开环极点时,封闭曲线 C 须避开这些开环极点但仍能包围 s 右半平面。

规定极点为零的点作为左半平面的根,在 s 平面上做封闭曲线包围整个 s 右半平面。故对于具有积分环节的开环传递函数 $G(s)H(s)=\dfrac{K}{s}$,当 $s\to0$ 时,令 $s=\lim\limits_{r\to0}re^{j\varphi}$,则

$$G(s)H(s)\big|_{s=re^{j\varphi}}=\lim_{r\to0}\frac{K}{re^{j\varphi}}=\lim_{r\to0}\frac{K}{r}e^{-j\varphi} \qquad (6.4\text{-}10)$$

在 s 平面 $s:j0^-\to j0^+$ 段,曲线为逆时针绕过原点以 $r\to0$ 微小半径的半圆,$\varphi:-90°\to90°$,如图 6-15 所示小半圆曲线。

映射为频率特性 $G(j\omega)H(j\omega)$ 在 $\omega:0^-\to0^+$ 段,幅值 $|G(j\omega)H(j\omega)|=\lim\dfrac{K}{r}\to\infty$,相角 $\angle G(j\omega)H(j\omega)=-\varphi:90°\to-90°$,如图 6-15 所示半径无穷大的半圆曲线。即极点为零的点其乃氏图为沿着 $\omega:0^-\to0^+$ 方向,以相角 $90°\to-90°$ 顺时针方向,画幅值为无穷大半径绕原点 $180°$ 的半圆。

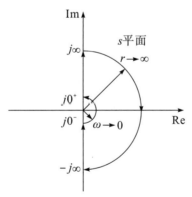

图 6-15 系统开环传递函数包含积分环节时的曲线

作图时,应先画 $\omega:0^+\to+\infty$ 时 $G(j\omega)H(j\omega)$ 曲线,按照对称原则画 $\omega:-\infty\to0$ 时 $G(j\omega)H(j\omega)$ 曲线,再补画 $\omega:0^-\to0^+$ 时的 $G(j\omega)H(j\omega)$ 曲线,即按顺时针方向补画半径为无穷大的 $180°$ 圆弧。当开环系统包含 v 个积分环节,则应补画半径为无穷大的 $v180°$ 圆弧。

例4 一个闭环控制系统,开环传递函数为 $G(s)=\dfrac{K}{s(0.1s+1)(0.05s+1)}$,试判断闭环稳定性。

解:利用乃式判据判断系统稳定的某个参数取值范围,首先画开环系统乃氏图,判断其逆时针包

围点$(-1, j0)$的圈数,进一步分析参数取值范围。

规定:极点为零的点为左半平面的根。

首先,写出$|G(j\omega)|$和$\angle G(j\omega)$的表达式:

$$|G(j\omega)| = \frac{K}{\omega\sqrt{1+(0.1\omega)^2}\sqrt{1+(0.05\omega)^2}}$$

$$\angle G(j\omega) = -\frac{\pi}{2} - arctg0.1\omega - arctg0.05\omega$$

然后,分别求出$\omega = 0^+$和$\omega \rightarrow +\infty$时的$G(j\omega)$:

$$\omega = 0^+ \qquad G(j0^+) = \infty \angle -90°$$

$$\omega \rightarrow +\infty \qquad G(j+\infty) = 0 \angle -270°$$

求与实轴交点:

$$-\frac{\pi}{2} - arctg0.1\omega - arctg0.05\omega = -\pi$$

$$arctg0.1\omega = \frac{\pi}{2} - arctg0.05\omega$$

两边同取正切得:

$$0.1\omega = \frac{1}{0.05\omega} \Rightarrow \omega^2 = 200 \Rightarrow \omega = \pm14.14(-14.14 \text{舍去})$$

$$|G(j+14.14)| = \frac{K}{10\sqrt{2}\sqrt{1+2}\sqrt{1+0.5}} = \frac{K}{30}$$

故作出系统开环传递函数乃氏图,如图6-16所示,因为系统有一个积分环节,故从乃氏图沿着$\omega : 0^- \rightarrow 0^+$方向,顺时针补画角度为$\pi$,幅值为无穷大的圆弧。

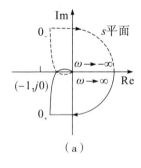
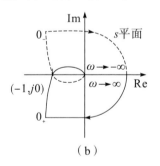
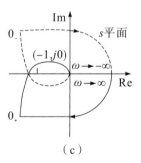

图6-16 例4乃氏图

图6-16(a),当$0<K<30$时,乃氏曲线不包围$(-1, j0)$点,因此系统闭环稳定。图6-16(b),当$K=30$时,乃氏曲线穿越$(-1, j0)$点,因此系统临界稳定。图6.4-9(c),当$K>30$时,乃氏曲线顺时针包围$(-1, j0)$点2圈,因此系统闭环不稳定。

例5 一个闭环控制系统,开环传递函数为$G(s) = \frac{(\tau_1 s+1)}{s^2(T_1 s+1)}$,试判断闭环稳定性。

解:首先,写出$|G(j\omega)|$和$\angle G(j\omega)$的表达式:

$$|G(j\omega)| = \frac{\sqrt{1+(\tau_1\omega)^2}}{\omega^2\sqrt{1+(T_1\omega)^2}}$$

$$\angle G(j\omega) = -\frac{\pi}{2}\times 2 + arctg\tau_1\omega - arctgT_1\omega$$

然后,分别求出 $\omega=0^+$ 和 $\omega\rightarrow+\infty$ 时的 $G(j\omega)$:

$$\omega=0^+ \qquad G(j0^+)=\infty\angle-180°$$

$$\omega\rightarrow+\infty \qquad G(j+\infty)=0\angle-180°$$

当 $\tau_1>T_1$ 时, $G(j0^+)=\infty\angle-180°$。

当 $\tau_1<T_1$ 时, $G(j0^+)=\infty\angle-180°$。

故作出系统开环传递函数乃氏图如图 6-17,因系统包含 2 个积分环节,故从乃氏图沿着 $\omega:0^-\rightarrow$ 0^+ 方向,顺时针补画角度为 2π,幅值为 ∞ 的圆弧。

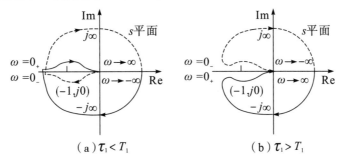

（a）$\tau_1<T_1$　　　　　　　　　（b）$\tau_1>T_1$

图 6-17　例 5 乃氏图

由于本题中 $p=0$,则乃氏曲线不包含 $(-1,j0)$ 点时,闭环系统稳定。由图 6-17 可得,当 $\tau_1>T_1$ 时,系统闭环稳定;当 $\tau_1<T_1$ 时,系统闭环不稳定。

6.4.4 乃奎斯特稳定性判据应用于延时系统

当开环传递函数出现延迟环节的特殊情况,讨论如下。

延时环节(又称滞后环节),其输出变量 $y(t)$ 与输入变量 $x(t)$ 之间的关系为 $y(t)=x(t-\tau)$,其传递函数为 $G(s)=e^{-\tau s}$(τ 为延迟时间)。图 6-18 为延时环节输入与输出的关系。

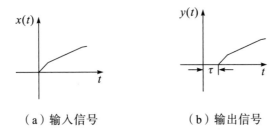

（a）输入信号　　　　　　　　（b）输出信号

图 6-18　延时环节输入与输出关系

信号通过延时环节,不改变其性质,仅仅在发生时间上进行了延迟。在热工过程、化工过程以及能源动力设备中,工质、燃料、物料从传输管进口到出口之间就可以用延时环节表示。

图 6-19　所示为具有延时环节的方块图。

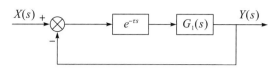

图 6-19　延时环节串联在前向通道

其中, $G(s)$ 是除延时环节以外的开环传递函数,这时整个系统的开环传递函数为

$$G(s) = G_1(s)e^{-\tau s} \tag{6.4.-11}$$

相应的开环频率特性为

幅频特性　　　　　　　　　 $|G(j\omega)| = |G_1(j\omega)| \cdot 1$

相频特性　　　　　　　　　 $\angle G(j\omega) = \angle G_1(j\omega) - \tau\omega$

可见,延时环节不改变幅频特性,仅影响相频特性,且相角以螺线的形式滞后增加, τ 越大,产生的滞后越多。

例 6　一个闭环系统原开环传递函数为 $G(s) = \dfrac{1}{s(s+1)}$,串联延迟环节为 $e^{-\tau s}$,试分析其稳定性。

解: 系统开环传递函数和开环频率特性为

$$G(s) = \frac{1}{s(s+1)}e^{-\tau s}, \quad G(j\omega) = \frac{1}{j\omega(j\omega+1)}e^{-\tau j\omega}$$

$$\angle G(j\omega) = -\frac{\pi}{2} - \arctan\omega - \omega\tau$$

其开环乃氏图如图 6-20 所示。

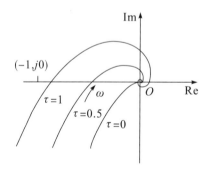

图 6-20　不同延时时间的乃氏图

由图 6-20 可见,当 $\tau=0$ 时,即无延时环节,乃氏图的相位不超过 $-\pi$,图像在第三象限,此时二阶系统是稳定的。随着 τ 值增加,相位向负的方向变化,根据延迟环节相角特性,乃氏图以螺线的形式顺时针进入其他象限。当 τ 增加到某一值,乃氏图包围 $(-1,j0)$ 点时,闭环系统变得不稳定。

6.5 由伯德图判断系统的稳定性

由伯德图判断系统的稳定性,实际上是乃奎斯特稳定性判据的另一种形式,即利用开环系统的伯德图来判别系统闭环的稳定性,而伯德图又可通过实验获得,因此在工程上获得了广泛的应用。

6.5.1 乃奎斯特图与伯德图的对应关系

图6-21和图6-22分别表示控制系统的乃氏曲线和其对应的伯德图曲线。由图可以看出,这两种特性曲线之间存在以下对应关系:

（1）幅频特性:在$G(j\omega)H(j\omega)$平面上,乃氏曲线上的单位圆即幅值$|G(j\omega)H(j\omega)|=1$处对应伯德图曲线上的0dB线,即伯德图的横坐标轴。单位圆之外的区域对应伯德图对数幅值$20\lg|G(j\omega)H(j\omega)|>0$的部分,在单位圆以内的区域代表伯德图对数幅值$20\lg|G(j\omega)H(j\omega)|<0$的部分。

（2）相频特性:乃氏曲线上的负实轴,即$\angle G(j\omega)H(j\omega)=-180°$,对应伯德图对数相频曲线上的$-180°$线。乃氏曲线与单位圆的交点处频率称为剪切频率$\omega_c$,剪切频率$\omega_c$处相角在第三象限,则对应相角$\angle G(j\omega_c)H(j\omega_c)>-180°$,剪切频率$\omega_c$处相角在第二象限,则$\angle G(j\omega_c)H(j\omega_c)<-180°$。

乃氏曲线与负实轴的交点处频率,称为穿越频率ω_g,对于最小相位系统,乃式判据为$\angle G(j\omega)H(j\omega)=-180°$时的幅值$|G(j\omega_g)H(j\omega_g)|<1$。此时对应的频率为系统稳定时。由于最小相位系统的幅值和相角都是随着ω的增大而减小,乃氏曲线呈单调衰减,这意味着$|G(j\omega)H(j\omega)|=1$时,相角$\angle G(j\omega)H(j\omega)>-180°$,位于第三象限。因此得到如下伯德图稳定判据:

伯德图判断系统稳定的充分必要条件是,在对数幅值$L(\omega)=20\lg|G(j\omega)H(j\omega)|=0$,即剪切频率$\omega_c$处,相角$\varphi(\omega)=\angle G(j\omega)H(j\omega)>-180°$,反之不稳定,当相角$\varphi(\omega)=\angle G(j\omega)H(j\omega)=-180°$系统临界稳定。

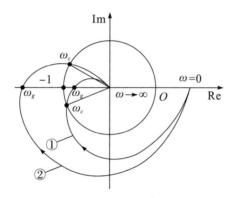

图6-21　乃氏图单位圆、剪切频率、与负实轴交点和稳定性的关系

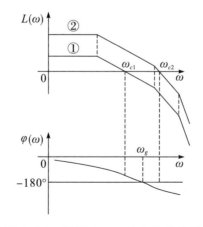

图6-22　同图6-21对应的伯德图

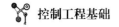

6.5.2 伯德图判断系统稳定性的应用举例

例1 给出伯德图判断系统稳定性的基本步骤;例2给出利用伯德图判断系统稳定的某参数取值范围。

例1 已知 $G(s)H(s)=\dfrac{100(1.25s+1)^2}{s(5s+1)^2(0.02s+1)(0.005s+1)}$ 为某一控制系统的开环传递函数,试用伯德图确定闭环后的稳定性。

解: 首先画出最小相位系统伯德图见图6-23所示,然后根据剪切频率 ω_e 处相角与-180°的关系,判断系统稳定性。

由图6-23可知,在 $L(\omega)=20\lg|G(j\omega)H(j\omega)|=0$ 处,相角 $\varphi(\omega)=\angle G(j\omega)H(j\omega)>-180°$,故系统是稳定的。

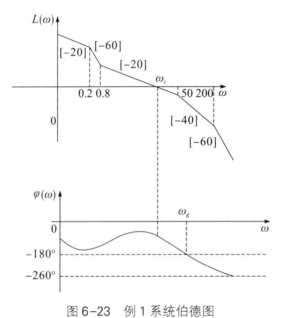

图6-23 例1系统伯德图

例2 某 $G(s)H(s)=\dfrac{K}{s(T_1s+1)(T_2s+1)}$ $T_1>T_2$ 为某反馈系统的开环传递函数,试判断使系统稳定的 K 值范围。

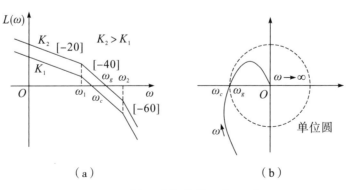

（a） （b）

图6-24 例2系统伯德图和乃氏图

解: 对于某个参数下判断稳定性问题,首先画出伯德图,判断使系统临界稳定时的参数取值,再进一步推断系统稳定的条件。

本题伯德图如图 6-24(a)所示,对应乃氏图如图 6-24(b)所示,当 $\angle G(j\omega)H(j\omega) = -\pi$, $|G(j\omega)H(j\omega)| = 1$,此时对应相角穿越频率为 ω_g,根据伯德图判据,当 $\omega_g = \omega_c$ 时,系统临界稳定。故先求出 $\omega_g = \omega_c$ 时的 K 值,再根据伯德图判断系统稳定 K 的取值范围。

先写出 $|G(j\omega)H(j\omega)|$ 和 $\angle G(j\omega)H(j\omega)$ 的表达式

$$|G(j\omega)H(j\omega)| = \frac{K}{\omega\sqrt{1+\left(\frac{\omega}{\omega_1}\right)^2}\sqrt{1+\left(\frac{\omega}{\omega_2}\right)^2}}$$

$$\angle G(\omega)H(\omega) = -\frac{\pi}{2} - arctg\frac{\omega}{\omega_1} - arctg\frac{\omega}{\omega_2}$$

由图 6-24(a),ω_g 在伯德图 ω_1、ω_2 的几何中点上

$$\lg\omega_g = \frac{1}{2}(\lg\omega_1 + \lg\omega_2)$$

根据系统临界稳定条件,令 $\angle G(j\omega_g)H(j\omega_g) = -\pi$

$$-\frac{\pi}{2} - arctg\frac{\omega_g}{\omega_1} - arctg\frac{\omega_g}{\omega_2} = -\pi$$

$$arctg\frac{\omega_g}{\omega_1} = \frac{\pi}{2} - arctg\frac{\omega_g}{\omega_2}$$

两边同取正切求得:

$$\omega_g^2 = \omega_1\omega_2 \Rightarrow \omega_g = \sqrt{\omega_1\omega_2}$$

将 $\omega_g = \sqrt{\omega_1\omega_2} = \omega_c$ 代入表达式:

$$|G(j\omega_c)H(j\omega_c)| = \frac{K}{\omega_c\sqrt{1+\left(\frac{\omega_c}{\omega_1}\right)^2}\sqrt{1+\left(\frac{\omega_c}{\omega_2}\right)^2}} = 1$$

$$K - 20\lg\omega_c - 20\lg\sqrt{1+\left(\frac{\omega_c}{\omega_1}\right)^2} - 20lg\sqrt{1+\left(\frac{\omega_c}{\omega_2}\right)^2} = 0$$

求出 ω_c 与 K 的关系:

$$20\lg K - 20\lg\omega_c - 20\lg\frac{\omega_c}{\omega_1} = 0 \Rightarrow 20\lg\frac{K}{\omega_c} = 20\lg\frac{\omega_c}{\omega_1} \Rightarrow \begin{cases} \dfrac{K}{\omega_c} = \dfrac{\omega_c}{\omega_1} \\ \omega_c^2 = \omega_1 K \end{cases}$$

$\omega_c = \sqrt{\omega_1 K}$,即 $K = \omega_2$ 时,系统临界稳定;根据系统伯德图,$K < \omega_2$ 时,系统稳定。

另外,使用劳斯判据,得到系统闭环特征方程为

$$T_1T_2s^3 + (T_1+T_2)s^2 + s + K = 0$$

稳定条件为

$$K < \frac{T_1+T_2}{T_1T_2}$$

即 $\qquad\qquad\qquad\qquad\qquad\qquad\qquad\qquad K<\omega_1+\omega_2$

两种方法得到的结论不一致,其原因是伯德图用的是渐进线,有误差。只要 $\omega_1<<\omega_2$,两种方法的结论就趋于一致。

6.6 控制系统的稳定性裕度

根据劳斯判据,稳定系统中闭环特征极点 $-\sigma+j\omega$ 距离虚轴越远,其瞬态过程越短,振荡越小,系统就越稳定,即系统相对稳定性越好。

除了用 σ 的大小来度量系统的相对稳定性,还可以从系统开环频率特性中度量相对稳定性的指标。从乃奎斯特判据可知,若闭环右极点个数 $P=0$,且闭环稳定,则 $G(j\omega)H(j\omega)$ 的轨迹离 $(-1,j0)$ 点越远,稳定程度越高;$G(j\omega)H(j\omega)$ 的轨迹离 $(-1,j0)$ 点越近,稳定性程度越低。这便是通常所说的相对稳定性。相对稳定性通过 $G(j\omega)H(j\omega)$ 对 $(-1,j0)$ 点的靠近程度来度量,其定量表示为**相位裕量 γ** **和幅值裕量 K_g**,如图 6-25 所示,下面具体分析。

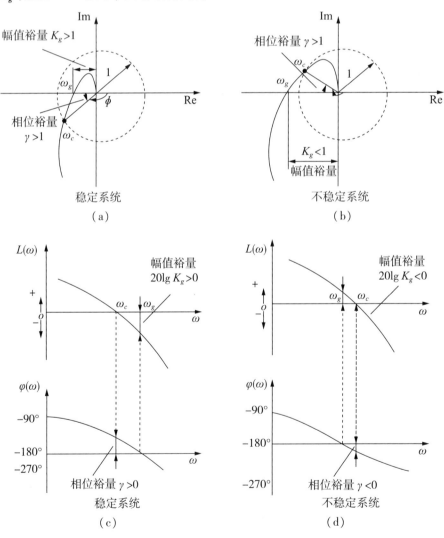

图 6-25　相位裕量与幅值裕量

（1）相位裕量 γ

当 $\omega=\omega_c$ 时,相频特性距 $-180°$ 线的相位差称为相位裕量。图 6-25(a)表示的乃氏图中稳定系统相位裕量为正,在剪切频率 ω_c 下,开环系统频率特性的相角再滞后 γ 角度达到临界稳定条件。图 6-25(b)表示的乃氏图中相位裕量为负,系统不稳定。

在图 6-25(c)所示伯德图中,剪切频率处相角 $\angle G(j\omega_c)H(j\omega_c)$ 在伯德图相频特性 $-180°$ 线以上,系统稳定;图 6-25(d)中,剪切频率处相角 $\angle G(j\omega_c)H(j\omega_c)$ 在伯德图相频特性 $-180°$ 线以下,系统不稳定。

故相位裕量定义为:

$$\gamma=180°+\angle G(j\omega)H(j\omega) \tag{6.6-1}$$

在极坐标图中,如图 6-25(a)和(b)所示,γ 为乃氏图与单位圆的交点处相角与负实轴的相角差值。在伯德图中如图 6-25(c)和(d)所示,γ 为相频特性曲线与 $-180°$ 线的相角差值。相角差值为正,系统稳定,否则不稳定。

（2）幅值裕量 K_g

当 $\omega=\omega_g$ 时,开环幅频特性 $|G(j\omega_g)H(j\omega_g)|$ 的倒数称为幅值裕量,记作 K_g,即

$$K_g=\left|\frac{1}{G(j\omega_g)H(j\omega_g)}\right| \tag{6.6-2}$$

在伯德图上,幅值裕量改以分贝（dB）表示。

$$20\lg K_g=20\lg\left|\frac{1}{G(j\omega_g)H(j\omega_g)}\right|=-20\lg|G(j\omega_g)H(j\omega_g)| \tag{6.6-3}$$

当相位裕量 $\gamma>0$,幅值裕量 $K_g>1$ 时,系统稳定。相位裕量 γ 和幅值裕量 K_g 越大,则系统相对稳定性越好。

工程实践中,为使系统具有满意的稳定储备,一般希望 $\gamma=30°\sim60°$,$K_g>2$(或 $20\lg K_g>6\text{dB}$)。

例1 某一系统开环传递函数为 $G(s)H(s)=\dfrac{\omega_n^2}{s(s^2+2\xi\omega_n s+\omega_n^2)}$ 试分析当阻尼比 $\xi\approx0$ 时,该闭环系统的稳定性。

解:当 ξ 很小时,此系统的 $G(j\omega)H(j\omega)$ 将具有如图 6-26 的形状,其相位裕量 γ 虽较大,但幅值裕量却太小。这是由于在 ξ 很小时,二阶振荡环节的幅频特性峰值很高所致。也就是说,$G(j\omega)H(j\omega)$ 的剪切频率 ω_c 虽然低,相位裕度 γ 较大,但在频率 ω_g 附近,幅值裕度太小,曲线很靠近 $G(j\omega)H(j\omega)$ 平面上的点 $(-1,j0)$。因此,如果仅以相位裕量 γ 来评定该系统的相对稳定性,就会得出系统稳定程度高的结论,而系统的实际稳定程度并不高,反而很低。若同时根据相位裕量 γ 及幅值裕量 K_g 全面地评价系统的相对稳定性,就可避免得出不符合实际的结论。

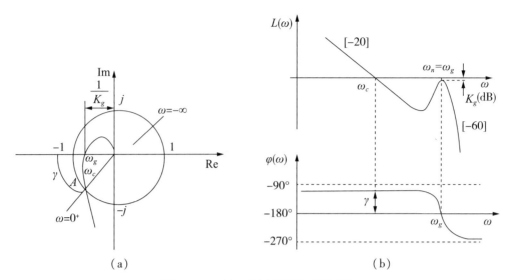

图 6-26　例 1 的乃氏图和伯德图

例 2　某一闭环系统开环传递函数为 $G(s)=\dfrac{K}{s(s+1)(s+5)}$，试分别求取 $K=10$ 及 $K=100$ 时相位裕量 γ 和幅值裕量 $K_g(\mathrm{dB})$。

解：先写出系统频率特性，在此基础上计算剪切频率及对应相角，再进一步求相角裕度；根据相角条件 $\angle G(j\omega)=-180°$ 求出穿越频率及对应对数幅值，再进一步求幅值裕度。

$K=10$ 时，$G(s)=\dfrac{10}{s(s+1)(s+5)}=\dfrac{2}{s(s+1)\left(\dfrac{1}{5}s+1\right)}$

写出 $|G(j\omega)|$ 和 $\angle G(j\omega)$ 的表达式

$$|G(j\omega)|=\frac{2}{\omega\sqrt{1+\omega^2}\sqrt{1+\left(\dfrac{\omega}{5}\right)^2}}$$

$$\angle G(j\omega)=-\frac{\pi}{2}-arctg\omega-arctg\frac{\omega}{5}$$

求剪切频率 ω_c

$$|G(j\omega_c)|=1\Rightarrow\frac{2}{\omega_c\sqrt{1+\omega_c^2}\sqrt{1+\left(\dfrac{\omega_c}{5}\right)^2}}=1\Rightarrow\frac{2}{\omega_c\sqrt{1+\omega_c^2}\sqrt{1+\left(\dfrac{\omega_c}{5}\right)^2}}=1\Rightarrow\omega_c=1.22rad/s$$

求剪切频率 ω_c 对应的相角

$$\angle G(j\omega_c)=-\frac{\pi}{2}-arctg\omega_c-arctg\frac{\omega_c}{5}$$

$$=-\frac{\pi}{2}-0.8842-0.2393$$

$$=-2.6943rad$$

$$=-154.3718°$$

求相位裕量 γ

$$\gamma = 180° + \angle G(\omega_c) = 180° - 154.3718° = 25.6°$$

求 ω_g

$$\angle G(j\omega_g) = -\frac{\pi}{2} - arctg\omega_g - arctg\frac{\omega_g}{5} = -\pi$$

$$\frac{\pi}{2} - arctg\omega_g = arctg\frac{\omega_g}{5} \Rightarrow \frac{1}{\omega_g} = \frac{\omega_g}{5} \Rightarrow \omega_g = \sqrt{5}$$

求 ω_g 对应的幅值

$$|G(j\omega_g)| = \frac{2}{\omega\sqrt{1+(\omega_g)^2}\sqrt{1+\left(\frac{\omega_g}{5}\right)^2}} = \frac{1}{3} \Rightarrow K_g = \frac{1}{|G(j\omega_g)|} = 3\left(\text{或}\, 20\lg K_g = 9.58\text{dB}\right)$$

该系统伯德图如图 6-27 所示。

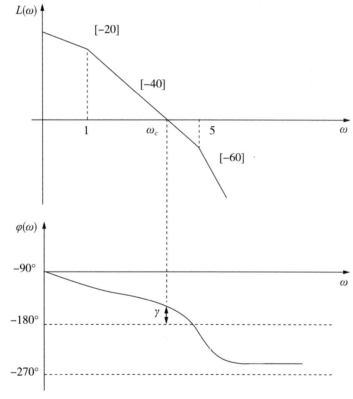

图 6-27　例 2 的伯德图

$K = 100$ 时，

$$G(s) = \frac{100}{s(s+1)(s+5)} = \frac{20}{s(s+1)\left(\frac{1}{5}s+1\right)}$$

写出 $|G(j\omega)|$ 和 $\angle G(j\omega)$ 的表达式

$$|G(j\omega)| = \frac{20}{\omega\sqrt{1+\omega^2}\sqrt{1+\left(\frac{\omega}{5}\right)^2}}$$

$$\angle G(j\omega) = -\frac{\pi}{2} - arctg\omega - arctg\frac{\omega}{5}$$

求剪切频率 ω_c

$$|G(j\omega_c)| = 1 \Rightarrow \omega_c = 3.89 rad/s$$

求剪切频率 ω_c 对应的相角

$$\angle G(j\omega_c) = -3.5504 rad$$
$$= -203.4229°$$

求相位裕量 γ

$$\gamma = 180° + \angle G(\omega_c) = -23.46°$$

求 ω_g

$$\omega_g = \sqrt{5}$$

求 ω_g 对应的幅值

$$|G(j\omega_g)| = \frac{20}{\omega\sqrt{1+(\omega_g)^2}\sqrt{1+\left(\dfrac{\omega_g}{5}\right)^2}} = \frac{10}{3}$$

$$\Rightarrow K_g = \frac{1}{|G(j\omega_g)|} = 0.3 \, (\text{或} \, 20\lg K_g = -10.457dB)$$

本章重点

（1）掌握控制系统稳定性的基本概念,系统稳定的充分必要条件。

（2）掌握劳斯稳定性判据判断系统稳定的方法。

（3）掌握乃奎斯特稳定性判据和伯德图判断系统稳定的方法。

（4）掌握控制系统的稳定性裕度。

本章习题

6-1 设闭环系统特征方程如下,试用代数判据确定有几个根在右半 s 面。

（1）$s^4 + 10s^3 + 35s^2 + 50s + 24 = 0$；

（2）$s^4 + 2s^3 + 10s^2 + 24s + 80 = 0$；

（3）$s^3 - 15s^2 + 126 = 0$；

（4）$s^5 + 3s^4 - 3s^3 - 9s^2 - 4s - 12 = 0$。

6-2 对于如下特征方程的反馈控制系统,试用代数判据求系统稳定的 K 值范围。

（1）$s^4 + 22s^3 + 10s^2 + 2s + K = 0$；

（2）$s^3 + (K+0.5)s^3 + 4Ks + 50 = 0$；

（3）$s^4 + Ks^3 + s^2 + s + 1 = 0$。

6-3 用乃奎斯特稳定性判据判断下列系统的稳定性:

（1）$G(s)H(s) = \dfrac{100}{s(s^2+2s+2)(s+1)}$；

（2）$G(s)H(s) = \dfrac{K(s-1)}{s(s+1)}$；

（3）$G(s)H(s) = \dfrac{s}{1-0.2s}$。

6-4 已知具有单位反馈系统开环传递函数为：$G(s)H(s) = \dfrac{K}{s(0.1s+1)(0.2s+1)}$。

(1) 试用劳斯判据确定系统稳定时 K 值的范围。

(2) 若要求闭环系统的根全部位于 $S = -1$ 垂线的左侧，K 应取多大

6-5 设单位反馈系统的开环传递函数为 $G(s)H(s) = \dfrac{10K(s+0.5)}{s^2(s+2)(s+10)}$，求：

(1) 试确定系统稳定的 K 值范围；

(2) 试用乃氏判据确定系统在 $K=1$ 和 $K=20$ 时的稳定性。

6-6 已知具有单位反馈系统开环传递函数为 $G(s)H(s) = \dfrac{10(s+a)}{s(s+2)(s+3)}$。

(1) 试求使系统稳定时 a 值的取值范围；

(2) 若要求闭环系统的根全部位于 $S = -1$ 垂直的左侧，a 应取多大？

6-7 具有单位反馈系统的开环传递函数为 $G(s)H(s) = \dfrac{46}{s(s^4+2s^3+24s^2+48s+23)}$，

用劳斯稳定性判据判别系统的稳定性。

6-8 单位反馈系统开环频率特性为 $G(j\omega) = \dfrac{K}{j\omega(j0.2\omega+1)(j0.05\omega+1)}$，试求使系统的相位裕量 $\gamma = 40°$ 时的 K 值。

6-9 对于下列系统，画出伯德图，求出相位裕量和增益裕量，并判断稳定性。

$$G(s)H(s) = \dfrac{25}{s(0.03s+1)(0.0047s+1)}$$

6-10 设某开环系统的乃氏曲线题图 6-1 所示，其中 p 为右半平面开环极点的个数，v 为开环积分环节的个数，是判断其闭环系统的稳定性。

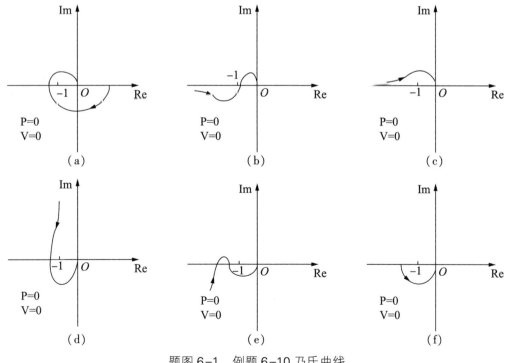

题图 6-1　例题 6-10 乃氏曲线

CHAPTER 7

第七章

控制系统的校正设计

对一个控制系统来说,其基本性能要求是稳定、准确和快速。在控制系统设计时,经常出现设计的系统不能满足系统性能要求。**若系统不能满足所要求的性能指标,就要考虑对原系统增加一些必要的环节,使系统能够全面地满足所要求的性能指标,这种在控制系统中引入附加环节的作法称为校正或补偿。**

7.1 控制系统的性能指标

系统的性能指标,按其类型可分为:

(1)**时域性能指标**:包括瞬态性能指标和稳态性能指标。

(2)**频域性能指标**:不仅反映系统在频域方面的特性,而且当时域性能不易求得,可首先用频率特性实验来求得该系统在频域中的动态性能,再由此推导出时域中的动态性能。

7.1.1 时域性能指标

根据前面章节所学,控制系统的时域性能指标包括瞬态性能指标和稳态性能指标,下面归纳如下:

(1)**瞬态性能指标**

t_r——上升时间;

t_p——峰值时间;

t_s——调整时间;

M_p——最大超调量。

其中,最大超调量 M_p 是相对稳定性性能指标;上升时间 t_r 和调整时间 t_s 是快速性性能指标。

(2)**稳态性能指标**

K_p——稳态位置误差系数;

K_v——稳态速度误差系数;

K_a——稳态加速度误差系数。

其中,稳态位置误差系数 K_p,稳态速度误差系数 K_v,稳态加速度误差系数 K_a 是准确性性能指标。

7.2.2 频域性能指标

(1)**开环频域指标**

ω_c——开环剪切频率;

γ——相位裕量;

K_g——幅值裕量。

其中,相位裕量 γ 和幅值裕量 K_g 是相对稳定性性能指标;开环剪切频率 ω_c 是快速性性能指标。

(2)**闭环频域指标**

ω_r——谐振角频率;

M_r——相对谐振峰值;

ω_m——复现频率;

ω_b——闭环截止频率。$0\sim\omega_b$ 的范围称为系统的闭环带宽。

其中,相对谐振峰值 M_r 是相对稳定性性能指标;闭环截止频率 ω_b 是快速性性能指标。

（3）**频域性能指标对系统性能的影响**

在频域内设计控制系统时,如果希望控制系统具有一定的相位裕量和幅值裕量,使用伯德图更为方便。通常用开环剪切频率 ω_c 和相位裕量 γ 作为开环特性指标。通常情况下开环剪切频率 ω_c 越大,闭环截止频率 ω_b 也越大,则闭环带宽越宽,系统快速性越好,因此 ω_c 反映了系统响应的快速性能。相位裕量 γ 反映系统的相对稳定性,工程上一般取 $\gamma = 30°\sim60°$。相对谐振峰值 M_r 越小,则系统越不容易振荡;M_r 越大,则系统的振荡越厉害。因此,M_r 也反映了系统的相对稳定性。

7.2 控制系统的校正概述

校正(或称补偿)就是给系统附加一些具有某种典型环节特性的电网络、运算部件或测量装置等来改善整个控制系统的性能。这一附加的部分称为校正元件或校正装置,通常是一些无源或有源微积分电路,以及速度、加速度传感器等。**校正装置按在系统中的连接方式可以分为串联校正、反馈校正、顺馈校正和干扰补偿等。**本章将主要介绍串联校正的功能及设计方法。

7.2.1 串联校正

串联校正的连接方式如图 7-1 所示,串联校正装置通常串联在系统的前向通道中。

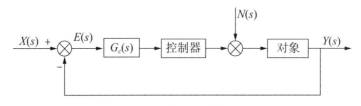

图 7-1　串联校正的连接方式

7.2.2 反馈校正

反馈校正的连接方式如图 7-2 所示,反馈校正装置通常在系统中增加某些局部反馈环节。

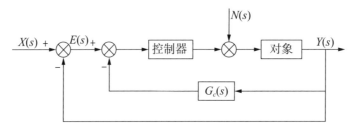

图 7-2　反馈校正的连接方式

7.2.3 顺馈校正

顺馈校正的连接方式如图 7-3 所示，$G_r(s)$ 为补偿器的传递函数，补偿器放在系统回路之外，不影响特征方程，只补偿由于输入造成的稳态误差。

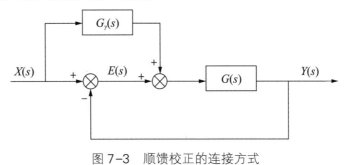

图 7-3　顺馈校正的连接方式

7.2.4 干扰补偿

干扰补偿的连接方式如图 7-4 所示，该补偿不影响特征方程，只补偿由于干扰造成的稳态误差。

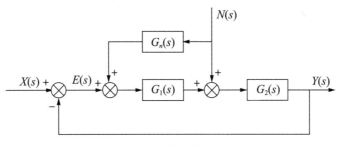

图 7-4　干扰补偿的连接方式

7.3 系统的串联校正

串联校正主要包括超前校正、滞后校正，滞后—超前校正和 PID 校正，下面将分别介绍四种串联校正的功能及设计方法。

7.3.1 超前校正

超前是指在稳定的正弦信号作用下，可以使输出的正弦信号相位超前，而相位超前角是输入信号频率的函数。**超前校正是通过其相位超前效应达到增大相位裕量和带宽的目的，使瞬态响应得到显著改善**，但对提高稳态精度作用不大，它用于稳态精度已满足，噪声信号较小，但瞬态品质不能满足要求的系统。

（1）*RC* 超前校正网络

RC 超前校正网络如图 7-5 所示

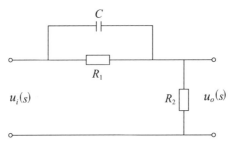

图 7-5　RC 超前校正网络

其传递函数为

$$G_c(s) = \frac{U_o(s)}{U_i(s)} = \frac{R_2}{R_2 + \dfrac{1}{Cs + \dfrac{1}{R_1}}} = \frac{R_2}{R_1 + R_2} \cdot \frac{R_1 Cs + 1}{\dfrac{R_2}{R_1 + R_2} \cdot R_1 Cs + 1}$$

令

$$R_1 C = T; \quad \frac{R_2}{R_1 + R_2} = \alpha, \alpha < 1$$

则

$$G_c(s) = \alpha \cdot \frac{Ts + 1}{\alpha Ts + 1} \tag{7.3-1}$$

由式(7.3-1)可以画出 RC 超前校正网络的频率特性曲线如图 7-6 所示,其幅频特性具有正斜率段,相频曲线具有正相移。正相移表明,超前校正网络在正弦信号作用下的稳态输出电压,在相位上超前于输入。

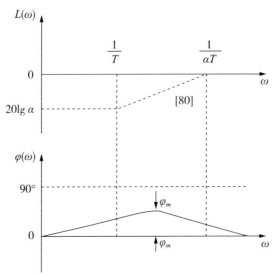

图 7-6　超前校正网络的频率特性

图 7-6 中,超前校正网络所提供的最大超前角为

$$\varphi_m = \arcsin \frac{1 - \alpha}{1 + \alpha} \tag{7.3-2}$$

此点位于几何中点上,对应的角频率为

$$\omega_m = \frac{1}{\sqrt{\alpha}\, T} \tag{7.3-3}$$

（2）超前校正的设计

为了使系统满足性能指标,可对系统进行调整,首先要调整增益值。但在大多数情况下,仅仅调整增益并不能使系统性能得到充分改善。一般来说,随着增益值的增加,系统的稳态性能得到改善,但是稳定性却会变差,甚至造成系统的不稳定。因此,需要对系统进行校正设计,即改变系统的结构或在系统中增加必要的环节。如图 7-7 所示为超前校正方块图,超前校正的作用可用图 7-8 来说明。设单位负反馈系统原有的开环对数渐近幅频曲线和相频曲线如图 7-8 中①所示。可以看出,对数幅频特性在中频段剪切频率 ω_{c1} 附近为 $-40\mathrm{dB}/dec$ 斜率线,并且所占频率范围较宽,而且在 $\dfrac{1}{T_2}$ 处,其斜率转为 $-80\mathrm{dB}/dec$。再对照相频特性,相位裕量较小。现给原系统串入超前校正网络,校正环节的转折频率 $\dfrac{1}{T}$ 及 $\dfrac{1}{\alpha T}$ 分别设在原剪切频率 ω_{c1} 的两侧,并提高系统的开环增益 $1/\alpha$ 倍,使加入串联校正后系统总的开环增益与原系统一致,则校正后系统的开环对数频率特性如图 7-8 中②所示。由于正相移的作用,使截止频率附近的相位明显上升,具有较大的相位裕量,既改善了原系统的稳定性,又提高了系统的截止频率,获得足够的快速性。下面用一个例题来具体介绍超前校正的设计步骤。

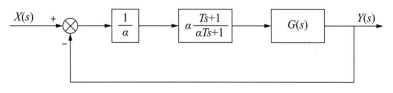

图 7-7　超前校正方块图

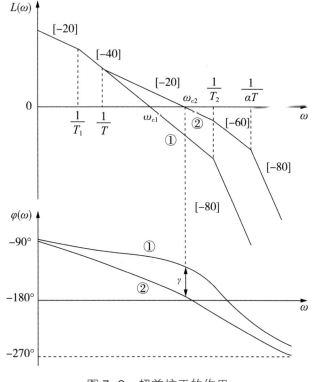

图 7-8　超前校正的作用

例1 单位负反馈系统如图7-9所示。其开环传递函数为：$G(s) = \dfrac{K}{s(0.04s+1)}$，如果系统速度误差系数 $K_v = 100$，相位裕量 $\gamma \geq 45°$，试求系统校正环节的传递函数 $G_c(s)$。

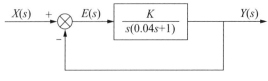

$$X(s) \quad + \quad E(s) \quad \boxed{\dfrac{K}{s(0.04s+1)}} \quad Y(s)$$

图7-9　单位负反馈控制系统

解：已知给定速度误差系数 K_v，即意味着输入信号为单位速度信号，$x(t) = t$，则 $X(s) = \dfrac{1}{s^2}$。其校正环节的设计步骤如下：

第1步：求未校正系统的开环增益 K 值。

根据系统速度误差系数 K_v 确定开环增益 K 值，此系统为 Ⅰ 型系统，其输入为单位速度信号，则稳态误差为

$$e_{ss} = \frac{1}{K_v} = 0.01$$

基于终值定理的稳态误差公式求 K

$$e_{ss} = \lim_{s \to 0} s \cdot E(s) = \lim_{s \to 0} s \cdot \frac{1}{1 + \dfrac{K}{s(0.04s+1)}} \cdot \frac{1}{s^2} = \frac{1}{K} = 0.01$$

则 $K = 100$，即可满足稳态性能的要求。系统的开环传递函数为

$$G(s) = \frac{100}{s(0.04s+1)}$$

第2步：求取未校正系统的相位裕量 γ。

若求相位裕量，首先需要求出开环剪切频率 ω_c，开环剪切频率可由在开环剪切频率处的幅值 $|G(j\omega_c)| = 1$ 求出，即

$$|G(j\omega_c)| = \frac{100}{\omega_c \sqrt{(0.04\omega_c)^2 + 1}} = 1$$

由上式解得 $\omega_c = 47\text{rad/s}$。将 ω_c 代入相频特性公式可求得在剪切频率处的相角 $\angle G(j\omega_c)$

$$\angle G(j\omega_c) = -90° - (\arctan 0.04\omega_c) \times \frac{180°}{\pi} = -152°$$

则相位裕量 $\gamma = 180° + \angle G(j\omega_c) = 28°$。

题目要求 $\gamma \geq 45°$，因此要加一个超前校正环节，使其相角超前，即需要加正相角。

第3步：确定在系统上需要增加的相位超前角 φ_m。

由计算已知原相位裕量 $\gamma = 28°$，幅值裕量 $K_g = \infty \text{ dB}$，因为对数相频特性曲线与 $-180°$ 无交点，如图7-10所示。而相位裕量要满足题目要求，则需要增加相位超前量为 $45° - 28° = 17°$。但当增加相位超前校正环节的时候，会改变伯德图中的幅频特性曲线，导致开环剪切频率 ω_c 向右方移动，这时还要补偿由于开环剪切频率的增加而造成的相位滞后增量，因此超前校正环节应提供的最大相位超前量为

$\varphi_m = 17° + \Delta$,其中 Δ 是用来补偿因开环剪切频率右移而造成的相位角的减小量,Δ 一般取 $5° \sim 10°$,这里选取 $5°$,故最大相位超前量 $\varphi_m = 22°$。

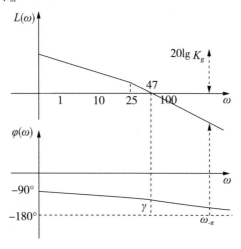

图 7-10　原开环控制系统伯德图

第 4 步:根据提供的最大相位超前角 φ_m,确定超前校正环节的衰减系数 α。

$$\varphi_m = \arcsin \frac{1-\alpha}{1+\alpha}$$

$$\alpha = \frac{1-\sin\varphi_m}{1+\sin\varphi_m} = \frac{1-\sin 22°}{1+\sin 22°} = 0.45$$

当 $\alpha = 0.45$ 时,可以保证 $\varphi_m = 22°$。

第 5 步:根据超前校正后系统在开环剪切频率 ω'_c 处,$|G(j\omega'_c)| = 1$,求得超前校正后系统的开环剪切频率 ω'_c,超前校正网络 ω_m 的值就是开环剪切频率 ω'_c 的值。

这里的超前校正网络不考虑衰减,即

$$G_c(s) = \frac{1}{\alpha} \cdot \alpha \frac{Ts+1}{\alpha Ts+1} = \frac{Ts+1}{\alpha Ts+1}$$

超前校正后系统的开环传递函数为

$$G'(s) = G(s) \cdot G_c(s) = \frac{100}{s(0.04s+1)} \cdot \frac{Ts+1}{\alpha Ts+1}$$

由 $|G(j\omega'_c)| = 1$,得

$$|G(j\omega'_c)| = \left| \frac{100}{\omega'_c \sqrt{(0.04\omega'_c)^2+1}} \right| \cdot \left| \frac{\sqrt{(T\omega'_c)^2+1}}{\sqrt{(\alpha T\omega'_c)^2+1}} \right| = \left| \frac{100}{\omega'_c \sqrt{(0.04\omega'_c)^2+1}} \right| \cdot \left| \frac{1}{\sqrt{\alpha}} \right| = 1$$

将衰减系数 $\alpha = 0.45$ 代入上式,可解得

$$\omega'_c = 58.5 \text{ rad/s}$$

$$\omega_m = \omega'_c = 58.5 \text{ rad/s}$$

第 6 步:根据 ω_m 值,确定超前校正微分环节的时间常数 T 值。

$$\omega_m = \frac{1}{\sqrt{\alpha} T} = 58.5$$

由上式求得

$$T = 0.026s$$

第 7 步:引入增益 $\dfrac{1}{\alpha}$ 补偿超前校正后所造成的幅值衰减从而确定最终的超前校正环节 $G_c(s)$。

$$G_c(s) = \frac{1}{\alpha} \cdot \alpha \frac{Ts+1}{\alpha Ts+1} = \frac{Ts+1}{\alpha Ts+1} = \frac{0.026s+1}{0.45\times0.026s+1} = \frac{0.026s+1}{0.0117s+1}$$

第 8 步:最终确定校正后的系统,并验证是否满足题目要求

$$G'(s) = G_c(s) \cdot G(s) = \frac{0.026s+1}{0.0117s+1} \cdot \frac{100}{s(0.04s+1)}$$

(3) 关于超前校正的几点说明

① 超前校正是利用相位超前效应,提供超前相位去补偿系统的滞后相位,从而使不稳定的系统经相位超前校正后变为稳定的系统,或将较小的相位裕量提高到较大的相位裕量,以进一步提高系统的相对稳定性。

② 超前校正可以改善系统的动态性能。超前校正可提高系统的响应速度,这是因为超前校正可使开环剪切频率 ω_c 增大,ω_c 增大则截止频率 ω_b 也随之增大,则带宽就增加,意味着调整时间 t_s 缩短,也就是系统响应速度提高。如果系统需要有快速响应特性,可以采用超前校正,但是如果存在干扰噪声信号,则需要限制带宽,因为带宽增大,高频成分增加,从而使系统对干扰噪声信号更加敏感,在此情况下就不能采用超前校正。因此,在控制系统设计时,必须全面考虑系统带宽增大的问题。带宽增大,固然可提高响应速度,但同时也减弱了系统的抗高频干扰的能力。

③ 超前校正主要是改变系统的中频段和高频段的频率特性,而低频段的频率特性不变,因此不影响系统的稳态误差。

7.3.2 滞后校正

滞后校正通过引入滞后环节使得系统在高频段衰减,从而获得足够的相位裕量。滞后校正通常用于提高系统的稳定性和稳态误差。

(1) RC 滞后校正网络

RC 滞后校正网络如图 7-11 所示。

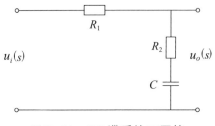

图 7-11　RC 滞后校正网络

其传递函数为

$$G_c(s) = \frac{U_o(s)}{U_i(s)} = \frac{R_2 + \dfrac{1}{Cs}}{R_1 + R_2 + \dfrac{1}{Cs}} = \frac{R_2 Cs + 1}{(R_1 + R_2) Cs + 1}$$

令

$$R_2 C = T;\ \frac{R_1 + R_2}{R_2} = \beta, \beta > 1$$

则

$$G_c(s) = \frac{Ts + 1}{\beta Ts + 1} \tag{7.3-4}$$

由式(7.3-4)可以画出 RC 滞后校正网络的频率特性曲线如图 7-12 所示,因为传递函数分母的时间常数大于分子的时间常数,所以其幅频特性曲线具有负斜率段,相频特性曲线出现负相移。负相移表明,滞后校正网络在正弦信号作用下的稳态输出电压,在相位上滞后于输入。

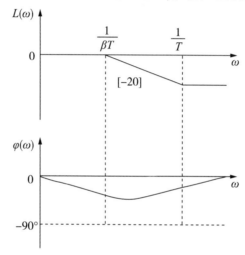

图 7-12 滞后校正网络的频率特性

(2) 滞后校正的设计

如图 7-13 所示为滞后校正方块图,滞后校正的作用可用图 7-14 来说明。设单位负反馈系统原有的开环对数渐近幅频,相频曲线如图 7-14 中①所示。可以看出,中频段剪切频率 ω_{c1} 附近为-60dB/dec 斜率线,故系统动态响应的稳定性很差。对照相频曲线可知,系统接近临界稳定。将原系统串以滞后校正,校正环节的转折频率 $1/\beta T$ 及 $1/T$ 均设置在先于 ω_{c1} 一段距离处,则校正后系统的开环对数频率特性如图 7-14 中②所示。由于校正装置幅频负斜率的作用,显著减小了频宽,但由此而造成的新的截止频率 ω_{c2} 附近具有-20dB/dec 斜率段,以保证足够的稳定性。也就是说,这种校正以牺牲系统的快速性(减小带宽)来换取稳定性。滞后校正并不是利用相角滞后作用来使原系统稳定,而是利用幅值衰减作用使系统稳定,校正后开环截止频率前移,以牺牲快速性换取稳定性。下面用一个例题来具体介绍滞后校正的设计步骤。

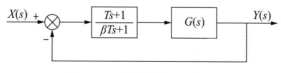

图 7-13 滞后校正方块图

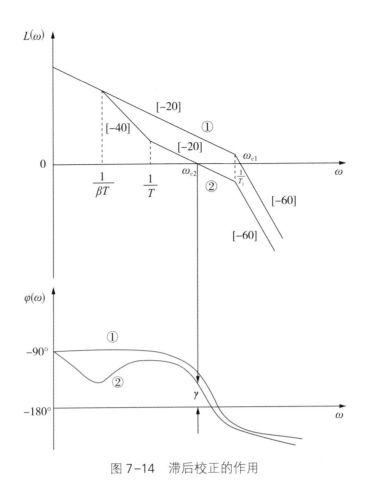

图 7-14　滞后校正的作用

例2　单位负反馈控制系统如图7-15所示。其开环传递函数为：$G(s) = \dfrac{K}{s(s+1)(0.5s+1)}$，如果系统速度误差系数 $K_v = 5$，相位裕量 $\gamma \geqslant 40°$，幅值裕量 $K_g \geqslant 10\text{dB}$。试求系统校正环节的传递函数 $G_c(s)$。

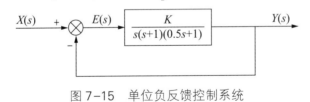

图 7-15　单位负反馈控制系统

解：已知给定速度误差系数 K_v，即意味着输入信号为单位速度信号，$x(t) = t$，则 $X(s) = \dfrac{1}{s^2}$。其校正环节的设计步骤如下：

第1步：求未校正系统的开环增益 K 值。

根据系统速度误差系数 K_v 确定开环增益 K 值，此系统为 I 型系统，其输入为单位速度信号，则稳态误差为

$$e_{ss} = \frac{1}{K_v} = 0.2$$

基于终值定理的稳态误差公式求 K

$$e_{ss} = \lim_{s \to 0} s \cdot E(s) = \lim_{s \to 0} s \cdot \cfrac{1}{1+\cfrac{K}{s(s+1)(0.5s+1)}} \cdot \frac{1}{s^2} = \frac{1}{K} = 0.2$$

则 $K=5$，即可满足稳态性能的要求。系统的开环传递函数为

$$G(s) = \frac{5}{s(s+1)(0.5s+1)}$$

第 2 步：求取未校正系统的相位裕量 γ 和幅值裕量 K_g。

若求相位裕量，首先需要求出开环剪切频率 ω_c，开环剪切频率可由在开环剪切频率处的幅值 $|G(j\omega_c)| = 1$ 求出，即

$$|G(j\omega_c)| = \frac{5}{\omega_c\sqrt{{\omega_c}^2+1}\sqrt{(0.5\omega_c)^2+1}} = 1$$

由上式解得 $\omega_c = 2.1 rad/s$。将 ω_c 代入相频特性公式可求得在剪切频率处的相角 $\angle G(j\omega_c)$

$$\angle G(j\omega_c) = -90° - (\arctan \omega_c) \times \frac{180°}{\pi} - (\arctan 0.5\omega_c) \times \frac{180°}{\pi} = -201°$$

则相位裕量 $\gamma = 180° + \angle G(j\omega_c) = -21°$。

然后再求该系统的相位交界频率 ω_g，再根据 ω_g 求幅值裕量 K_g。或者从校正前原开环控制系统的伯德图 7-16 可以看出，幅值裕量是负值，大约 -11dB。

从相位裕量和幅值裕量都是负值可以得出该系统是一个不稳定系统。而题目要求 $\gamma \geq 40°$，$K_g \geq 10dB$，在这种情况下，采用超前校正效果甚微，可考虑采用滞后校正来满足系统性能指标。

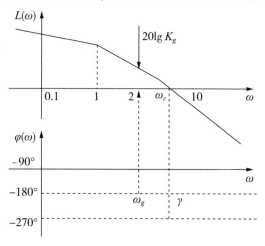

图 7-16 原开环控制系统伯德图

第 3 步：确定校正后的相位裕量及相应的新的开环剪切频率 ω'_c。

滞后校正加入后的相位裕量的确定与加超前校正不同，超前校正在开环剪切频率 ω_c 附近是增加正相角，来改变相位裕量 γ，而滞后校正，相位裕量 γ 的变化是通过幅频特性曲线的变化，通过 ω_c 左移而实现的。因此相位裕量的确定不用考虑原系统 $G(s)$ 开环剪切频率 ω_c 下的相位裕量 $\gamma = -21°$，而应考虑校正后幅相频特性曲线的新的开环剪切频率 ω'_c 下的相位裕量 γ 应该等于多少。首先应满足题目所要求的 40°，然后再加上由于加入滞后校正后引入的负相位（滞后校正相位曲线均为负相位），因此要考虑增加 5°~12°。这样所需要的相位裕量 $\gamma = 40° + 12° = 52°$。

下面确定新的开环剪切频率 ω'_c

$$\gamma = 180° + \angle G(j\omega'_c) = 52°$$

$$\angle G(j\omega_c) = -128° = -90° - (\arctan \omega'_c) \times \frac{180°}{\pi} - (\arctan 0.5\omega'_c) \times \frac{180°}{\pi}$$

由上式可以解得 $\omega'_c = 0.5\,\text{rad/s}$

第 4 步:确定滞后校正环节中的转折频率,即确定滞后校正中一阶微分环节的时间常数 T。

为了防止滞后校正中的时间常数过大,一般将转折频率 $\dfrac{1}{T}$ 取在 $\left(\dfrac{1}{5} \sim \dfrac{1}{10}\right)\omega'_c$ 之间,本例取 $\dfrac{1}{T} = \dfrac{1}{5}\omega'_c = 0.1\ \text{rad/s}$,即 $T = 10$

第 5 步:确定滞后校正中衰减系数 β。

由滞后校正后的幅频特性曲线在新的开环剪切频率 ω'_c 处的幅值为 1,

$$|G(j\omega'_c)| = \left|\frac{5}{\omega'_c\sqrt{(\omega'_c)^2+1}\sqrt{(0.5\omega'_c)^2+1}}\right| \cdot \left|\frac{\sqrt{(T\omega'_c)^2+1}}{\sqrt{(\beta T\omega'_c)^2+1}}\right| = 1$$

将 $\omega'_c = 0.5, T = 10$ 代入上式,可以解得 $\beta = 10$

第 6 步:确定滞后校正的传递函数。

$$G_c(s) = \frac{Ts+1}{\beta Ts+1} = \frac{10s+1}{100s+1}$$

第 7 步:最终确定校正后的系统,并验证是否满足题目要求。

$$G(s) = G_c(s) \cdot G(s) = \frac{10s+1}{100s+1} \cdot \frac{5}{s(s+1)(0.5s+1)}$$

(3) 关于滞后校正的几点说明

① 滞后校正实质上是一种低通滤波,即使用滞后校正使低频信号具有较高增益,这样既降低了稳态误差,又降低了系统高频增益,这样就防止了系统的不稳定现象。这里必须指出:滞后校正利用的是在高频段的衰减特性,而不是其滞后特性(相位滞后特性,没有用来实现系统的校正)。

② 由于滞后校正的衰减作用,使开环剪切频率 ω_c 移到了低频点,该点的相位裕量能够满足要求。但是滞后校正使系统带宽降低,从而使系统的响应变慢。

③ 若原系统在任何频率处相角都不能达到相位裕量的要求值,则不能用滞后校正方法,因为滞后校正并不像超前校正那样,通过增大超前角实现相位裕量的增加。

7.3.3 滞后—超前校正

超前校正可以提高稳定性,增加带宽提高快速性,但无助于稳态精度;而滞后校正则可以提高稳定性及稳态精度,但降低了快速性。若同时采用滞后和超前校正,将可更好地提高系统的控制性能。

(1) RC 滞后—超前校正网络

图 7-17 所示为 RC 滞后—超前校正网络。

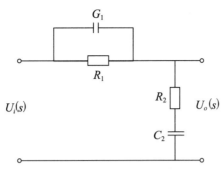

图 7-17 滞后—超前校正网络

其传递函数为

$$G_c(s) = \frac{U_o(s)}{U_i(s)} = \frac{(R_1C_1s+1)(R_2C_2s+1)}{(R_1C_1s+1)(R_2C_2s+1)+R_1C_2s}$$

式中，$R_1C_1=\tau_1$；$R_2C_2=\tau_2$；T_1,T_2 为分母多项式分解为两个一次式的时间常数，且 $T_1T_2=\tau_1\tau_2$，$T_1>\tau_1>\tau_2>T_2$。那么，

$$G_c(s) = \frac{(\tau_1s+1)}{(T_1s+1)} \cdot \frac{(\tau_2s+1)}{(T_2s+1)} \tag{7.3-5}$$

式中，$\dfrac{(\tau_1s+1)}{(T_1s+1)}$ 是滞后校正的传递函数；$\dfrac{(\tau_2s+1)}{(T_2s+1)}$ 是超前校正的传递函数。

滞后—超前校正的频率特性曲线如图 7-18 所示。

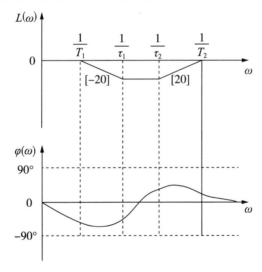

图 7-18 滞后—超前校正的频率特性

可以看出，滞后—超前校正的频率特性曲线的低频部分具有负斜率、负相移，起滞后校正作用；后一段具有正斜率、正相移，起超前校正作用。

（2）超前、滞后、滞后—超前校正的总结

① 超前校正是利用相位超前效应达到其目的；滞后校正是利用高频衰减特性达到其目的。

② 在频率域内，超前校正增大了相位裕量和带宽，带宽增大意味着系统响应变快，快速性变好。

具有超前校正的系统,其带宽总是大于具有滞后校正的系统。因此如果系统需要有大的带宽或具有快速响应特性,则应采用超前校正。然而,如果系统存在高频噪声信号,则不需要大的带宽,因为随着带宽增大,高频增益增加,从而使系统对高频噪声信号更加敏感,在这种情况下,应当采用滞后校正。

③ 滞后校正可以改善稳态精度,但是它使系统的带宽减小,导致校正后的系统出现缓慢的响应特性。如果既要保证良好的稳态特性,又要保证瞬态特性,则必须采用滞后—超前校正。

7.3.4 PID 校正

除了前面介绍的三种串联校正方法,还有一种十分常用的串联校正方法,称为 PID 校正。**PID 校正也称为 PID 调节或 PID 控制**,即设计 PID 校正装置或设计 PID 控制器。PID 控制器可分为比例控制器(由 P 表示)、积分控制器(由 I 表示)、微分控制器(由 D 表示)。由 PID 控制器组成的闭环控制系统如图 7-19 所示,则 $G_c(s)$ 为 PID 控制器,$E(s)$ 为偏差信号,$U(s)$ 为控制器的输出信号,$G(s)$ 为执行器的传递函数。PID 校正既可采用比例(P)、积分(I)和微分(D)等基本控制规律,也可采用比例微分(PD)、比例积分(PI)、比例积分微分(PID)等复合控制规律,实现对系统的校正。

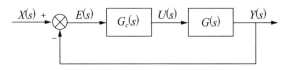

图 7-19　PID 闭环控制系统方块图

PID 控制器的特点:在系统中,比例控制器(P)的作用是按控制偏差的大小,迅速输出一个调节信号;积分控制器(I)的作用是根据控制偏差的大小逐渐改变控制信号,偏差大,调节作用变化速度就快,反之则慢;微分控制器(D)的作用是一有偏差出现,立即快速大幅度地改变调节作用,然后使调节作用逐渐减小,其目的是使误差快速消除。简单概括,P 的作用是将偏差迅速传到输出端;I 的作用是缓慢消除偏差;D 的作用是快速消除偏差。

(1) 比例控制器(P)

比例控制器的输出信号 u 与偏差信号 e 成比例,其表达式为

$$u(t) = K_P e(t) \tag{7.3-6}$$

式中　$u(t)$—控制器的输出量(即为控制量);

　　　$e(t)$—控制器的输入量(即为偏差信号);

　　　K_P—比例增益。

比例控制器的传递函数为

$$G_c(s) = \frac{U(s)}{E(s)} = K_P \tag{7.3-7}$$

比例控制器具有比例控制规律,在控制中或校正中是一个可调增益放大器,只改变信号的大小。增大 K_P 可迅速减小误差,但影响系统稳定性。

(2) 积分控制器(I)

积分控制器的输出信号 u 与偏差信号 e 的积分成比例,积分的作用是把偏差 e 累积起来得到 u。

其表达式为

$$u(t) = K_I \int_0^t e(t)\, dt \tag{7.3-8}$$

式中 K_I—积分增益。

或

$$\frac{du}{dt} = K_I e(t) \tag{7.3-9}$$

上式说明积分控制器的输出信号 u 的变化速度与偏差信号 e 成比例。

积分控制器的传递函数为

$$G_c(s) = \frac{U(s)}{E(s)} = \frac{K_I}{s} \tag{7.3-10}$$

积分控制器在全频段内向系统开环提供 $20\mathrm{dB}/dec$ 的斜率和 $-90°$ 的相角,此控制器对系统的稳定性不利,但可降低系统的稳态误差。

(3) 微分控制器(D)

微分控制器的输出信号 u 与偏差信号 e 的变化率成比例,其表达式为

$$u(t) = K_D \frac{de(t)}{dt} \tag{7.3-11}$$

式中　K_D—微分增益。

微分控制器的传递函数为

$$G_c(s) = K_D s \tag{7.3-12}$$

比例控制器和积分控制器都是出现了偏差才进行调节,而微分控制器主要是针对被调量的变化速率进行调节,而不需要等到被调量已经出现较大的偏差后才开始动作,即微分控制器可以对被调量的变化趋势进行调节,及时避免出现大的偏差。但正是基于这个特点,微分控制器不能单独使用,特别是当输出量很小,检测元件又难以检测到信号的变化,控制器就不会动作,当经过一段时间的误差累积检测到了,再去调节必定会造成更大的偏差。因此,对于被调量是大变化的小信号的,一定要注意不要单独使用微分控制器。

(4) 比例—积分控制器(PI)

比例—积分控制器是利用 P 调节快速抵消干扰影响,同时利用 I 调节消除残差,具有比例和积分的功能。其表达式为

$$u(t) = K_P + \frac{K_P}{T_i} \int_0^t e(t)\, dt = K_P + k_I \int_0^t e(t)\, dt \tag{7.3-13}$$

式中 T_i—积分时间常数。

其传递函数为

$$G_c(s) = \frac{U(s)}{E(s)} = K_P\left(1 + \frac{1}{T_i s}\right) = \frac{T_i K_P s + 1}{T_i s} \tag{7.3-14}$$

上式中比例系数 K_P 和积分时间常数 T_i 都是可调参数。改变 T_i 只能调积分控制规律,而改变 K_P 可同时调整比例和积分控制规律。

其伯德图如图 7-20 所示

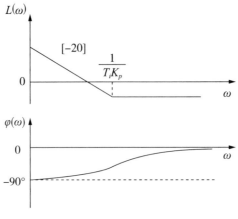

图 7-20　PI 控制器伯德图

从伯德图中可以看出,PI 控制器的作用相当于滞后校正。它可以在保证系统稳定性的基础上提高系统的型次,使之从 I 型上升到 II 型。

（5）比例—微分控制器（PD）

比例—微分控制器的微分作用,能及时反映偏差信号 $e(t)$ 的变化趋势,其输出 $u(t)$ 与 $e(t)$ 的变化率成正比,因此 PD 控制器在串联校正中,能在 $e(t)$ 出现之前产生早期的误差修正信号,这样有助于提高系统稳定性和快速性。比例-微分控制器的表达式为

$$u(t) = K_P e(t) + K_P K_D \frac{de(t)}{dt} = K_P e(t) + K_D \frac{de(t)}{dt} \tag{7.3-15}$$

其传递函数为

$$G_c(s) = \frac{U(s)}{E(s)} = K_P \left(\frac{K_D}{K_P} s + 1 \right) = K_P (T_d s + 1) \tag{7.3-16}$$

式中,T_d—微分时间常数。

其伯德图如图 7-21 所示。

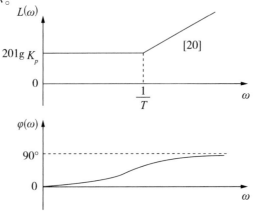

图 7-21　PD 控制器伯德图

从伯德图中可以看出,PD 控制器的作用相当于超前校正。PD 控制器由于引入了微分控制,使得可以采用较大的比例系数 K_P,既提高了稳定性,也提高了快速性。此外,微分控制虽具有预见信号变化趋势的优点,但也有易于放大噪声的缺点。

(6) 比例—积分—微分控制器(PID)

比例—积分—微分控制器具有比例、积分、微分三种控制规律的各自的特点,其表达式为

$$u(t) = K_P \left[e(t) + \frac{1}{T_i} \int_0^t e(t) \, dt + T_d \frac{de(t)}{dt} \right] \tag{7.3-17}$$

其传递函数为

$$G_c(s) = \frac{U(s)}{E(s)} = K_P \left(1 + \frac{1}{T_i s} + T_d s \right) = \frac{T_i K_D s^2 + T_i K_P s + 1}{T_i s} = \frac{(T_1 s + 1)(T_2 s + 1)}{T_i s} \tag{7.3-18}$$

其伯德图如图 7-22 所示。

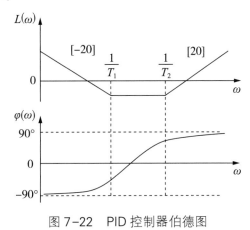

图 7-22　PID 控制器伯德图

从 PID 控制器伯德图中可以看出,PID 控制器的作用相当于滞后-超前校正。PID 控制器的设计是根据实际系统的控制要求,并结合系统的特性、运行状态以及干扰情况来选择 PID 的参数。参数选择的正确与否至关重要,将直接影响系统的校正的效果。下面介绍确定 PID 参数的一种方法。

(7) 确定 PID 参数的高阶系统累试法

对于固有传递函数高于二阶的高阶系统,PID 校正一般不可能做到全部闭环极点的任意配置。但可以控制部分极点,以达到系统预期的性能指标。

根据相位裕量的定义,有

$$G_c(j\omega_c) G(j\omega_c) = 1 / \underline{(-180° + \gamma)} \tag{7.3-19}$$

由上式可得,

$$|G_c(j\omega_c)| = \frac{1}{|G_o(j\omega_c)|} \tag{7.3-20}$$

$$\theta = \underline{/G_c(j\omega_c)} = -180° + \gamma - \underline{/G(j\omega_c)} \tag{7.3-21}$$

则 PID 控制器在开环剪切频率处的频率特性可表示为

$$K_P + j\left(K_D\omega_c - \frac{K_I}{\omega_c}\right) = |G_c(j\omega_c)|(\cos\theta + j\sin\theta) \tag{7.3-22}$$

由上述两式可以得

$$K_P = \frac{\cos\theta}{|G(j\omega_c)|} \tag{7.3-23}$$

$$K_D\omega_c - \frac{K_I}{\omega_c} = \frac{\sin\theta}{|G_c(j\omega_c)|} \tag{7.3-24}$$

由式(7.3-23)可独立解出比例增益 K_P，而式(7.3-24)中包含两个未知参数 K_I 和 K_D，不是唯一解。当采用 PI 或 PD 控制器时，由于少了一个未知数，可唯一解出 K_I 和 K_D。当采用 PID 控制器时，通常由稳态误差要求，通过开环放大倍数，先确定积分增益 K_I，然后计算出微分增益 K_D。

例3 设单位反馈控制系统校正前的传递函数为 $G(s) = \dfrac{4}{s(s+1)(s+2)}$，试设计 PID 控制器，实现系统开环剪切频率 $\omega_c = 1.7\text{rad/s}$，相位裕量 $\gamma = 50°$，单位加速度输入的稳态误差 $e_{ss} = 0.025$。

解: 由题目可知校正前系统传递函数的频率特性为

$$G(j\omega) = \frac{4}{j\omega(j\omega+1)(j\omega+2)}$$

其幅频特性为

$$|G(j\omega)| = \frac{4}{\omega\sqrt{\omega^2+1}\cdot\sqrt{\omega^2+2^2}}$$

将开环剪切频率 $\omega_c = 1.7\text{rad/s}$ 代入上式得

$$|G(j1.7)| = \frac{4}{1.7\sqrt{1.7^2+1}\cdot\sqrt{1.7^2+2^2}} = 0.454$$

校正前原系统的相频特性为

$$\angle G(j\omega) = -90° - \arctan\omega - \arctan\left(\frac{\omega}{2}\right)$$

将开环剪切频率 $\omega_c = 1.7\text{rad/s}$ 代入上式得

$$\angle G(j1.7) = -90° - \arctan 1.7 - \arctan\left(\frac{1.7}{2}\right) = 189.90°$$

从而得到

$$G(j1.7) = 0.454\angle-189.9°$$

由式(7.3-21)，得

$$\theta = \angle G_c(j\omega_c) = -180° + 50° + 189.9°$$

由式(7.3-23)，得

$$K_P = \frac{\cos 59.9°}{0.454} = 1.10$$

输入引起的系统误差函数表达式为

$$E(s) = \frac{s^2(s+1)(s+2)}{s^4 + 3s^3 + 2(2K_D + 1)s^2 + 4K_P s + 4K_I} X(s)$$

要求单位加速度输入的稳态误差 $e_{ss} = 0.025$，利用上式得

$$K_I = 20$$

再使用式(7.3-24)，得

$$K_D = \frac{\sin 59.9°}{1.7 \times 0.454} + \frac{20}{1.7^2} = 8.04$$

本章重点

（1）理解控制系统的性能指标：包括时域性能指标和频率性能指标。

（2）理解校正的基本概念和类型。

（3）掌握串联校正中超前校正，滞后校正，滞后-超前校正和 PID 校正的设计方法，能够通过伯德图分析进行系统地校正设计。

本章习题

7-1 单位负反馈系统的开环传递函数为 $G(s) = \dfrac{K}{s(0.04s+1)}$，要求系统响应在单位速度信号 $x(t) = t$ 的作用下 $e_{ss} \leqslant 0.01$ 及相位裕量 $\gamma \geqslant 45°$。试确定串联校正环节的传递函数。

7-2 单位负反馈系统的开环传递函数为 $G(s) = \dfrac{K}{s(0.5s+1)}$，试确定串联校正参数，要使系统在单位速度输入下 $e_{ss} = 0.05$，且满足如下性能指标：

1. 相位裕量 $\gamma \geqslant 50°$；2. 幅值裕量 $K_g \geqslant 10\text{dB}$。

7-3 设计一具有单位反馈的控制系统，其开环传递函数为 $G(s) = \dfrac{4K}{s(s+2)}$，要求设计串联超前校正装置，使系统稳态速度误差 $K_v = 20s^{-1}$，相位裕量 $\gamma \geqslant 50°$。

7-4 简述对系统进行相位滞后校正时校正装置的转折频率及系统截止频率的确定方法。

7-5 简述对系统进行滞后-超前校正时校正装置的转折频率及系统截止频率的确定方法。

7-6 设计一具有单位反馈的控制系统，其开环传递函数 $G(s) = \dfrac{K}{s(s+1)(0.5s+1)}$，要求设计串联滞后校正装置，使系统满足下列性能指标：$K_v = 5s^{-1}$、$\gamma \geqslant 40°$、$K_g \geqslant 10\text{dB}$。

7-7 已知未校正系统原有部分的开环传递函数为 $G(s) = \dfrac{K}{s(0.5s+1)(0.1s+1)}$，试设计串联校正装置，使系统满足下列性能指标：$K_v \geqslant 7$，$\gamma \geqslant 45°$，$K_g \geqslant 15\text{dB}$。

7-8 简述对系统进行 PID 时确定校正装置参数的方法。

7-9 什么是系统校正？系统校正有哪些类型？

7-10 简述校正装置与系统之间的关系。

7-11 某单位反馈系统开环传递函数为 $G(s) = \dfrac{100}{s(10s+1)}$，式设计 PID 控制器，使系统闭环极点为 $-2 \pm j1$ 和 -5。

CHAPTER 8

第八章

根轨迹法

反馈控制系统的基本性能主要由系统的闭环极点的分布所决定。因此,分析系统必须求解特征方程的根。但因为求解高阶系统特征方程异常困难,所以限制了时域分析法在二阶以上系统中的应用。1948 年,伊凡思根据反馈系统开、闭环传递函数之间的内在联系,提出了直接由开环传递函数确定闭环特征根的新方法,并且建立了一套法则,这就是在工程上获得广泛应用的根轨迹法。

根轨迹法是分析和设计线性定常控制系统的图解方法,使用十分简便,因此在工程实践中获得了广泛应用。本章主要介绍根轨迹的基本概念,从闭环零极点与开环零极点之间的关系推导出根轨迹方程,重点讨论绘制根轨迹的基本法则,最后应用这些法则绘制系统的根轨迹。

8.1 根轨迹法的基本概念

8.1.1 根轨迹概念

所谓根轨迹,是指当系统某个参数(如开环增益 K)由零到无穷大变化时,闭环特征根在[s]平面上移动的轨迹。

常规根轨迹:当变化的参数为开环增益时所对应的根轨迹。

广义根轨迹:当变化的参数为开环传递函数中其他参数时所对应的根轨迹。

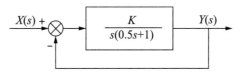

图 8-1 单位反馈控制系统

图 8-1 所示控制系统的开环传递函数为

$$G(s) = \frac{K}{s(0.5s+1)} = \frac{2K}{s(s+2)} \tag{8.1-1}$$

其闭环传递函数为

$$\Phi(s) = \frac{2K}{s^2+2s+2K} \tag{8.1-2}$$

闭环特征方程为

$$s^2+2s+2K=0 \tag{8.1-3}$$

闭环特征方程的根为

$$s_{1,2} = -1 \pm \sqrt{1-2K} \tag{8.1-4}$$

将 K 取不同的值,代入特征根的表达式,得到两个特征根的不同取值,如表 8-1 所示。

表 8-1 *K* 与特征根取值

K	0	0.5	1.0	2.5	…	∞
s_1	0	-1	$-1+j$	$-1+2j$	…	$-1+j\infty$
s_2	-2	-1	$-1-j$	$-1-2j$	…	$-1-j\infty$

将 $s_{1,2}$ 标注在[s]平面上,并连成光滑的实线,如图 8-2 所示。这些实线就是系统的根轨迹,随着 K 值的增加,根轨迹的变化趋势由实线上的箭头表示,K 的值则代表与闭环极点位置对应的开环增益 K 的数值。

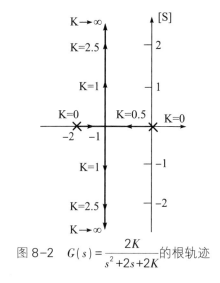

图 8-2　$G(s) = \dfrac{2K}{s^2 + 2s + 2K}$ 的根轨迹

有了根轨迹,就可以利用其分析系统的各种性能。当开环增益从零变到无穷时,图 8-2 所示的根轨迹不会越过虚轴进入右半[s]平面,因此,图 8-2 所示系统对所有的 K 值都是稳定的。如果根轨迹越过虚轴进入[s]右半平面,此时根轨迹与虚轴交点处的 K 值,称为临界开环增益。由图 8-2 可见,开环系统在坐标原点处有一个极点,因此系统为 I 型系统,此时的 K 值就是静态速度误差系数。

根轨迹与系统性能之间存在密切的联系。然而,用解析或试探的方法绘制根轨迹,显然是不合适的。我们希望能有更简便的方法,可以根据已知的开环传递函数快速绘制系统的根轨迹。

8.1.2 根轨迹方程及幅角、幅值条件

由于系统开环传递函数的零、极点是已知的,通过建立开环零、极点与闭环零、极点之间的关系,有助于系统根轨迹的绘制。

典型反馈控制系统的闭环传递函数为

$$\frac{X(s)}{Y(s)} = \frac{G(s)}{1 + G(s)H(s)} \tag{8.1-5}$$

其特征方程为

$$1 + G(s)H(s) = 0 \text{ 或 } G(s)H(s) = -1 \tag{8.1-6}$$

满足上式的 s 值,都是特征方程的根,同样必定都是根轨迹上的点,故称式(8.1-6)为根轨迹方程。其中的开环传递函数 $G(s)H(s)$ 为复向量,必定满足

$$\angle G(s)H(s) = \pm 180°(2k+1) \quad k = 0, 1, 2\cdots \tag{8.1-7}$$

$$|G(s)H(s)| = 1 \tag{8.1-8}$$

方程(8.1-7)和(8.1-8)是**根轨迹上的点应该同时满足的两个条件**,前者称为幅角条件,后者称为**幅值条件**。根据这两个条件,可以完全确定[s]平面上的根轨迹和根轨迹上点对应的 K^* 值。幅角条

件是确定根轨迹的充分必要条件,绘制根轨迹时,只需要使用幅角条件。当需要确定根轨迹上点的 K^* 值时,才使用幅值条件。

将开环传递函数改写成零极点的形式

$$G(s)H(s) = \frac{K^*(s-z_1)(s-z_2)\cdots(s-z_m)}{(s-p_1)(s-p_2)\cdots(s-p_n)} \tag{8.1-9}$$

式中, $p_1, p_2 \cdots p_n$ 为系统的 n 个开环极点, $z_1, z_2 \cdots z_m$ 为系统的 m 个开环零点, K^* 称为系统的开环根轨迹增益,它与开环增益 K 之间相差一个比例常数。

将开环传递函数写成幅值与幅角的形式

$$G(s)H(s) = K^* \frac{A_{z1}e^{j\varphi_{z1}}\cdots A_{zm}e^{j\varphi_{zm}}}{A_{p1}e^{j\varphi_{p1}}\cdots A_{pn}e^{j\varphi_{pn}}} \tag{8.1-10}$$

式(8.1-10)中

$$A_{zi} = |(s-z_i)| \quad \varphi_{zi} = \angle(s-z_i) \quad i = 1, 2, \cdots m$$
$$A_{pj} = |(s-p_j)| \quad \varphi_{pj} = \angle(s-p_j) \quad j = 1, 2, \cdots n$$

幅角条件可写成

$$\sum_{i=1}^{m} \varphi_{zi} - \sum_{j=1}^{n} \varphi_{pj} = \pm 180°(2k+1) \quad k = 0, 1, 2, \cdots \tag{8.1-11}$$

幅值条件可写成

$$K^* \cdot \frac{\prod_{i=1}^{m} A_{zi}}{\prod_{j=1}^{n} A_{pj}} = 1 \tag{8.1-12}$$

可见,幅角条件与 K^* 无关;而幅值条件与 K^* 有关,且 K^* 的范围为 $0 \sim \infty$。

因此,复平面 $[s]$ 上所有满足条件的点都是特征方程的根,当 K^* 由 $0 \sim \infty$ 变化时,这些点构成的轨迹即为根轨迹。

例1 系统开环传递函数 $G(s) = \dfrac{K}{s(0.5s+1)}$,求其在复平面上满足幅角条件的所有 s 点。

解:对系统的开环传递函数进行整理,有

$$G(s) = \frac{K}{s(0.5s+1)} = \frac{2K}{s(s+2)} = \frac{K^*}{s(s+2)}$$

系统的幅角条件

$$-[\angle s + \angle(s+2)] = \pm 180°(2k+1)$$

下面在复平面上找出满足幅角条件的所有点,如图 8-3 所示。

(1) 正实轴上的点 s_1,$\angle s_1 = 0°$,$\angle(s_1+2) = 0°$,不满足幅角条件;

(2) 在极点 $s = 0$ 和 $s = -2$ 之间的点 s_2,$\angle s_2 = 180°$,$\angle(s_2+2) = 0°$,满足幅角条件;

(3) 负实轴上在极点 $s = -2$ 左侧的点 s_3,$\angle s_3 = 180°$,$\angle(s_3+2) = 180°$,不满足幅角条件;

(4) 其他点 s_4,$\angle s_4 = \varphi_1$,$\angle(s_4+2) = \varphi_2$,若满足幅角条件,则 $\varphi_1 + \varphi_2 = 180°$,在两个极点中垂线上的点满足幅角条件。

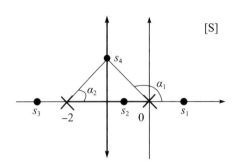

图 8-3　满足幅角条件的 s 点

8.2 根轨迹绘制的基本法则

本节讨论绘制根轨迹的基本法则,熟练地掌握这些法则,对于分析和设计控制系统是非常有益的。在下面的讨论中,假定所研究的变化参数是根轨迹增益 K^*,而当变化参数是系统的其他参数时,这些法则仍然适用。

8.2.1 根轨迹法则（1-4）

（1）法则 1　根轨迹的分支数

根轨迹的分支数等于闭环特征方程的阶数,且由根轨迹方程可知,闭环特征方程的阶数由开环零点数、极点数中较大的数决定。

证明　根轨迹是当开系统的一个参数从零到无穷变化时,闭环特征根在 [s] 平面上形成的轨迹。因此,根轨迹的分支数必与闭环特征方程根的数目相一致。由特征方程(8.1-6)可见,闭环特征根的个数等于开环零点数和开环极点数中较大的数。

（2）法则 2　根轨迹的对称性和连续性

根轨迹对称于实轴,且是连续的。

证明　闭环特征根有实根和复根两种,实根位于实轴上,而复根一定是共轭的,因此根轨迹必关于实轴对称。闭环特征根是包含系数 K^* 的函数,当 K^* 从零到无穷大连续变化时,特征根也随之连续变化,故根轨迹具有连续性。根据对称性,绘制根轨迹时,只需确定上半 [s] 平面的根轨迹,下半 [s] 平面的根轨迹可用于实轴对称绘制。

（3）法则 3　根轨迹的起始点和终止点

根轨迹起始于开环极点,终止于开环零点,如果开环零点数 m 小于开环极点数 n,则有 $(n-m)$ 条根轨迹终止于无穷远处。

证明　根轨迹的起始点是指系数 $K^* = 0$ 时的特征根位置,而终止点则是 $K^* = \infty$ 时的特征根位

置。闭环特征方程可写成

$$\prod_{i=1}^{n}(s-p_i) + K^* \prod_{j=1}^{m}(s-z_j) = 0 \tag{8.2-1}$$

当 $K^*=0$ 时,上式中的第一项恒为零,必然有

$$s=p_i \quad i=1,2,\cdots,n \tag{8.2-2}$$

p_i 为开环传递函数 $G(s)H(s)$ 的极点,因此,根轨迹起始于开环极点。

将特征方程(8.2-1)改写为如下形式:

$$\frac{1}{K^*}\prod_{i=1}^{n}(s-p_i) + \prod_{j=1}^{n}(s-z_j) = 0 \tag{8.2-3}$$

当 $K^*\to\infty$ 时,上式中的第二项恒为零,有

$$s=z_j \quad j=1,2,\cdots,m \tag{8.2-4}$$

即,根轨迹的终点为开环零点。

在实际系统中,开环零点数 m 与开环极点数 n 不相等,且多满足不等式 $m<n$。当 $s\to\infty$ 时,式(8.2-1)的模值关系可以表示为

$$\frac{1}{K^*} = \lim_{s\to\infty} \frac{\prod_{j=1}^{m}|s-z_j|}{\prod_{i=1}^{n}|s-p_i|} = \lim_{s\to\infty}\frac{1}{|s|^{n-m}} = 0 \tag{8.2-5}$$

因此,当 $K^*\to\infty$ 时,必有 $m-n$ 条根轨迹终止于无穷远处。

例1 已知系统的开环传递函数 $G(s)H(s) = \dfrac{K^*(s+2)}{s(s+3)(s^2+2s+2)}$,确定此系统根轨迹的分支数、对称性和连续性、起始点与终止点。

解:系统有 1 个开环零点 $z_1=-2$,4 个开环极点 $p_1=0, p_2=-3, p_{3,4}=-1\pm j$。

(1) 由法则 1,系统有 4 条根轨迹;

(2) 由法则 2,系统根轨迹关于实轴对称,且连续;

(3) 由法则 3,系统 4 条根轨迹分别起始于 p_1、p_2、p_3、p_4,其中 1 条根轨迹终止于 z_1,另 3 条根轨迹终止于无穷远处。

(4) 法则 4 实轴上的根轨迹

实轴上的某一区域,若其右边开环实数零极点个数之和为奇数,则该区域属于根轨迹。

证明 设某系统的开环零极点分布如图 8-4 所示。s_0 是实轴上的一点,$\varphi_j(j=1,2,3)$ 是开环零点到 s_0 点向量的幅角,$\theta_i(i=1,2,3,4)$ 是开环极点到 s_0 点向量的幅角。其中,每对开环复数零极点到点 s_0 向量的幅角之和为 2π。因此,幅角条件中可以不考虑开环复数零极点的影响。此外,s_0 点左边开环实数零极点到 s_0 点的向量幅角为零,而 s_0 点右边开环实数零极点到 s_0 点的向量幅角均等于 π。若 s_0 右边开环实数零极点个数之和为奇数,则

$$\sum \varphi_j + \sum \theta_i = (2k+1)\pi \tag{8.2-6}$$

满足幅角条件,法则 4 得证。

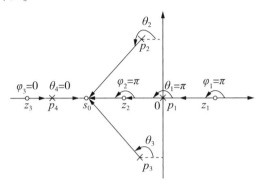

图 8-4　实轴上的根轨迹

例 2　确定图 8-4 所示系统位于实轴上的根轨迹。

解:对于图 8-4 所示系统,根据法则 4,z_1 和 p_1 之间、z_2 和 p_4 之间,以及 z_3 和 $-\infty$ 之间的实轴部分,都是根轨迹的一部分。

8.2.2 根轨迹法则（5-6）

(5) 法则 5　根轨迹的渐近线

如果开环零点数 m 小于开环极点数 n,有 $n-m$ 条根轨迹分支趋向于无穷远处,它们的趋向方位可由渐近线决定,渐近线与实轴交点为 σ_α,与实轴正方形的夹角为 φ_α,且有

$$\sigma_\alpha = \frac{\sum_{i=1}^{n} p_i - \sum_{j=1}^{m} z_j}{n-m} \tag{8.2-7}$$

$$\varphi_\alpha = \frac{(2k+1)\pi}{n-m} \tag{8.2-8}$$

式中 k 取 $0,\pm1,\pm2,\cdots$,计算时 k 依次取值,直到获得 $n-m$ 个夹角。

证明　将开环传递函数写成多项式形式

$$G(s)H(s) = K^* \frac{\prod_{j=1}^{m}(s-z_j)}{\prod_{i=1}^{n}(s-p_i)} = K^* \frac{s^m + b_1 s^{m-1} + \cdots + b_{m-1}s + b_m}{s^n + a_1 s^{n-1} + \cdots + a_{n-1}s + a_n} \tag{8.2-9}$$

式中,$b_1 = -\sum_{j=1}^{m} z_j$, $a_1 = -\sum_{i=1}^{n} p_i$

当 s 值很大时,式(8.2-9)可近似为

$$G(s)H(s) = \frac{K^*}{s^{n-m} + (a_1 - b_1)s^{n-m-1}} \tag{8.2-10}$$

因为 $G(s)H(s) = -1$,所以

$$s^{n-m}\left(1 + \frac{a_1 - b_1}{s}\right) = -K^* \tag{8.2-11}$$

或

$$s\left(1+\frac{a_1-b_1}{s}\right)^{\frac{1}{n-m}}=(-K^*)^{\frac{1}{n-m}} \tag{8.2-12}$$

根据二项式定理

$$\left(1+\frac{a_1-b_1}{s}\right)^{\frac{1}{n-m}}=1+\frac{a_1-b_1}{(n-m)s}+\frac{1}{2!}\frac{1}{n-m}\left(\frac{1}{n-m}-1\right)\left(\frac{a_1-b_1}{s}\right)^2+\cdots \tag{8.2-13}$$

在 s 值很大时,近似有

$$\left(1+\frac{a_1-b_1}{s}\right)^{\frac{1}{n-m}}=1+\frac{a_1-b_1}{(n-m)s} \tag{8.2-14}$$

将式(8.2-14)代入式(8.2-12),渐近线方程可表示为

$$s\left[1+\frac{a_1-b_1}{(n-m)s}\right]=(-K^*)^{\frac{1}{n-m}} \tag{8.2-15}$$

现在以 $s=\sigma+j\omega$ 代入式(8.2-15),得

$$\left(\sigma+\frac{a_1-b_1}{n-m}\right)+j\omega=\sqrt[n-m]{K^*}\left[\cos\frac{(2k+1)\pi}{n-m}+j\sin\frac{(2k+1)\pi}{n-m}\right] \tag{8.2-16}$$

$$k=0,1,\cdots,n-m-1$$

令实部与虚部分别相等,有

$$\sigma+\frac{a_1-b_1}{n-m}=\sqrt[n-m]{K^*}\cos\frac{(2k+1)\pi}{n-m} \tag{8.2-17}$$

$$\omega=\sqrt[n-m]{K^*}\sin\frac{(2k+1)\pi}{n-m} \tag{8.2-18}$$

从式(8.2-17)和式(8.2-18)中解出

$$\sqrt[n-m]{K^*}=\frac{\omega}{\sin\varphi_\alpha}=\frac{\sigma-\sigma_\alpha}{\cos\varphi_\alpha} \tag{8.2-19}$$

$$\omega=(\sigma-\sigma_\alpha)\tan\varphi_\alpha \tag{8.2-20}$$

式中

$$\varphi_\alpha=\frac{(2k+1)\pi}{n-m},\ k=0,\pm1,\pm2,\cdots \tag{8.2-21}$$

$$\sigma_\alpha=-\left(\frac{a_1-b_1}{n-m}\right)=\frac{\sum_{i=1}^n p_i-\sum_{j=1}^m z_j}{n-m} \tag{8.2-22}$$

在 $[s]$ 平面上,式(8.2-20)代表直线方程,它与实轴正方向的夹角为 φ_α,交点为 σ_α。当 k 取不同值时,可得 $n-m$ 个 φ_α 角,因此根轨迹渐近线是 $n-m$ 条与实轴交点为 σ_α,交角为 φ_α 的一组射线。而只要求出某一条渐近线与实轴的夹角,就很容易求出其他渐近线的位置。

例3　某系统如图8-5所示,其开环传递函数 $G(s)=\dfrac{K^*(s+1)}{s(s+4)(s^2+2s+2)}$,试根据已知的基本法

则,确定根轨迹的有关数据。

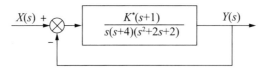

图 8-5　控制系统方块图

解:系统有 4 个开环极点 $p_1=0, p_2=-4, p_3=-1+j, p_4=-1-j$;有 1 个开环零点 $z_1=-1$。将开环零极点绘制在$[s]$平面上,用"×"表示开环极点,用"○"表示开环零点,如图 8-6 所示。

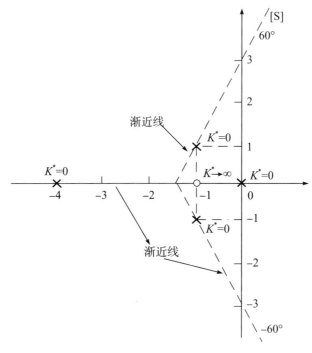

图 8-6　例 3 系统的开环零、极点分布与根轨迹渐近线

（1）由法则 1、2,根轨迹有 4 条分支,连续且对称于实轴。

（2）由法则 3,4 条根轨迹起始于开环极点 p_1, p_2, p_3, p_4,其中一条根轨迹终止于开环零点 z_1 处。

（3）由法则 4,实轴上 $-\infty$ 与 p_2 之间,以及 z_1 与 p_1 之间的部分为根轨迹一部分。

（4）由法则 5,有 $n-m=3$ 条根轨迹终止于无穷远处,渐近线与实轴的交点

$$\sigma_\alpha = \frac{\sum_{i=1}^n p_i - z_i}{3} = \frac{(0-4-1+j-1-j)-(-1)}{3} = -1.67 \tag{8.2-23}$$

渐近线与实轴正方向夹角为

$$\varphi_\alpha = \frac{(2k+1)\pi}{n-m} = 60°, k=0$$

$$\varphi_\alpha = \frac{(2k+1)\pi}{n-m} = 180°, k=1 \tag{8.2-24}$$

$$\varphi_\alpha = \frac{(2k+1)\pi}{n-m} = 360°, k=2$$

（6）法则 6　根轨迹的起始角与终止角

根轨迹离开开环复极点处的切线与正实轴的夹角称为起始角，用 θ_{p_i} 表示；根轨迹终止于开环复零点处的切线与正实轴的夹角称为终止角，用 φ_{z_i} 表示。起始角与终止角可按如下关系式求出：

$$\theta_{p_i} = (2k+1)\pi + \left(\sum_{j=1}^{m} \varphi_{z_j p_i} - \sum_{\substack{j=1 \\ (j\neq 1)}}^{n} \theta_{p_j p_i} \right); k = 0, \pm 1, \pm 2 \cdots \tag{8.2-25}$$

$$\varphi_{z_i} = (2k+1)\pi - \left(\sum_{\substack{j=1 \\ (j\neq 1)}}^{m} \varphi_{z_j z_i} - \sum_{j=1}^{n} \theta_{p_j z_i} \right); k = 0, \pm 1, \pm 2 \cdots \tag{8.2-26}$$

证明　设系统有 m 个开环零点，n 个开环极点。在十分靠近待求起始角（或复数零点）的复数极点（或复数零点）的根轨迹上，取一点 s_i。s_i 无限接近于求起始角的复数极点 p_i（或求终止角的复数零点 z_i），因此，除 p_i（或 z_i）外，所有开环零、极点到 s_i 点的向量幅角 $\varphi_{z_j s_i}$ 和 $\theta_{p_j s_i}$，都可以用他们到 p_i（或 z_i）的向量幅角 $\varphi_{z_j p_i}$（或 $\varphi_{z_j z_i}$）和 $\theta_{p_j p_i}$（或 $\theta_{p_j z_i}$）来替代，而 p_i（或 z_i）到 s_i 点的向量幅角即为起始角 θ_{p_i}（或终止角 φ_{z_i}）。由于 s_i 点必满足幅角条件，应有

$$\sum_{j=1}^{m} \varphi_{z_j p_i} - \sum_{\substack{j=1 \\ (j\neq 1)}}^{n} \theta_{p_j p_i} - \theta_{p_i} = -(2k+1)\pi$$

$$\sum_{\substack{j=1 \\ (j\neq 1)}}^{m} \varphi_{z_j z_i} + \varphi_{z_i} - \sum_{j=1}^{n} \theta_{p_j z_i} = (2k+1)\pi \tag{8.2-27}$$

移项后，得到式（8.2-27）。应当指出，在根轨迹的幅角条件中，$(2k+1)\pi$ 与 $-(2k+1)\pi$ 是等价的，因此为了便于计算起见，在上面最后两式的右端有的用 $-(2k+1)\pi$ 表示。

例 4　系统开环传递为 $G(s) = \dfrac{K^*(s+1.5)(s+2+j)(s+2-j)}{s(s+2.5)(s+0.5+j1.5)(s+0.5-j1.5)}$，试绘制该系统的根轨迹。

解：系统有 4 个井坏极点和 3 个开环零点，将开环零、极点绘制在 $[s]$ 平面上，如图 8-7 所示。

（1）由法则 1，系统有 4 条根轨迹；

（2）由法则 2，系统连续，且关于实轴对称；

（3）由法则 3，系统的 4 条根轨迹分别起始于 4 个开环极点，其中 3 条根轨迹终止于开环零点；

（4）由法则 4，实轴上的区域 $(0, -1.5)$ 和 $(-2.5, -\infty)$ 为根轨迹的一部分；

（5）由法则 5，确定根轨迹的渐近线。本例中 $n-m=1$，故只有一条渐近线，它与实轴正方向的夹角为 $180°$，正好与实轴上的根轨迹 $(-2.5, -\infty)$ 重合，因此，不必再去确定根轨迹的渐近线。

（6）由法则 6，确定起始角与终止角。先求起始角。作各开环零、极点到复数极点 $(-0.5+j1.5)$ 的向量，并测出相应角度，如图 8-7 所示。按式（8.2-25）算出根轨迹在极点 $(-0.5+j1.5)$ 处的起始角为

$$\theta_{p_i} = 180° + (\varphi_1 + \varphi_2 + \varphi_3) - (\theta_1 + \theta_3 + \theta_4) = 79°$$

根据对称性，根轨迹在极点 $(-0.5-j1.5)$ 处的起始角为 $-79°$。用类似方法可算出根轨迹在复数零点 $(-2+j)$ 处的终止角为 $149.5°$。各开环零、极点到 $(-2+j)$ 的向量幅角如图 8-8 所示。

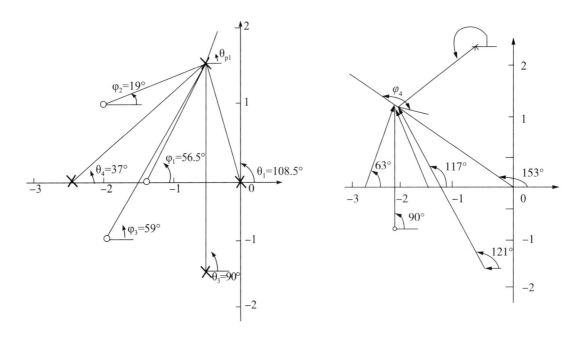

图 8-7　起始角与终止角

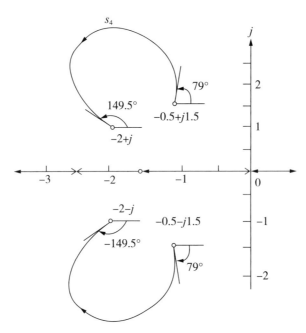

图 8-8　例 4 中系统的根轨迹图

8.2.3 根轨迹法则（7-10）

（7）法则 7　根轨迹的分离点（或会合点）

几条根轨迹在 [s] 平面上相遇后又分开（或分开后又相遇）的点，称为根轨迹的分离点（或会合点），因为根轨迹是关于实轴对称的，所以根轨迹的分离点（或会合点）或位于实轴上，或在实轴两侧对

称成对出现。求分离点(或会合点)坐标的方法如下。

① 方法1

分离点(或会和点)的坐标 d 可由方程

$$\sum_{i=1}^{n} \frac{1}{d-p_i} = \sum_{j=1}^{m} \frac{1}{d-z_j} \tag{8.2-28}$$

解出,式中 p_i 是各个开环极点,z_j 是各个开环零点。

证明 根轨迹方程写成开环零极点形式,有

$$1 + \frac{K^* \prod_{j=1}^{m}(s-z_j)}{\prod_{i=1}^{n}(s-p_i)} = 0 \tag{8.2-29}$$

闭环特征方程

$$D(s) = \prod_{i=1}^{n}(s-p_i) + K^* \prod_{j=1}^{m}(s-z_j) = 0 \tag{8.2-30}$$

根轨迹存在分离点(或会和点)说明闭环特征方程有重根,则下式也成立

$$\frac{d}{ds}\left[\prod_{i=1}^{n}(s-p_i) + K^* \prod_{j=1}^{m}(s-z_j)\right] = 0 \tag{8.2-31}$$

整理后有

$$\prod_{i=1}^{n}(s-p_i) = -K^* \prod_{j=1}^{m}(s-z_j)$$

$$\frac{d}{ds}\prod_{i=1}^{n}(s-p_i) = -K^* \frac{d}{ds}\prod_{j=1}^{m}(s-z_j) \tag{8.2-32}$$

两式相除,整理后得

$$\sum_{i=1}^{n} \frac{1}{s-p_i} = \sum_{j=1}^{m} \frac{1}{s-z_j} \tag{8.2-33}$$

从上式中解出 s,再根据根轨迹分布,确定所得的解是否在根轨迹上,位于根轨迹上的解,即为分离点 d。

例5 已知单位反馈系统的开环传递函数为 $G(s) = \dfrac{K^*(s+5)}{s(s+2)(s+3)}$,试计算分离点(或会合点)坐标。

解: 根据根轨迹分离点(或会合点)计算公式(8.2-33),有

$$\frac{1}{d} + \frac{1}{d+2} + \frac{1}{d+3} = \frac{1}{d+5}$$

用试探法可得 $d = -0.886$。

② 方法2

用开环根轨迹增益求极值 $\dfrac{dK^*}{ds} = 0$,求解分离点(或会合点)坐标。

证明 系统开环传递函数的零极点形式

$$G(s)H(s) = \frac{K^*(s-z_1)(s-z_2)\cdots(s-z_m)}{(s-p_1)(s-p_2)\cdots(s-p_n)}$$

代入系统的闭环特征方程,有

$$K^* = \frac{-(s-p_1)(s-p_2)\cdots(s-p_n)}{(s-z_1)(s-z_2)\cdots(s-z_m)}$$

求极值

$$\frac{dK^*}{ds} = 0 \qquad\qquad (8.2-34)$$

用式(8.2-34)确定分离点(或会合点)的坐标。

例6 系统的开环传递函数 $G(s)H(s) = \dfrac{K^*}{s(s^2+8s+20)}$,试计算其分离点(或会合点)坐标。

解:将 $G(s)H(s)$ 代入系统的闭环特征方程,有

$$K^* = -s(s^2+8s+20)$$

求极值,有

$$\frac{dK^*}{ds} = \frac{d\left[-s(s^2+8s+20)\right]}{ds} = 0$$

解得

$$d = -1, d = -3.33$$

③ 方法3

存在分离点(或会合点)说明系统闭环特征方程存在重根,可以用特征方程存在重根的特性确定它们的位置。

系统的开环传递函数

$$G(s)H(s) = \frac{K^* N(s)}{D(s)}$$

则系统的闭环特征方程为

$$K^* N(s) + D(s) = 0 \qquad\qquad (8.2-35)$$

因特征方程存在重根,式(8.2-35)求导后也成立

$$K^* N'(s) + D'(s) = 0 \qquad\qquad (8.2-36)$$

两式联立,可得

$$D(s)N'(s) - D'(s)N(s) = 0 \qquad\qquad (8.2-37)$$

即

$$\frac{d\left[G(s)H(s)\right]}{ds} = 0 \qquad\qquad (8.2-38)$$

求解式(8.2-38),也可以得到分离点(或会合点)的坐标。

(8) 法则8 实轴上分离点(或会合点)的分离角(或会和角)为 ±90°

根轨迹离开分离点或进入会合点时,轨迹切线的倾角称为分离角(或会和角)。常见的根轨迹分

离点(或会合点)多位于实轴上。由幅角条件可知,当根轨迹从实轴二重极点上分离,其右侧为偶数个零极点,因此该二重极点幅角之和为$\pm(2n+1)\pi$,实轴上分离点的分离角必为$\pm90°$。同理,实轴上会合点的会和角也为$\pm90°$。

例7 某系统的开环传递函数为$\dfrac{K^*(s+1)}{s(s+2)(s+3)}$,试绘制其根轨迹。

解: 系统有3个开环极点和1个开环零点,将开环零极点绘制在图8-9上。

① 由法则1,系统有3条根轨迹;

② 由法则2,3条根轨迹关于实轴对称,且连续;

③ 由法则3,3条根轨迹分别起始于3个开环极点,其中1条根轨迹终止于开环零点,2条根轨迹终止于无穷远处;

④ 由法则4,实轴上区域(0,-1)和(-2,-3)是根轨迹的一部分;

⑤ 由法则5,两条终于无穷的根轨迹的渐近线与实轴交角为90°和270°,交点坐标为

$$\sigma_a = \frac{\sum\limits_{i=1}^{3} p_i - \sum\limits_{j=1}^{1} z_j}{n-m} = \frac{(0-2-3)-(-1)}{3-1} = -2$$

⑥ 由法则7,实轴区域(-2,-3)必有一个根轨迹的分离点d,满足方程

$$\frac{1}{d+1} = \frac{1}{d} + \frac{1}{d+2} + \frac{1}{d+3}$$

解此方程得$d \approx -2.47$。

最后画出的系统根轨迹图,如图8-9所示。

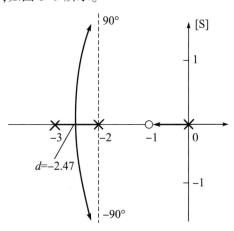

图8-9　例7中系统的根轨迹图

例8 设控制系统的开环传递函数为$G(s) = \dfrac{K(0.5s+1)}{0.5s^2+s+1}$,试绘制系统根轨迹。

解: 将$G(s)$写成零极点形式$G(s) = \dfrac{K^*(S+2)}{(S+1+j)(s+1-j)}$,有2个极点和1个零点,将之绘制在图8-10中。

由法则 1~法则 5 可知,本例有两条对称于实轴的根轨迹,它们分别起于开环极点$-1+j$、$-1-j$,其中一条终止于零点$(-2,0)$,另一条终止于无穷远处因此,在$(-2,-\infty)$的实轴上,存在一个分离点 d。由法则 7,关于 d 的方程为

$$\frac{1}{d+2}=\frac{1}{d+1-j}+\frac{1}{d+1+j}$$

解得

$$d_1=3.414；d_2=-0.586$$

显然 d_1 为分离点。由法则 8,分离点处轨迹切线垂直于实轴。本例的根轨迹,如图 8-10 所示。

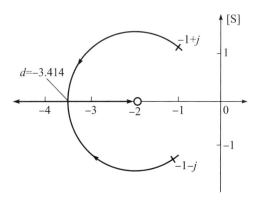

图 8-10 例 8 中系统的根轨迹

(9) 法则 9 根轨迹与虚轴的交点

若根轨迹与虚轴相交,则交点上的 K^* 值和 ω 值可用劳斯判断确定,也可令闭其特征方程中的 $s=j\omega$,然后分别令实部和虚部为零而求得。

证明:若根轨迹与虚轴相交,则表示闭环系统存在纯虚根,这意味着 K^* 的数值使闭环系统处于临界稳定状态。因此,令劳斯表第一列中包含 K^* 的项为零,即可确定根轨迹与虚轴交点上的 K^* 值。此外,因为一对纯虚根是数值相同但符号相异的根,所以利用劳斯表中 s^2 行的系数构成辅助方程,必可解出纯虚根的数值,这一数值就是根轨迹与虚轴交点上的 ω 值。如果根轨迹与正虚轴(或者负虚轴)有一个以上交点,则应采用劳斯表中幂大于 2 的 s 偶次方程的系数构造辅助方程。

确定根轨迹与虚轴交点处参数的另一种方法,是将 $s=j\omega$ 代入闭环特征方程,得到

$$1+G(j\omega)H(j\omega)=0$$

令上述方程的实部和虚部分别为零,有

$$\mathrm{Re}\left[1+G(j\omega)H(j\omega)\right]=0$$

$$\mathrm{Im}\left[1+G(j\omega)H(j\omega)\right]=0$$

利用这种实部方程和虚部方程,不难解出根轨迹与虚轴交点处的 K^* 值和 ω 值。

例9 设系统开环传递函数为 $G(s)H(s)=\dfrac{K^*}{s(s+3)(s^2+2s+2)}$，试绘制系统的根轨迹。

解：系统有 4 个开环极点，无开环零点，将开环零极点绘制在 $[s]$ 平面上，如图 8-11 所示。

① $n=4,m=0$，系统有 4 条根轨迹分支；

② 系统根轨迹关于实轴对称，且连续；

③ 4 条根轨迹起始于 4 个开环极点，均终止于无穷远处；

④ 实轴上的区间 $(-3,0)$ 为根轨迹上的一部分；

⑤ 确定起始角，量测各向量幅角，算得 $\theta_{pi}=-71.6°$；

⑥ 实轴上存在一个分离点，本例没有零点，故

$$\sum_{i=1}^{n}\frac{1}{d-P_i}=0$$

于是分离点方程为

$$\frac{1}{d}+\frac{1}{d+3}+\frac{1}{d+1-j}+\frac{1}{d+1+j}=0$$

用试探法算出 $d\approx-2.3$。

求根轨迹与虚轴交点

$$s^4+5s^3+8s^2+6s+K^*=0$$

对上式应用劳斯判据，有

$$
\begin{array}{lll}
s^4 & 1 & 8 \quad K^* \\
s^3 & 5 & 6 \\
s^2 & 34/5 & K^* \\
s^1 & (204-25K^*)/34 & \\
s^0 & K^* & \\
\end{array}
$$

令劳斯表中 s^1 行的首项为零，得 $K^*=8.16$。根据 s^2 行的系数，得辅助方程

$$\frac{34}{5}s^2+K^*=0$$

代入 $K^*=8.16$ 并令 $s=j\omega$，解出交点坐标 $\omega=\pm1.1$。

根轨迹与虚轴相交时的参数，也可用闭环特征方程直接求出。将 $s=j\omega$ 代入特征方程，可得实部方程为

$$\omega^4-8\omega^2+K^*=0$$

虚部方程为

$$-5\omega^3+6\omega=0$$

在虚部方程中，$\omega=0$ 显然不是欲求之解，因此根轨迹与虚轴交点坐标应为 $\omega=\pm1.1$。

将所得 ω 值代入实部方程，立即解出 $K^*=8.16$。所得结果与劳斯表法完全一样。系统根轨迹如

图 8-11 所示。

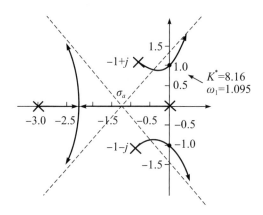

图 8-11　例 9 的开环零极点分布及根轨迹

（10）法则 10　系统闭环特征根之和为常数

系统的闭环特征方程在 $n>m$，可有不同形式的表示

$$\prod_{i=1}^{n}(s-p_i)+K^*\prod_{j=1}^{m}(s-z_j)=s^n+a_1s^{n-1}+\cdots+a_{n-1}s+a_n=\prod_{i=1}^{n}(s-s_i)$$

$$(8.2\text{-}39)$$

$$=s^n+(-\sum_{i=1}^{n}s_i)s^{n-1}+\cdots+\prod_{i=1}^{n}(-s_i)=0$$

式中，s_i 为闭环特征根。当 $n-m>2$ 时，特征方程第二项系数与 K^* 无关，闭环特征方程 n 个根之和总是等于开环 n 个极点之和，即

$$\sum_{i=1}^{n}s_i=\sum_{i=1}^{n}p_i \qquad\qquad (8.2\text{-}40)$$

在开环极点确定的情况下，这是一个不变的常数。因此，当开环增益 K 增大时，若闭环某些根在 $[s]$ 平面上向左移动，则另一部分根必向右移动。法则 10 可用于判断根轨迹的走向。

为了便于查阅，将所有绘制法则统一归纳在表 8-2 中。

表 8-2　根轨迹绘制法则

序号	内容	法则
法则 1	根轨迹的分支数	根轨迹的分支数等于闭环特征方程的阶数，即开环零点数或极点数中的大者。
法则 2	根轨迹的对称性和连续性	根轨迹关于实轴对称、连续
法则 3	根轨迹的起点和终点	根轨迹起于开环极点，终止于开环零点，如果开环零点数 m 小于开环极点数 n，则有 $(n-m)$ 条根轨迹终止于无穷远处。
法则 4	实轴上的根轨迹	实轴上某一区域，若其右方开环零极点个数之和为奇数，则该区域是根轨迹的一部分。

续表

序号	内容	法则
法则5	根轨迹的渐近线	渐近线与实轴的交点坐标和与实轴正向夹角由如下方程确定 $$\sigma_n = \frac{\sum\limits_{i=1}^{n} p_i - \sum\limits_{j=1}^{m} z_j}{n-m}$$ $$\varphi_n = \frac{(2k+1)\pi}{n-m} \quad k=0,\pm1,\pm2,\cdots$$
法则6	根轨迹的起始角与终止角	起始角 $\theta_{p_i} = (2k+1)\pi + (\sum\limits_{j=1}^{m} \varphi_{z_j p_i} - \sum\limits_{\substack{j=1 \\ (j \neq t)}}^{m} \theta_{p_j p_i}) \quad k=0,\pm1,\pm2\cdots$ 终止角 $\varphi_{p_i} = (2k+1)\pi - (\sum\limits_{\substack{j=1 \\ (j \neq i)}}^{m} \varphi_{z_j z_i} - \sum\limits_{j=1}^{m} \theta_{p_j z_i}) \quad k=0,\pm1,\pm2\cdots$
法则7	根轨迹的分离点	分离点(或会合点)坐标由 $\sum\limits_{i=1}^{n} \dfrac{1}{d-p_i} = \sum\limits_{j=1}^{m} \dfrac{1}{d-z_j}$ 确定。
法则8	实轴上分离点的分离角	实轴上分离点(或会合点)的分离角(或会和角)恒为 $\pm90°$
法则9	根轨迹与虚轴的交点	根轨迹与虚轴交点的 K^* 值和 ω 值,可利用劳斯判据确定,或令闭环特征方程中的 $s=j\omega$,然后令其实部、虚部分别为零求得。
法则10	闭环特征根之和	系统的闭环特征根之和等于开环极点之和,即 $\sum\limits_{i=1}^{n} s_i = \sum\limits_{i=1}^{n} p_i$

8.3 根轨迹绘制举例

8.3.1 绘制根轨迹

根轨迹的基本法则非常简单,熟练掌握这些法则,就可以快速绘制系统的根轨迹,下面用几个例子讲解如何应用法则快速绘制系统的根轨迹。

例1 系统的开环传递函数为 $G(s)H(s) = \dfrac{K^*}{s(s+6)(s+3)}$,绘制此系统的根轨迹。

解: 由系统的开环传递函数可知系统有 3 个开环极点,无开环零点,将零极点绘制在 $[s]$ 平面上,如图 8-12 所示。

(1) $n=3$,因此,系统的根轨迹有 3 条分支;

(2) 根轨迹关于实轴对称,并且连续;

(3) 3 条根轨迹均起始于开环极点,系统无零点,因此,3 条根轨迹均终止于无穷远处;

(4) 实轴上的区间 $(-\infty, -6)$ 和 $(-3, 0)$ 为根轨迹的一部分;

（5）根轨迹的渐近线与实轴交点的坐标

$$\sigma_\alpha = \frac{-6-3}{3} = -3$$

根轨迹的渐近线与实轴正方向的夹角

$$\varphi_\alpha = \frac{(2k+1)\pi}{3} = \pm 60°,180°$$

（6）分离点

$$\frac{d\left[s(s+6)(s+3)\right]}{ds} = 0$$

解得

$$s_1 = -1.27, s_2 = -4.72(舍去)$$

（7）实轴上的分离角恒为±90°

（8）与虚轴的交点，将 $s=j\omega$ 带入特征方程

$$1 + G(j\omega)H(j\omega) = j\omega(j\omega+6)(j\omega+3) + K^* = 0$$

实部、虚部分别为零得

$$\begin{cases} 18\omega - \omega^2 = 0 \\ K^* - 9\omega^2 = 0 \end{cases} \Rightarrow \omega = 4.24, \ K^* = 162$$

根据以上结论，系统的根轨迹绘制如图 8-12 所示。

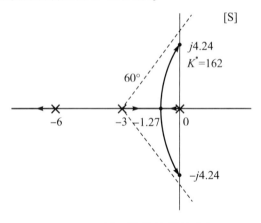

图 8-12　例 1 系统的根轨迹图

例2　已知系统的结构如图 8-13 所示，试证明 K 从 $0 \to \infty$ 变化时，根轨迹复数部分为圆，并求圆的半径和圆心。

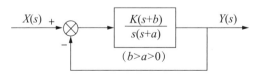

图 8-13　例 2 系统的方块图

解： 系统的开环极点 $p_1 = 0, p_2 = -a$，开环零点 $z_1 = -b$，将其绘制在图 8-14 上。

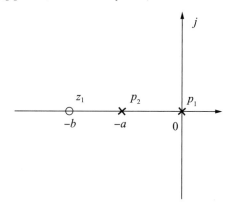

图 8-14　开环零极点图

（1）$n = 2$，根轨迹有 2 条分支；

（2）根轨迹关于实轴对称，且连续；

（3）根轨迹起始于 $p_1 p_2$，一条根轨迹终止于 z_1，另一条终止于无穷远处；

（4）实轴上的根轨迹为 $(-\infty, -b), (-a, 0)$；

（5）渐近线，因为 $n - m = 1$，所以 $\varphi_\alpha = 180°$；

（6）分离点坐标

由公式

$$\sum_{i=1}^{n} \frac{1}{s_d - p_i} = \sum_{j=1}^{m} \frac{1}{s_d - z_j}$$

有

$$\frac{1}{s_d} + \frac{1}{s_d + a} = \frac{1}{s_d + b}$$

$$s_d^2 + 2bs_d + ab = 0$$

$$s_d = \frac{-2b \pm \sqrt{4b^2 - 4ab}}{2} = b \pm \sqrt{b^2 - ab} \ (b > a)$$

两个分离点坐标分别为

$$s_{d1} = -b + \sqrt{b^2 - ab}$$

$$s_{d2} = -b - \sqrt{b^2 - ab}$$

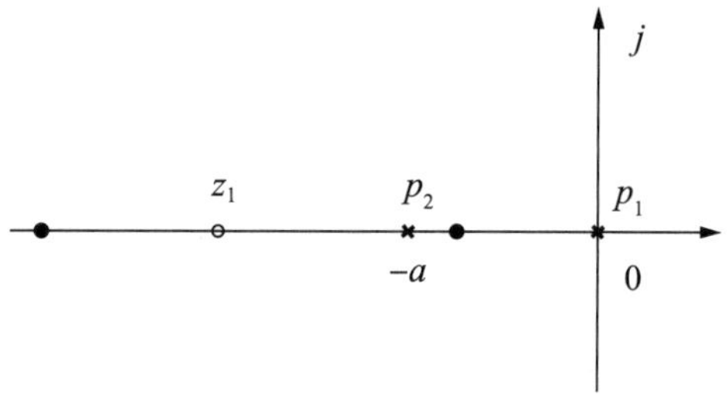

图 8-15　分离点示意图

由于根轨迹上任一点都满足闭环特征方程,设根轨迹复数部分任一点 $s=\sigma+j\omega$,代入特征方程有

$$(\sigma+j\omega)^2+(a+K)(\sigma+j\omega)+Kb=0$$

令实部、虚部分别为零有

$$\begin{cases} \sigma^2-\omega^2+K(\sigma+b)+a\sigma=0 \\ K=-2\sigma-a \end{cases}$$

整理得

$$(\sigma+b)^2+\omega^2=b^2-ba$$

显然,这是以 σ,ω 为变量的圆,圆心坐标 $(-b,0)$,半径 $r=\sqrt{b^2-ab}$

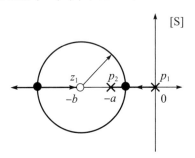

图 8-16　例 2 系统的根轨迹图

可以发现:由两个极点(实数极点或复数极点)和一个零点组成的开环系统,只要零点没有位于两个实数极点之间,根轨迹的复数部分,是以零点为圆心,以到分离点的距离为半径的圆,或圆的一部分。

8.3.2 其他参数根轨迹

在系统分析与设计过程中,不仅可以调整系统的开环增益,还可以通过很多其他参数的调整来使系统性能达到最优。也可以利用根轨迹法来对此类系统进行分析与设计,这种根轨迹成为参数根轨迹。参数根轨迹采用同样的绘制法则,只需对系统特征方程重新整理,将该参数等效为根轨迹增益的开环传递函数。具体绘制方法,通过下面的例子说明。

例 3　随动系统如图所示,加入速度反馈 K_s 后,分析 K_s 对系统性能的影响。

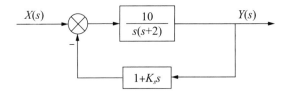

图 8-17　例 3 随动系统方块图

解： 系统的开环传递函数为

$$G(s)H(s) = \frac{10(1+K_s s)}{s(s+2)}$$

其特征方程为

$$s^2 + 2s + 10K_s s + 10 = 0$$

用不含 K_s 的各项 $(s^2+2s+10)$ 除以特征方程有

$$\frac{10K_s s}{s^2+2s+10} + 1 = 0 \rightarrow G'(s)H'(s) + 1 = 0$$

等效开环传递函数为

$$G'(s)H'(s) = \frac{10K_s s}{s^2+2s+10}$$

绘制该等效开环传递函数的根轨迹。系统共有 2 个极点和 1 个零点，将其绘制在 $[s]$ 平面上。

（1）$n=2$，具有 2 条根轨迹；

（2）根轨迹连续且关于实轴对称；

（3）$p_{1,2} = -1 \pm 3j$，$z_1 = 0$，两条根轨迹分别起始于 $p_{1,2}$，其中 1 条终止于 z_1，另 1 条根轨迹终止于无穷远处；

（4）实轴上的 $(-\infty, 0)$ 为根轨迹的一部分；

（5）根轨迹的渐近线与实轴的交点

$$\sigma_\alpha = \frac{\sum\limits_{j=1}^{n} p_j - \sum\limits_{i=1}^{m} z_i}{n-m} = \frac{(-1+3j)+(-1-3j)-0}{2-1} = -2$$

根轨迹的渐近线与实轴正方向的夹角

$$\varphi_\alpha = \frac{(2k+1)\pi}{n-m} = \frac{(2k+1)180°}{2-1} = 180°$$

（6）根轨迹的起始角，如图 8-18 所示

$$\angle(s_1-z_1) - \angle(s_1-p_1) - \angle(s_1-p_2) = +180°$$

$$s_1 \rightarrow p_1 \rightarrow \angle(s_1-p_1) = \theta_{p_1}$$

$$\theta_{p_1} = -180° + \angle(p_1-z_1) - \angle(p_1-p_2)$$

$$\angle(p_1-z_1) = 180° - arctg\frac{3}{1} \times \frac{180°}{\pi} = 108.4° \quad \angle(p_1-p_2) = 90°$$

$$\theta_{p_1} = -180° + 108.4° - 90° = -161.6° = 198.4°$$

$$\theta_{p_2} = -198.4°$$

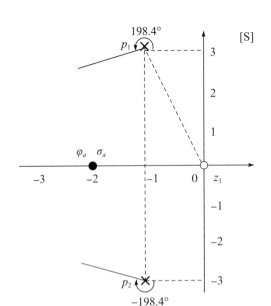

图 8-18 例 3 系统根轨迹的起始角示意图

求解分离点

$$\frac{10K_s s}{s^2+2s+10} = -1$$

$$K^* = \frac{-(s^2+2s+10)}{10s}$$

$$\frac{dK^*}{ds} = -\left(\frac{s}{10}+\frac{1}{5}+\frac{1}{s}\right) = 0 \quad \rightarrow -\frac{1}{10}+\frac{1}{s^2} = 0$$

$s_{1,2} = \pm\sqrt{10} = \pm 3.16$，负值在根轨迹上，是分离点，正值舍去。

（7）实轴上分离点的分离角恒为标±90°；

（8）根轨迹与虚轴不存在交点；

（9）闭环极点的和；其特征方程为：$s^2+2s+10K_s s+10 = 0$

$$a_{n-1} = (-s_1)+(-s_2)\cdots\cdots+(-s_n) = \sum_{i=1}^{n}\ (-s_i)$$

$$2+10K_s = 3.16+3.16$$

$$K_s = 0.432$$

性能分析：

根轨迹（图 8-19）位于左半[s]平面，系统稳定；且有

$$\begin{cases} 0<K_s<0.432 & 0<\xi<1 \\ K_s=0.432 & \xi=1 \\ K_s>0.432 & \xi>1 \end{cases}$$

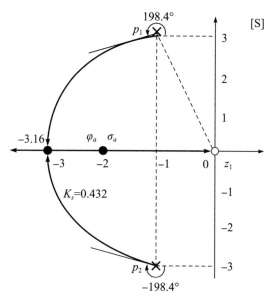

图 8-19　例 3 系统的根轨迹图

本章重点

（1）掌握根轨迹的基本概念。

（2）熟悉根轨迹与系统性能之间的关系，从闭环零极点与开环零极点之间的关系获得根轨迹方程。

（3）熟练掌握绘制根轨迹的基本法则和闭环极点的确定方法。

（4）熟练掌握应用基本法则绘制简单系统的根轨迹。

本章习题

8-1　已知某系统的开环传递函数为 $G(s)H(s)=\dfrac{K^*}{(s+1)(s+2)(s+4)}$，试证明点 $s_1=-1+j\sqrt{3}$ 在根轨迹上，并求出相应的根轨迹增益 K^* 和开环增益 K。

8-2　已知负反馈系统的开环传递函数 $G(s)H(s)=\dfrac{k}{s(s+1)(0.5s+1)}$，试绘制系统的根轨迹。

8-3　已知负反馈系统的开环传递函数 $G(s)H(s)=\dfrac{k}{s(0.2s+1)(05s+1)}$，求该系统根轨迹与虚轴交点的坐标及参数临界值 k_c。

8-4　已知负反馈系统的开环传递函数 $G(s)H(s)=\dfrac{k(s+1)}{s^2+3s+3.25}$，试绘制系统的根轨迹。

8-5　已知负反馈系统的开环传递函数 $G(s)H(s)=\dfrac{k}{s(s+1)(s+2)}$，且系统的根轨迹与虚轴相交时两个闭环极点为 $s_{1,2}=\pm j\sqrt{2}$，试确定与之对应的第三个闭环极点 s_3 及参数值 k_c。

8-6　已知单位负反馈系统的开环传递函数 $G(s)=\dfrac{K^*(s^2-2s+5)}{(s+2)(s-0.5)}$，求系统的临界开环增益 k_c。

8-7 负反馈控制系统的开环传递函数 $G(s)H(s)=\dfrac{k}{s(s+2.73)(s^2+2s+2)}$，试绘制系统的根轨迹图。

8-8 单位负反馈控制系统的开环传递函数 $G(s)=\dfrac{(s+a)/4}{s^2(s+1)}$，作以 a 为参变量的根轨迹（$0<a<\infty$）。

8-9 已知开环零、极点分布如题图 8-1 所示，试概略绘出相应的闭环根轨迹图。

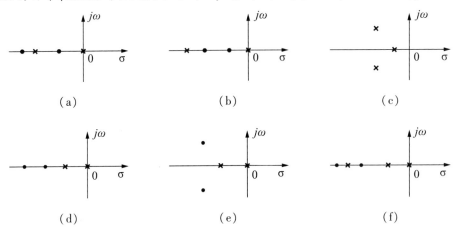

题图 8-1　开环零、极点分布

8-10 已知系统的开环传递函数为 $G(s)=\dfrac{K^*}{s(s^2+3s+9)}$，试用根轨迹法确定系统闭环稳定的开环增益 K 的范围。

参考文献

[1] 董景新，赵长德，郭美凤，等. 控制工程基础(第5版)[M]. 北京：清华大学出版社，2022.

[2] 鄢景华. 自动控制原理[M]. 哈尔滨：哈尔滨工业大学出版社，1996.

[3] 胡寿松，自动控制原理(第七版)[M]. 北京：科学出版社，2019.

[4] 胡寿松. 自动控制原理习题集(第2版)[M]. 北京：科学出版社，2003.

[5] 王益群，孔祥东. 控制工程基础[M]. 北京：机械工业出版社，2000.

[6] 王积伟，吴振顺. 控制工程基础[M]. 北京：高等教育出版社，2010.

[7] 卢泽生. 控制理论及其应用(第2版)[M]. 北京：高等教育出版社，2016.

[8] 董玉红，杨清梅. 机械控制工程基础[M]. 哈尔滨：哈尔滨工业大学出版社，2003.

[9] KATSUHIKO OGATA. 现代控制工程(第5版)[M]. 卢伯英，佟明安，译. 北京：电子工业出版社，2017.

[10] 田思庆，梁春英，程佳生. 自动控制理论[M]. 北京：中国水利水电出版社，2008.

[11] 杨振中，张和平. 控制工程基础[M]. 北京：北京大学出版社，2007.

[12] 周武能，李曼珍，石红瑞. 自动控制原理[M]. 北京：机械工业出版社，2011.

习题参考答案

第一章

1-1 略；　　　1-2 略；　　　1-3 略

第二章

2-1 解：

(1) $\dfrac{X_o(s)}{X_i(s)} = \dfrac{D_1 s}{ms^2 + (D_1 + D_2)s}$

(2) $\dfrac{X_0(s)}{X_i(s)} = \dfrac{Ds + k_1}{Ds + k_1 + k_2}$

(3) $\dfrac{X_0(s)}{X_i(s)} = \dfrac{k_1 Ds}{(k_1 + k_2)Ds + k_1 k_2}$

(4) $\dfrac{X_0(s)}{X_i(s)} = \dfrac{D_1 s + k_1}{(D_1 + D_2)s + k_1 + k_2}$

2-2 解：

(a) 图 a 网络传递函数 $\dfrac{U_0(s)}{U_i(s)} = -\dfrac{\dfrac{R_2 \dfrac{1}{Cs}}{R_2 + \dfrac{1}{Cs}}}{R_1} = -\dfrac{\dfrac{R_2}{R_1}}{R_2 Cs + 1}$

(b) 图 b 网络传递函数

$$\dfrac{U_0(s)}{U_i(s)} = -\dfrac{\dfrac{\left(R_2 + \dfrac{1}{Cs}\right)R_4}{\left(R_2 + \dfrac{1}{Cs}\right) + R_4}}{R_1} = -\dfrac{\dfrac{R_4}{R_1}(R_2 Cs + 1)}{(R_2 + R_4)Cs + 1}$$

(c) 图 c 网络传递函数

$$\dfrac{U_0(s)}{U_i(s)} = -\dfrac{R_2 + R_4}{R_1}\left(\dfrac{R_2 R_4}{R_2 + R_4}Cs + 1\right)$$

(d) 图 d 所示网络传递函数

$$\dfrac{U_0(s)}{U_i(s)} = -\dfrac{\dfrac{1}{R_1 C_1}\left[(R_2 R_4 + R_2 R_5 + R_5 R_4)C_1 C_2 s^2 + (R_2 C_1 + R_4 C_2 + R_5 C_1 + R_5 C_2)s + 1\right]}{s(R_4 C_2 s + 1)}$$

2-3 解：

(a) $\dfrac{U_0(s)}{U_i(s)}=\dfrac{(1+R_1C_1s)(1+R_2C_2s)}{(1+R_1C_1s)(1+R_2C_2s)+R_1C_2s}$，图略

(b) $\dfrac{U_0(s)}{U_i(s)}=\dfrac{R_1R_2C_1C_2s^2+(R_1C_1+R_2C_1)s+1}{R_1R_2C_1C_2s^2+(R_1C_1+R_1C_2+R_2C_1)s+1}$，图略

(c) $\dfrac{U_0(s)}{U_i(s)}=\dfrac{\dfrac{1}{cs}+R_2}{\dfrac{1}{cs}+R_1+R_2}$，图略

(d) $\dfrac{U_0(s)}{U_i(s)}=\dfrac{\dfrac{1}{cs}}{R+Ls+\dfrac{1}{cs}}$，图略

2-4 解：

(1) $X(s)=\dfrac{5}{(s+5)^2}$

(2) $X(s)=\dfrac{4}{s^2+4s+8}$

(3) $X(s)=\dfrac{2}{s^2+16}$

(4) $X(s)=\dfrac{s+8}{s^2+12s+100}$

(5) $X(s)=\dfrac{1}{s^2}(1-e^{-s}-e^{-2s}+e^{-3s})+\dfrac{1}{s}(1-2e^{-s}+e^{-3s})$

(6) $X(s)=\dfrac{1+e^{-\pi s}}{s^2+1}$

(7) $X(s)=\dfrac{4se^{-\frac{\pi}{6}s}}{s^2+4}+\dfrac{1}{s+5}$

(8) $X(s)=0+0+6+\dfrac{e^{-2s}}{s}$

(9) $X(s)=\dfrac{6se^{-\frac{\pi}{4}s}}{s^2+9}$

(10) $X(s)=2+\dfrac{2}{s+20}+\dfrac{5}{(s+20)^2}+\dfrac{9e^{-\frac{\pi}{6}s}}{s^2+9}$

2-5 略

2-6 解：

(1) $x(t)=(-e^{-2t}+2e^{-3t})\cdot 1(t)$

(2) $x(t)=\dfrac{1}{2}\sin 2t\cdot 1(t)$

（3）$x(t) = e^t\left(\cos 2t + \dfrac{1}{2}\sin 2t\right) \cdot 1(t)$

（4）$x(t) = e^{t-1} \cdot 1(t-1)$

（5）$x(t) = \dfrac{8\sqrt{15}}{15} e^{-\frac{t}{2}} \sin \dfrac{\sqrt{15}}{2} t \cdot 1(t) \cdot 1(t)$

（6）$x(t) = \left(\cos 3t + \dfrac{1}{3}\sin 3t\right) \cdot 1(t)$

（7）$x(t) = (-2e^t + 3e^{2t}) \cdot 1(t)$

（8）$x(t) = \dfrac{1}{18}(1 - 9e^{-2t} + 8e^{-3t} + 6te^{-3t}) \cdot 1(t)$

（9）$x(t) = (te^{-2t} - e^{-t} + e^{-2t}) \cdot 1(t)$

（10）$x(t) = \left[1 - e^{-\frac{1}{2}t}\left(\cos \dfrac{\sqrt{7}}{2}t - \dfrac{3\sqrt{7}}{7}\sin \dfrac{\sqrt{7}}{2}t\right)\right] \cdot 1(t)$

2-7 解：

（1）$x(t) = \dfrac{1}{8} + \dfrac{7}{4}e^{-2t} - \dfrac{7}{8}e^{-4t}$

（2）$x(t) = 0.2(1 - e^{-10t})$

（3）$x(t) = 3 - 0.5e^{-100t}$

2-8 解：

（a）$X(s) = \dfrac{5}{s^2}\left[1 - e^{-2s}(1 + 2s)\right]$

（b）$X(s) = \dfrac{e^{-s}}{s^2}\left(s + \dfrac{1}{2}\right) - \dfrac{e^{-3s}}{s^2}\left(2s + \dfrac{1}{2}\right)$

（c）$U(s) = \dfrac{6e^{-0.0002s}}{s}(V \cdot s)$

2-9 解：$y_0(\infty) = \dfrac{3}{2}$ $y_0(0) = \dfrac{2}{3}$

2-10 略

2-11 解：

（a）图（a）所示的方块图可进行化简。根据化简后的方块

$$\dfrac{X_0(s)}{X_i(s)} = \dfrac{G_1 G_2 G_3}{1 + G_3 H_3 + G_2 G_3 H_2 + G_1 G_2 G_3 H_1}$$

化简后的方块图（略）

（b）图所示的方块图可进行化简。根据化简后的方块图，得

$$\dfrac{X_0(s)}{X_i(s)} = \dfrac{G_1 G_2 G_3}{1 + G_2 G_3 H_2 + G_2 H_1(1 - G_1)} - G_4$$

化简后的方块图（略）

（c）通过方块图变换，该系统与图 2.8 所示系统等价。

$$\frac{X_0(s)}{X_{i1}(s)}=\frac{G_1G_2}{1+G_1H_1+G_2H_2+G_1G_2H_1H_2+G_1G_2H_3}$$

化简后的方块图(略)

2-12 解:(1) $\dfrac{G_1G_2G_3}{1+G_2H_3+G_3H_2+G_1G_2G_3H_1}$

(2) $\dfrac{G_3(1+G_2H_3)}{1+G_2H_3+G_3H_2+G_1G_2G_3H_1}$

2-13 解:

(1) 当 R_2、C_2 为 0 　　　 $\dfrac{Y_1(s)}{X_1(s)}=\dfrac{G_1}{1-G_1G_2G_3G_4}$

(2) 当 R_2、C_1 为 0 　　　 $\dfrac{Y_2(s)}{X_1(s)}=\dfrac{-G_1G_2G_3}{1-G_1G_2G_3G_4}$

(3) 当 R_1、C_2 为 0 　　　 $\dfrac{Y_1(s)}{X_2(s)}=\dfrac{-G_2G_3G_4}{1-G_1G_2G_3G_4}$

(4) 当 R_1、C_1 为 0 　　　 $\dfrac{Y_2(s)}{X_2(s)}=\dfrac{G_3}{1-G_1G_2G_3G_4}$

2-14 解:

(1)

$$\frac{Y_2(s)}{X_i(s)}=\frac{G_1(s)G_2(s)}{1+G_1(s)G_2(s)H(s)}$$

$$\frac{Y_1(s)}{X_i(s)}=\frac{G_1(s)}{1+G_1(s)G_2(s)H(s)}$$

$$\frac{B(s)}{X_i(s)}=\frac{G_1(s)G_2(s)H(s)}{1+G_1(s)G_2(s)H(s)}$$

$$\frac{E(s)}{X_i(s)}=\frac{1}{1+G_1(s)G_2(s)H(s)}$$

(2)

$$\frac{Y_2(s)}{N(s)}=\frac{G_2(s)}{1+G_1(s)G_2(s)H(s)}$$

$$\frac{Y_1(s)}{N(s)}=\frac{-G_1(s)G_2(s)H(s)}{1+G_1(s)G_2(s)H(s)}$$

$$\frac{B(s)}{N(s)}=\frac{G_2(s)H(s)}{1+G_1(s)G_2(s)H(s)}$$

$$\frac{E(s)}{N(s)}=\frac{-G_2(s)H(s)}{1+G_1(s)G_2(s)H(s)}$$

2-15 解: $\dfrac{X(s)}{F(s)}=\dfrac{a/b}{ms^2+Ds+k}$

第三章

3-1 解: $u_0=1-e^{-10}-(1-e^{-2.5})\approx 0.08$

3-2 解：$x_\delta(t) = (-e^{-2t}+2e^{-3t}) \cdot 1(t)$

3-3 解：

（1）当 $x_i(t) = 1(t)$ 　　　　　　　 $x_0(t) = 1(t) - \dfrac{4}{3}e^{-1} \cdot 1(t) + \dfrac{1}{3}e^{-4t} \cdot 1(t)$

（2）当 $x_i(t) = \delta(t)$ 时，$X_i(s) = 1$ 　　　 $x_0(t) = \dfrac{4}{3}(e^{-1} \cdot 1(t) + e^{-4t}) \cdot 1(t)$

3-4 解：（a）稳定，衰减振荡；　　　　　（b）稳定，单调衰减；

（c）不稳定，振荡发散；　　　　　　　（d）不稳定，单调发散；

（f）临界稳定，等幅振荡；

3-5 解：$\dfrac{Ka}{4}\left[1 - e^{-t}\left(\cos\sqrt{3}t + \dfrac{\sqrt{3}}{3}\sin\sqrt{3}t\right)\right] \cdot 1(t)$

3-6 解：

（1）$g(t) = (2e^{-t} - e^{-2t}) \cdot 1(t)$

（2）$g(t) = (3te^{-t} - 2e^{-t} + 3e^{-2t}) \cdot 1(t)$

3-7 解：$\xi = 0.69$ $\omega_n = 2.2(rad/s)$

3-8 解：$\xi = 0.5$，$\omega_n = 3rad/s$，$M_p \approx 16.3\%$ $t_r = 0.806(s)$，$t_s = 2s$

3-9 解：$t_r \approx 2.418(s)$ $t_p \approx 3.628(s)$ 　　 $M_p \approx 16.3\%$ 　　 $t_s = 6s$

3-10 解：$u_0(t) = (5 - 5e^{-10t}) \cdot 1(t) - \left[5 - 5e^{-10(t-0.1)}\right] \cdot 1(t-0.1)$

3-11 解：开环增益 $K = \omega_n^2 = 0.5$，减少 K 可增大阻尼系数，改善系统瞬态性能，但同时会增大系统稳态误差。

3-12 解：闭环阻尼比为 0.5 时所对应的 $K = 10$

3-13 解：$k > 4\sqrt{2}$

3-14 解：$K_1 = 2$，$K_2 = 27.4$，$\alpha = 6.73$。

3-15 解：$t_s = 2.48$ 　　　　 $K = 12.5$ 　　　　 $K_h = 0.178$

3-16 解：$M_p = 0.305$，$t_s = 1.6s$ $x(t) = \dfrac{1}{5} - \dfrac{1}{5}e^{-\frac{5}{2}t}\cos\dfrac{5}{2}\sqrt{7}t - \dfrac{\sqrt{7}}{35}e^{-\frac{5}{2}t}\sin\dfrac{5}{2}\sqrt{7}t$

第四章

4-1 （1）$K_P = 50$，$K_v = K_a = 0$；$e_{ss_1} = \dfrac{1}{51}$，$e_{ss_2} = \infty$，$e_{ss_3} = \infty$

（2）$K_P = \infty$，$K_v = K$，$K_a = 0$；$e_{ss_1} = 0$，$e_{ss_2} = \dfrac{1}{K}$，$e_{ss_3} = \infty$

（3）$K_P = \infty$，$K_v = \dfrac{K}{200}$，$K_a = 0$；$e_{ss_1} = 0$，$e_{ss_2} = 0$，$e_{ss_3} = \dfrac{200}{K}$

（4）$K_P = K_v = \infty$，$K_a = \dfrac{K}{10}$；$e_{ss_1} = 0$，$e_{ss_2} = 0$，$e_{ss_3} = \dfrac{10}{K}$

4-2 （1）当输入 $x(t) = 1(t)$ 时，$e_{ss} = \dfrac{1}{11}$

当输入 $x(t) = t$ 时, $e_{ss} = 0$

当输入 $x(t) = t^2$ 时, $e_{ss} = 0$

(2) 当输入 $x(t) = 1(t)$ 时, $e_{ss} = 0$

当输入 $x(t) = t$ 时, $e_{ss} = \dfrac{4}{7}$

当输入 $x(t) = t^2$ 时, $e_{ss} = 0$

(3) 当输入 $x(t) = 1(t)$ 时, $e_{ss} = 0$

当输入 $x(t) = t$ 时, $e_{ss} = 0$

当输入 $x(t) = t^2$ 时, $e_{ss} = \dfrac{1}{4}$

4-3 $e_{ss} = \infty$

4-4 $-0.2, 0.3$

4-5 (1) $e_{ss} = \dfrac{2}{K_1}$ (2) $e_{ss} = \dfrac{10}{K_1 K_2} + \dfrac{2}{K_1}$

4-6 (1) $e_{ss} = 0$ (2) $e_{ss} = 0$ (3) $e_{ss} = 0$

4-7 不存在合适的 K_1

4-8 $K_i = \dfrac{4}{K}$

4-9 (1) 4;(2) ∞

第五章

5-1 解:

(1) $20\lg 5 = 13.98\text{dB}$;(2) $20\lg 10 = 20\text{dB}$;

(3) $20\lg 40 = 32.04\text{dB}$;(4) $20\lg 1 = 0\text{dB}$;

5-2 解:$\Phi(j\omega) = \dfrac{36}{(j\omega + 4)(j\omega + 9)}$

5-3 解:

(1) $G_1(j\omega) = \dfrac{5}{900\omega^2 + 1} - j\dfrac{150\omega}{900\omega^2 + 1}$

$A(\omega) = \dfrac{5}{\sqrt{900\omega^2 + 1}}, \varphi(\omega) = -\arctan(30\omega)$

$U(\omega) = \dfrac{5}{900\omega^2 + 1}, V(\omega) = -\dfrac{150\omega}{900\omega^2 + 1}$

(2) $G_2(j\omega) = -\dfrac{0.1}{0.01\omega^2 + 1} - j\dfrac{1}{\omega(0.01\omega^2 + 1)}$

$A(\omega) = \dfrac{1}{\omega\sqrt{0.01\omega^2 + 1}}, \varphi(\omega) = \arctan\dfrac{1}{0.1\omega}$

$U(\omega) = -\dfrac{0.1}{0.01\omega^2 + 1}, V(\omega) = -\dfrac{1}{\omega(0.01\omega^2 + 1)}$

（2）此不等式组无解,因此 K 无论取什么值系统都不能稳定。

（3）得 $K>\dfrac{-1+\sqrt{201}}{4}$ 即为所求。

（4）此不等式组无解,因此 K 无论取什么值系统都不能稳定。

6-3 解:(1) 系统闭环不稳定。

（2） $G(j\omega)H(j\omega)=\dfrac{K(j\omega-1)}{j\omega(j\omega+1)}=\dfrac{K[2\omega+j(1-\omega^2)]}{\omega(\omega^2+1)}$

当 $K>0$ 时,系统不稳定。

当 $K<0$ 时,当 $-1<K<0$ 时系统稳定; $K\leqslant-1$ 时系统不稳定。

6-4 解:(1) $0<K<15$ ；（2） $\dfrac{18}{25}<K<\dfrac{156}{25}$ 。

6-5 解:(1) $0<K<24$ ；（2） 系统在 $K=1$ 和 $K=10$ 的时候都稳定。图略

6-6 解:(1) $0<a<8$ ；（2） $1.2<a<3$ 。

6-7 略

6-8 解:系统稳定。

6-9 略

6-10 略

6-11 略

6-12 略

6-13 略

第七章

7-1 $G_c(s)=\dfrac{1+0.026s}{1+0.0117s}$ 。

7-2 $G_c(s)=\dfrac{0.223s+1}{0.056s+1}$ 。

7-3 $G_c(s)=\dfrac{1+0.223s}{1+0.056s}$ 。

7-4 略

7-5 略

7-6 $G_c(s)=\dfrac{10s+1}{100s+1}$ 。

7-7 $G_c(s)=\dfrac{4.35s+1}{30s+1}$ 。

7-8 略。

7-9 略

7-10 略。

7-11 $G_c(s)=\dfrac{0.89s^2+2.5s+2.5}{s}$ 。

第八章

8-1 解：若 s_1 在根轨迹上，则 s_2 应满足幅角条件。

s_1 处的幅角：

$$\angle G(s_1)H(s_1) = 0 - \angle(-1+j\sqrt{3}+1) - \angle(-1+j\sqrt{3}+2) - \angle(-1+j\sqrt{3}+4) = 0 - \frac{\pi}{2} - \frac{\pi}{3} - \frac{\pi}{6} = -\pi$$

满足幅角条件，因此 s_1 在根轨迹上。

将 s_1 代入幅值条件：

$$|\angle G(s_1)H(s_1)| = \frac{K^*}{|-1+j\sqrt{3}+1| \cdot |-1+j\sqrt{3}+2| \cdot |-1+j\sqrt{3}+4|} = 1$$

解出 $K^* = 12$；$K = \dfrac{3}{2}$

8-2 解：$G(s)H(s) = \dfrac{2K}{s(s+1)(s+2)} = \dfrac{K^*}{s(s+1)(s+2)}$，$n=3$，$\therefore$ 有 3 条根轨迹。根轨迹连续并且关于实轴对称，3 条根轨迹分别为起始于开环极点 $p_1 = 0$，$p_2 = -1$，$p_3 = -2$，无零点，3 条根轨迹皆趋向 ∞。实轴上的根轨迹为 $(-1, 0)$ $(-\infty, -2)$，渐近线 $\sigma_a = -1$，$\varphi_a = \{\pm\pi/3, \pi\}$。分离点 $s_1 = -0.42$；$s_2 = -1.58$（舍去），分离角 $\theta_d = \pm\pi/2$。与虚轴交点：

$$\begin{cases} \omega_1 = 0 \\ K_1^* = 0 \end{cases} ; \begin{cases} \omega_{2,3} = \pm\sqrt{2} \\ K_{2,3}^* = 6 \end{cases}$$

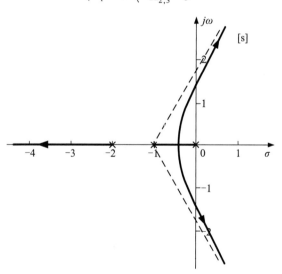

题图 8-2

8-3 解：与虚轴的交点 $s_{1,2} = \pm j\sqrt{10}$；$K_c = 7$

8-4 解：系统有 2 条根轨迹；起始于两个极点 $p_{1,2} = -1.5 \pm j$，其中 1 条终止于 $z_1 = -1$，另一条终止于无穷远；实轴上的根轨迹 $(-\infty, -1)$；系统只有一条渐近线，它就是负实轴；分离点 $d_1 = -2.12$；起始角 $\theta_{p1} = 206.6°$，$\theta_{p2} = -206.6°$；根轨迹如图 8-4 所示。

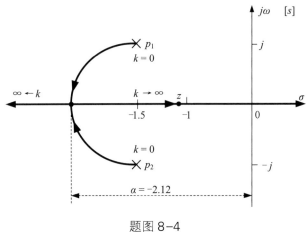

题图 8-4

8-5 解:$n-m>2$,闭环极点之和等于开环极点之和 $s_1+s_2+s_3=0-1-2$,所以 $s_3=-3$,$k_c=6$

8-6 解: $k_c=3.75$

8-7 解:$n=4$,∴ 有 4 条根轨迹。根轨迹连续并且关于实轴对称,4 个根分别为起始于开环极点 $p_1=0$,$p_2=-2.73$,$p_{3,4}=-1\pm j$,无零点,4 条根轨迹皆趋向 ∞。实轴上的根轨迹为$(-2.73,0)$,渐近线 $\sigma_a=-1.18$ $\varphi_a=45°$,$135°$,$-45°$,$-135°$。分离点 $s_1=-2.0565$;$s_2=-0.7455\pm 0.32j$(舍)。出射角 $\theta_{P_3}=-75°$;$\theta_{P_4}=+75°$。实轴上分离点的分离角为 $\pm 90°$。

与虚轴交点:

$$\begin{cases} \omega_1=0 \\ K_1^*=0 \end{cases} ; \begin{cases} \omega_{2,3}=\pm 1.074 \\ K_{2,3}^*=7.27 \end{cases}$$

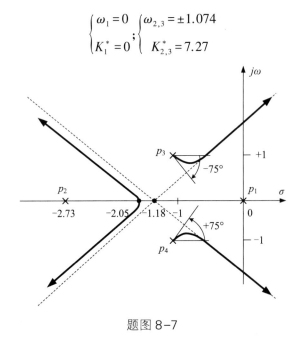

题图 8-7

8-8 解:系统特征方程为 $4s^2(s+1)+s+a=0$,以特征方程中不含 a 的各项除以特征方程,得 $\dfrac{a}{4s^3+4s^2+s}+1=0$,令 $G(s)H(s)=\dfrac{a}{4s^3+4s^2+s}$,可以看作以 a 为根轨迹增益得等效开环传递函数,其根轨迹如题图 8-8 所示。

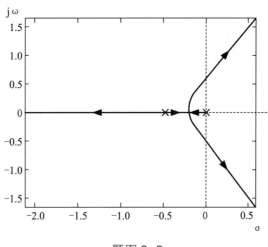

题图 8-8

8-9 解：

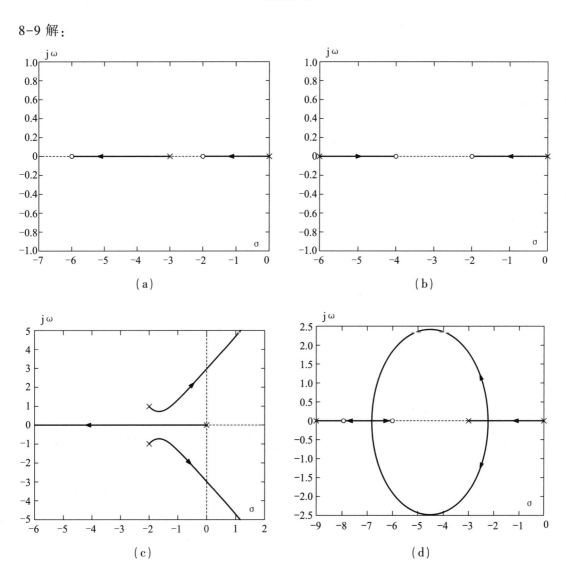

（a）

（b）

（c）

（d）

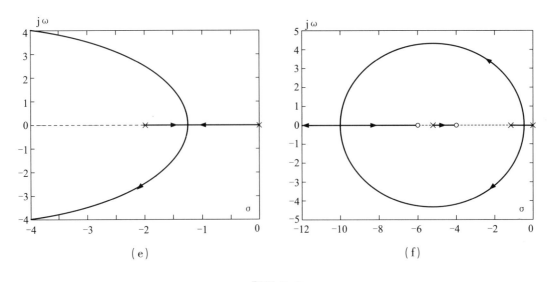

（e）   （f）

题图 8-9

8-10 解:共有 3 条根轨迹,无开环零点,所有根轨迹起始于 3 个开环极点,实轴上的根轨迹$(-\infty$,

$0]$,起始角 $\pm 30°$,渐进线与实轴交点 $\sigma_a = -1$,渐近线与实轴夹角 $\varphi_a = \pm\dfrac{\pi}{3}$, π,与虚轴交点

$\begin{cases}\omega=0 \\ K^*=0\end{cases}\begin{cases}\omega=\pm3 \\ K^*=27\end{cases}$,根轨迹如题图 8-10 所示。从根轨迹图可知,系统稳定的 K^* 范围为 $0<K^*<27$,故 $0<$

$K<3$。

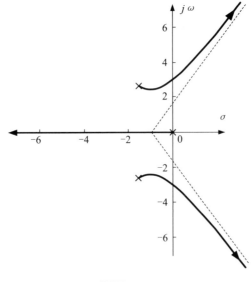

题图 8-10